21世纪面向工程应用型计算机人才培养规划教材

C#程序设计实用教程
（第2版）

汪维华　　汪维清　主　编
　　　胡章平　副主编

清华大学出版社
北　京

内容简介

Visual C♯.NET 是新一代可视化开发工具,是微软公司发布的一种面向对象的、运行于.NET Framework 平台上的高级程序设计语言。本书通过一系列实例系统地介绍 C♯ 的基本语法知识、面向对象程序设计技术、数据库开发技术、文件操作技术、图形图像编程技术、进程线程编程技术、ASP.ENT 程序开发基础等,可帮助读者快速地学习 Visual C♯.NET。本书共分 10 章,既介绍了 Visual C♯.NET 的基础知识,也包含了大量编程技术细节、技巧和实验,本书是读者学习 Visual C♯.NET 编程技术难得的一本好书。

本书可作为各专业的学生或工程技术人员学习 Visual C♯.NET 程序的教材,也可作为其他 Visual C♯.NET 技术编程的初级和高级读者的参考书。

为方便教师教学和读者自学,本书配有电子教案,读者可到清华大学出版社网站下载。

本书封面贴有清华大学出版社防伪标签,无标签者不得销售。
版权所有,侵权必究。侵权举报电话: 010-62782989　13701121933

图书在版编目(CIP)数据

C♯程序设计实用教程/汪维华,汪维清主编;胡章平副主编. —2 版. —北京:清华大学出版社,2015(2017.7 重
21 世纪面向工程应用型计算机人才培养规划教材
ISBN 978-7-302-41354-7

Ⅰ. ①C… Ⅱ. ①汪… ②汪… ③胡… Ⅲ. ①C 语言—程序设计—教材 Ⅳ. ①TP312

中国版本图书馆 CIP 数据核字(2015)第 209424 号

责任编辑:魏江江　王冰飞
封面设计:杨　兮
责任校对:白　蕾
责任印制:杨　艳

出版发行:清华大学出版社
　　　　网　　　址:http://www.tup.com.cn, http://www.wqbook.com
　　　　地　　　址:北京清华大学学研大厦 A 座　　邮　　编:100084
　　　　社 总 机:010-62770175　　　　　　　　　　邮　　购:010-62786544
　　　　投稿与读者服务:010-62776969, c-service@tup.tsinghua.edu.cn
　　　　质 量 反 馈:010-62772015, zhiliang@tup.tsinghua.edu.cn
　　　　课 件 下 载:http://www.tup.com.cn, 010-62795954
印 装 者:三河市少明印务有限公司
经　　销:全国新华书店
开　　本:185mm×260mm　　印　张:23　　字　数:560 千字
版　　次:2011 年 1 月第 1 版　　2015 年 11 月第 2 版　　印　次:2017 年 7 月第 2 次印刷
印　　数:10001~11000
定　　价:44.50 元

产品编号:061206-01

第 2 版前言

本书自 2011 年出版以来,受到广大读者欢迎,为满足读者需要,数次重印,累计已发行 8000 册。但是,随着计算机技术的飞速发展,程序的开发工具也在飞速发展。为适应计算机技术发展的实际需要,也为了全面提高本书的质量,我们对全书进行了修订。除了订正原书的疏漏之外,还充实了内容。关于本书的具体修订工作,特做以下说明。

(1) 基本保持原书的体系和结构,编写风格没有改变。

(2) 书中实例与实验使用了当前新版本开发工具 Visual Studio 2013,并详细介绍了该工具的使用方法,数据库采用 SQL Server 2008 开发工具。

本书由汪维华、汪维清任主编,胡章平任副主编。我们本着对读者负责和精益求精的精神,对原书通篇进行了字斟句酌的思考、研究,力求避免和消除一切瑕疵和错误。但由于编者水平所限,书中难免还会出现缺点和错误,敬请读者批评指正。同时,借此机会向使用本套教材的广大师生、向给予我们关心、鼓励和帮助的同行、专家、学者致以由衷的感谢。

编者

2015 年 8 月

第1版前言

C#凭借其强大的操作能力、优雅的语法风格、创新的语言特性和便捷的面向组件编程成为.NET开发的首选语言。

Visual C#.NET是新一代基于C++语言的可视化开发工具,是微软公司发布的一种面向对象的、运行于.NET Framework上的高级程序设计语言,它是一种安全的、稳定的、简单的、由C和C++衍生出来的面向对象的编程语言。很多高校都开设了Visual C#.NET的课程,本书是在作者多年的教学和项目开发经验的基础上编写而成的。

本书的目的是讲授Visual C#.NET编程语言的基础知识和工作原理,综合运用文字、图形和表格,加强读者对教学内容的理解。

全书共分11章,各章的主要内容如下。

第1章 简要介绍程序设计语言及其发展历史、Visual C#.NET与.NET Framework之间的关系以及Visual Studio的开发环境,并通过实例使读者初步认识开发Visual C#.NET程序的过程,在读者头脑中形成初步的Visual C#.NET程序开发轮廓。

第2章 介绍Visual C#.NET程序设计的基础,包括Visual C#.NET基本数据类型、常量与变量、表达式、程序基本结构和异常处理等内容,使读者掌握C#开发语言的基本语法结构,为后续章节的学习奠定基础。

第3章 介绍Visual C#.NET面向对象程序设计基础知识,包括类的定义、继承与多态、集合、委托与事件等内容。使读者能够掌握面向对象程序设计基本理念,这些理念是目前程序开发技术的必备要求。

第4章 介绍Windows程序设计的基础,包括可视化编程基础、基本控件的使用、菜单、工具栏及状态栏的使用、多文档开发技术、打印等,使读者掌握利用Visual C#.NET开发Windows应用程序的基本方法。

第5章 介绍数据库应用程序开发技术,包括ADO.NET数据库开发方式简介、数据库连接、Command对象、DataReader对象、DataAdapter对象、DataSet对象和数据绑定等数据库开发技术基础,使读者能够灵活运用该技术开发实用信息系统。

第6章 介绍文件和目录的基本操作知识,包括文件和流基本概念、文件和文件夹操作及相应的类介绍、文件的读写类对象以及异步读取文件方式,使读者掌握文件及目录相关类对象的基本使用及文件信息的基本读写。

第7章 介绍多线程开发技术,包括进程与线程基本概念、进程开发基本技术、线程开发基本技术、线程同步技术等内容。

第8章 介绍图形编程基础,包括基本图形类、Graphics类、GDI+坐标系统等图形开发基础知识。

第9章 介绍图像编程技术基础,包括位图类型、图像处理常用控件、图像文件读写、像素处理等图像开发技术基本知识。

第 10 章　介绍 ASP.NET 编程基础，包括 Web Form 基础、服务控件、信息传递、Web 数据库操作等内容。

第 11 章　实验。

本书基于 Visual C# 2008，介绍 Visual C#.NET 程序开发技术。书中所有的实例已在 Visual Studio 2008 编程环境中测试通过。选择这个版本的编程环境的主要原因是它的窗体设计器支持可视化的 C# 程序设计（这个功能早在 Visual C# 2005 版就有了），它能够非常方便地设计出 C++Windows 程序的图形用户界面，去掉了以前版本中那些晦涩难懂的托管语法形式，简化了编程过程，使程序代码更加清晰易懂。

全书由汪维华任主编，汪维清、胡章平任副主编，其中，第 1、5、6、7、11 章由汪维华编写，第 4、8、9、10 章由汪维清编写，第 2、3 章由胡章平编写。在此感谢所有参加编写的老师及其家人。

在本书的编写过程中，编者阅读参考了国内外大量有关 C# 的书籍和网络信息，在此向这些作者表示衷心感谢！

面向对象程序设计是一项不断发展变化的程序技术，C# 更是博大精深，鉴于编者水平有限，经验不足，书中一定存在不少错误和不当之处，恳请专家、同行和读者批评指正。

编　者
2010 年 6 月

目 录

第1章 C#.NET 概述 ·· 1

1.1 程序设计语言 ··· 1
1.1.1 程序设计语言简介 ··· 1
1.1.2 程序设计语言的发展 ·· 1
1.1.3 高级语言的类型 ·· 2
1.2 .NET ··· 3
1.2.1 Microsoft .NET 简介 ·· 3
1.2.2 .NET 的组成 ··· 3
1.2.3 .NET 战略 ·· 4
1.2.4 .NET Framework ··· 4
1.3 C#语言简介 ·· 6
1.3.1 C#语言发展历史 ··· 6
1.3.2 C#特点 ·· 7
1.4 Visual Studio 集成开发环境 ··· 8
1.4.1 Visual Studio 集成开发环境介绍 ································· 8
1.4.2 Visual Studio 历代开发环境演变史 ······························ 9
1.5 熟悉 Visual Studio 2013 开发环境 ····································· 10
1.5.1 创建控制台应用程序 ·· 10
1.5.2 创建 Windows 应用程序 ··· 11
1.5.3 菜单栏 ··· 11
1.5.4 工具栏 ··· 13
1.5.5 "工具箱"面板 ·· 14
1.5.6 "属性"面板 ··· 14
1.5.7 解决方案资源管理器 ··· 14
1.5.8 创建第一个控制台项目 ·· 15
习题 1 ·· 17

第2章 C#程序设计基础 ·· 18

2.1 C#基本数据类型 ·· 18
2.1.1 值类型 ··· 19
2.1.2 引用类型 ··· 22

2.2 常量、变量与表达式 ·· 24
　　2.2.1 常量 ·· 24
　　2.2.2 变量 ·· 26
　　2.2.3 运算符与表达式 ·· 30
　　2.2.4 运算符的优先级与结合性 ··· 34
　　2.2.5 类型转换 ··· 34
2.3 选择结构 ·· 37
　　2.3.1 if 语句 ··· 37
　　2.3.2 switch 语句 ·· 40
2.4 循环结构 ·· 41
　　2.4.1 while 语句 ·· 41
　　2.4.2 do…while 语句 ··· 42
　　2.4.3 for 语句 ··· 42
　　2.4.4 foreach 语句 ·· 44
　　2.4.5 跳转语句 ··· 45
2.5 数组 ·· 46
　　2.5.1 一维数组 ··· 46
　　2.5.2 多维数组 ··· 47
2.6 异常处理 ·· 48
2.7 综合案例 ·· 51
习题 2 ··· 52

第 3 章　面向对象程序设计 ··· 53

3.1 面向对象编程简介 ·· 53
3.2 类 ·· 57
　　3.2.1 类的声明 ··· 57
　　3.2.2 构造函数 ··· 59
　　3.2.3 析构函数 ··· 60
　　3.2.4 this 的引用 ··· 61
3.3 方法 ·· 62
　　3.3.1 方法参数 ··· 62
　　3.3.2 方法继承 ··· 66
3.4 属性 ·· 68
3.5 继承 ·· 70
　　3.5.1 继承的使用 ·· 71
　　3.5.2 隐藏基类成员 ··· 72
　　3.5.3 密封方法 ··· 73
3.6 多态 ·· 74
　　3.6.1 方法覆盖与多态 ·· 74

3.6.2 抽象类 …………………………………………………………… 76
　　3.6.3 接口多态性 ………………………………………………………… 77
3.7 接口 …………………………………………………………………………… 78
　　3.7.1 接口定义 ………………………………………………………… 78
　　3.7.2 定义接口成员 …………………………………………………… 79
　　3.7.3 访问接口 ………………………………………………………… 80
　　3.7.4 实现接口 ………………………………………………………… 82
3.8 索引器与集合 ……………………………………………………………… 83
　　3.8.1 索引器 …………………………………………………………… 83
　　3.8.2 集合 ……………………………………………………………… 85
3.9 委托与事件 ………………………………………………………………… 89
　　3.9.1 委托 ……………………………………………………………… 89
　　3.9.2 事件 ……………………………………………………………… 91
3.10 重载 ………………………………………………………………………… 94
习题 3 ……………………………………………………………………………… 99

第 4 章 Windows 程序设计基础 …………………………………………… 100

4.1 可视化编程基础 …………………………………………………………… 100
4.2 基本控件 …………………………………………………………………… 101
　　4.2.1 Control 类 ……………………………………………………… 101
　　4.2.2 Button 控件 …………………………………………………… 103
　　4.2.3 CheckBox 控件 ………………………………………………… 104
　　4.2.4 RadioButton 控件 ……………………………………………… 105
　　4.2.5 ComboBox 控件、ListBox 控件和 CheckedListBox 控件 ……… 106
　　4.2.6 DateTimePicker 控件 …………………………………………… 107
　　4.2.7 ErrorProvider 组件 ……………………………………………… 108
　　4.2.8 HelpProvider 组件 ……………………………………………… 109
　　4.2.9 Label 控件 ……………………………………………………… 111
　　4.2.10 TreeView 控件和 ListView 控件 ……………………………… 112
　　4.2.11 PictureBox 控件 ………………………………………………… 117
　　4.2.12 ProgressBar 控件 ……………………………………………… 117
　　4.2.13 TextBox 控件、RichTextBox 控件与 MaskedTextBox 控件 …… 118
　　4.2.14 Panel 控件 ……………………………………………………… 120
　　4.2.15 SplitContainer 控件 …………………………………………… 120
　　4.2.16 TabControl 控件和 TabPages 控件 …………………………… 121
4.3 菜单、工具栏及状态栏 …………………………………………………… 122
　　4.3.1 创建菜单 ………………………………………………………… 122
　　4.3.2 工具栏 …………………………………………………………… 123
　　4.3.3 状态栏 …………………………………………………………… 125

4.4 多文档界面 …… 126
4.5 打印 …… 128
4.6 WinForm 程序开发案例 …… 130
习题 4 …… 133

第 5 章 数据库应用开发技术 …… 134

5.1 数据库应用开发概述 …… 134
5.2 ADO.NET 数据库访问技术 …… 135
　5.2.1 ADO.NET 数据库访问技术概述 …… 135
　5.2.2 .NET Framework 数据提供程序 …… 137
　5.2.3 .NET Framework DataSet …… 137
5.3 Connection 对象 …… 138
5.4 Command 对象 …… 142
5.5 DataReader 对象 …… 145
　5.5.1 DataReader 对象概述 …… 145
　5.5.2 从 DataReader 读取数据 …… 146
　5.5.3 DataReader 对象的使用 …… 147
5.6 DataAdapter 对象与 DataSet 对象 …… 148
　5.6.1 ADO.NET 数据集工作原理 …… 148
　5.6.2 DataAdapter 对象 …… 148
　5.6.3 DataSet 对象 …… 150
　5.6.4 DataTable 对象 …… 154
　5.6.5 DataColumn 对象 …… 155
　5.6.6 DataRow 对象 …… 155
　5.6.7 多表操作 …… 156
5.7 XML …… 157
　5.7.1 XML 简介 …… 158
　5.7.2 .NET 框架中与 XML 有关的命名空间 …… 158
　5.7.3 写 XML 文件 …… 159
　5.7.4 读 XML 文件 …… 160
　5.7.5 XmlDocument 类 …… 162
5.8 数据绑定 …… 164
　5.8.1 简单控件和复杂控件的数据绑定 …… 164
　5.8.2 DataGridView 数据库控件绑定 …… 166
5.9 数据库应用程序开发案例 …… 167
习题 5 …… 174

第 6 章 文件操作 …… 176

6.1 概述 …… 176

  6.1.1 文件和流 176
  6.1.2 相关类简介 177
 6.2 文件和文件夹 177
  6.2.1 DirectoryInfo 类 178
  6.2.2 Directory 类 181
  6.2.3 FileInfo 类 182
  6.2.4 File 类 185
 6.3 读写文件 187
  6.3.1 StreamReader 187
  6.3.2 StreamWriter 188
  6.3.3 FileStream 对象 189
 6.4 文件异步模式操作 191
 6.5 文件操作案例 194
 习题 6 196

第 7 章 多线程开发技术 197

 7.1 进程和线程概述 197
  7.1.1 进程的基本概念 197
  7.1.2 线程的基本概念 197
 7.2 进程开发技术 198
  7.2.1 进程管理 198
  7.2.2 进程创建与关闭 200
  7.2.3 获取进程信息 202
 7.3 线程开发技术 206
  7.3.1 线程开发 206
  7.3.2 线程同步 210
  7.3.3 线程通信 214
  7.3.4 线程池 216
 7.4 多线程案例 217
 习题 7 221

第 8 章 GDI＋图形编程基础 222

 8.1 图形概述 222
 8.2 基本图形结构 223
  8.2.1 Point 结构 223
  8.2.2 Size 结构 223
  8.2.3 Point 结构与 Size 结构的转换 224
  8.2.4 Rectangle 结构 224
 8.3 Graphics 类 224

8.4 GDI＋坐标系统 …… 227
8.5 颜色 …… 231
　　8.5.1 Color 结构 …… 231
　　8.5.2 用不透明和半透明直线绘制图形 …… 232
　　8.5.3 用合成模式控制通道混合 …… 232
　　8.5.4 C♯颜色应用实例 …… 232
　　8.5.5 颜色对话框 …… 233
　　8.5.6 颜色对话框实例 …… 235
8.6 字体 …… 236
　　8.6.1 使用 Font 类绘制文本 …… 237
　　8.6.2 FontFamily 类 …… 238
　　8.6.3 字体对话框 …… 240
　　8.6.4 字体对话框实例 …… 242
8.7 画笔与画刷 …… 243
　　8.7.1 画笔 …… 243
　　8.7.2 画刷 …… 244
8.8 图形程序设计案例 …… 245
习题 8 …… 250

第 9 章 图像编程技术 …… 251

9.1 图像处理概述 …… 251
9.2 图像文件格式 …… 251
9.3 图像处理常用控件 …… 254
　　9.3.1 PictureBox 控件 …… 254
　　9.3.2 ImageList 控件 …… 257
9.4 坐标变换 …… 261
9.5 图像文件格式转换 …… 265
9.6 像素处理 …… 267
　　9.6.1 GetPixel 方法 …… 267
　　9.6.2 内存复制法 …… 268
　　9.6.3 指针法 …… 269
9.7 图像编程案例 …… 270
习题 9 …… 278

第 10 章 ASP.NET 编程基础 …… 279

10.1 ASP.NET 概述 …… 279
10.2 Web Form 基础 …… 280
10.3 ASP.NET 控件 …… 285
　　10.3.1 常用服务器端控件 …… 285

  10.3.2 HTML 控件 …… 299
 10.4 页面信息传递 …… 303
  10.4.1 利用 Cookies 保持客户端信息 …… 303
  10.4.2 QueryString …… 305
  10.4.3 Application …… 307
  10.4.4 Session …… 308
 10.5 Web 应用程序案例 …… 308
 习题 10 …… 311

第 11 章 实验

 实验 1 熟悉 Visual Studio 2013 编程环境 …… 313
 实验 2 控制台程序编程 …… 315
 实验 3 面向对象程序设计 …… 318
 实验 4 C♯ 基本控件 …… 325
 实验 5 数据库应用 …… 329
 实验 6 文件操作 …… 333
 实验 7 多线程开发 …… 336
 实验 8 C♯ 图形编程 …… 339
 实验 9 C♯ 图像编程 …… 344
 实验 10 Web 应用程序开发 …… 349

参考文献 …… 354

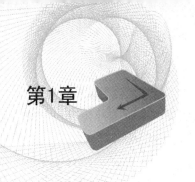

第1章

C#.NET 概述

本章简要介绍程序设计语言及其发展历史、Visual C♯.NET 与.NET Framework 之间的关系以及 Visual Studio 开发环境,并通过实例初步认识开发 Visual C♯.NET 程序的过程,在读者头脑中形成初步的 Visual C♯.NET 程序开发轮廓,实现以下目标。

- 了解.NET 的发展。
- 理解.NET 框架的结构组成。
- 了解 C♯语言的发展和特点。
- 熟悉 Visual Studio 2013 集成开发环境。

1.1 程序设计语言

1.1.1 程序设计语言简介

程序设计语言,通常简称为编程语言,是一组用来定义计算机程序的语法规则。它是一种标准化的交流技巧,用来向计算机发出指令。这种计算机语言能够让程序员准确地定义计算机所需要使用的数据,并精确地定义在不同情况下所应采取的行动。

程序设计语言按照语言级别,可以分为低级语言和高级语言。低级语言分为机器语言和汇编语言。低级语言与特定的机器有关,其功效高,但使用复杂、烦琐、费时、易出差错。机器语言是表示成数码形式的机器基本指令集。汇编语言是机器语言中部分符号化的结果。高级语言的表示方法要比低级语言更接近于待解问题的表示方法。其特点是在一定程度上与具体机器无关,具有易学、易用、易维护的优点。

1.1.2 程序设计语言的发展

计算机程序设计语言的发展经历了从机器语言、汇编语言到高级语言再到面向对象语言的历程。

1. 机器语言

电子计算机使用的是由 0 和 1 组成的二进制数。二进制是计算机语言的基础。计算机发明之初,人们只能用计算机语言去命令计算机工作,也就是写出一串串由 0 和 1 组成的指令序列,交由计算机执行。这种语言就是机器语言。

这时编写程序是一种十分烦琐的工作,特别是在程序有错需要修改时,工作起来更加困难。而且,编出的程序不但不便于记忆、阅读和书写,还容易出错。由于每台计算机的指令系统往往各不相同,所以,在一台计算机上执行的程序,要想在另一台计算机上执行,就必须另行编写。这种语言可移植性较差,造成了重复工作。但由于使用的是针对特定型号计算机的语言,所以其运算效率是所有语言中最高的。机器语言是第一代计算机语言。

2. 汇编语言

为了克服机器语言难读、难编、难记和易出错的缺点,人们用与代码指令实际含义相近的英文缩写词、字母和数字等符号取代指令代码,例如,用 ADD 代表加法,用 MOV 代表数据传递等。这样,人们就能较为容易地读懂并理解程序,使得程序的纠错及维护工作变得方便了。这种程序设计语言称为汇编语言,即第二代计算机语言。但是,计算机是不认识这些符号的,这就需要一个专门的程序负责将这些符号翻译成二进制数的机器语言。这种翻译程序称为汇编程序。

汇编语言仍然是面向机器的语言。它使用起来还是比较烦琐的,通用性也较差。汇编语言是低级语言。但是,用汇编语言编写的程序,其目标程序占用内存空间少,运行速度快,有着高级语言无法实现的作用。

3. 高级语言

不论是机器语言还是汇编语言,都是面向硬件具体操作的。语言对机器过分依赖,它要求使用者必须对硬件结构及其工作原理都十分熟悉。这对非计算机专业人员来说是难以做到的,不利于计算机的推广应用。计算机事业的发展促使人们寻求一些与人类自然语言相近且能为计算机所接受的通用易学的计算机语言。这种与自然语言相近并被计算机接受和执行的计算机语言称为高级语言。高级语言是面向用户的语言。无论何种类型的计算机,只要配备上相应的高级语言的编译或解释程序,就可以运行用该高级语言编写的程序。

4. 面向对象语言

20 世纪 80 年代初,在软件设计思想上产生了一次革命,其成果就是面向对象的程序设计。在此之前的高级语言,几乎都是面向过程的。程序的执行是流水线式的。在一个模块被执行完前,程序不能干别的事,也无法动态地改变程序的执行方向。这和人们日常处理事物的方式是不一致的。人们往往希望发生一件事就处理一件事,也就是说,不能面向过程,而应是面向具体的应用功能,也就是对象(object)。

面向对象程序设计(object oriented programming)语言与以往各种编程语言的根本区别就在于程序设计思维的方法不同。面向对象程序设计可以更直接地描述客观世界存在的事物(即对象)及事物之间的相互关系。面向对象技术强调的基本原则是直接面对客观事物本身进行抽象,并在此基础上进行软件开发,将人类的思维方式与表达方式直接应用在软件设计中。

1.1.3 高级语言的类型

高级语言通常分为以下几类。

1. 命令式语言

这种语言的语义基础是模拟数据存储/数据操作的图灵机可计算模型,该模型十分符合现代计算机体系结构的自然实现方式。其中产生操作的主要途径是依赖语句或命令产生的副作用。现代流行的大多数语言都是这一类型,如 C、C++、Basic、Java、C# 等,各种脚本语言也被看成是此种类型。

2．函数式语言

这种语言的语义基础是基于数学函数概念的值映射的λ算子可计算模型。这种语言非常适合于进行人工智能等工作的计算。典型的函数式语言如 Lisp、Haskell、ML、Scheme 等。

3．逻辑式语言

这种语言的语义基础是基于一组已知规则的形式逻辑系统。这种语言主要用于专家系统的实现中。最著名的逻辑式语言是 Prolog。

4．面向对象语言

大多数现代语言都提供面向对象的支持，但有些语言是直接建立在面向对象基本模型上的，语言的语法形式的语义就是基本对象操作。主要的纯面向对象语言有 Smalltalk。

虽然各种语言所属的类型不同，但它们各自都不同程度地对其他类型的运算模式有所支持。

1.2 .NET

1.2.1 Microsoft .NET 简介

2000 年 6 月，Microsoft 公司发布了它的.NET(读作 dot-net)计划。.NET 平台对早期的开发平台进行了重大改进。.NET 提供了一种新的软件开发模型，它允许不同程序设计语言创建的应用程序相互通信。这个平台也允许开发者创建基于 Web 的应用程序。这些应用程序能够发布到多种不同的设备(甚至是无线电话)和台式机上。

Microsoft 的.NET 计划为利用 Internet 和 Web 进行的软件开发、设计和使用开辟了广阔的新前景。.NET 策略的一个主要方面是与具体的语言无关，它不需要程序员只使用一种程序设计语言。程序员可以将多种与.NET 兼容的语言(见图 1.1)结合起来开发.NET 应用程序。多个程序员可以共同参与同一个软件项目，并且每个人都可以使用自己最精通的.NET 语言(如 Visual C++.NET、C♯、Visual Basic.NET)来编写代码。

1.2.2 .NET 的组成

要解释.NET 的概念，就需要将.NET 分成以下 3 个主要部分来分别解释。

- .NET 战略。该战略基于这样一种想法，即将来所有的设备都会通过一个全球宽带网(即 Internet)连接在一起成为一个网络，该战略的目的就是为该网络提供服务。
- .NET Framework。它是指像 ASP.NET 这样可使.NET 更加具体的新技术。该架构提供了具体的服务和技术，以便于开发人员创建应用程序，满足如今连接到 Internet 上的用户的需要。
- Windows 服务器系统。它是指像 SQL Server 2000 和 BizTalk Server 2000 这样的由.NET Framework 应用程序使用的服务器产品。不过，目前它们并不是使用.NET Framework 编写的。这些服务器产品将来的版本都将支持.NET，但不必使用.NET 来重新编写它们。

1.2.3 .NET 战略

多年来,Microsoft 公司在 Internet 上投入了大量的精力,主要包括产品开发、技术开发以及市场营销等方面。一个很好的佐证就是如今 Microsoft 公司的产品或技术无不支持 Web,Microsoft 公司所发行的所有销售宣传材料无不以 Internet 为中心。其原因就在于,Microsoft 公司将其未来押在了 Internet 以及其他正在逐步取得成功并被广泛采用的开放标准(如 XML)上。另一个原因是,可以在一个开放标准的世界中为 Internet 提供最好的开发工具和运行平台。

.NET Framework 为 Microsoft 公司建立.NET 战略提供了基础和渠道。如果.NET 战略变成现实,那么在不远的将来,整个世界的设备都将通过 Internet 连接在一起成为一个网络,不论何时何地,都可以实现宽带访问。任何设备都将通过这个网络连接起来,贸易往来与信息交换都将以光速进行。所有设备都将在标准化或共享协议(如 HTTP)的基础上使用像 XML 这样的公用语言,在不同的操作系统和设备上执行众多软件。这个战略并不是 Microsoft 公司所独有的,其他许多公司(如 IBM 和 Sun)都有这方面的设想。

1.2.4 .NET Framework

.NET Framework 提供了各种基础服务,在 Microsoft 公司看来这些服务就是实现.NET 战略的根本所在。要使网络上的两端交换数据和联网工作更加容易,最好有一个全球网络和像 XML 这样的开放标准。但是,历史表明,任何战略或设想中都有一个不可或缺的重要因素,即能够支持各种标准的优秀工具和技术。市场营销本身并不会创建应用程序,而拥有优秀工具和平台的优秀开发人员却可以。下面详细介绍.NET Framework。

.NET Framework 是建造 Microsoft .NET 战略这座大厦的基础。它为编写使用像 XML 和 SOAP 这样的开放标准的应用程序在 Internet 上(或者是诸如 Intranet 之类的其他网络)实现无缝和轻松的通信提供了工具和技术。.NET Framework 还为开发人员在创建和部署 Windows DNA 应用程序时所面临的许多问题提供了解决办法。例如,是否可以在替代组件文件时不用关闭 ASP 应用程序,是否不用再注册组件或不用再花数小时的时间来解决二进制兼容性问题或版本问题。现在.NET Framework 提供了此类问题的解决办法。

Microsoft .NET Framework 通过一个全面托管的、受保护的和特性丰富的应用程序执行环境,把应用程序开发转换为 XML Web 服务开发,简化了开发和部署,实现了与各种编程语言的无缝集成。

NET 框架(.NET Framework)由 Microsoft 公司开发,是一个致力于敏捷软件开发(agile software development)、快速应用开发(rapid application development)、平台无关性和网络透明化的软件开发平台。开发.NET 是 Microsoft 公司为下一个十年对服务器和桌面型软件工程迈出的第一步。.NET 包含许多有助于互联网和内部网应用迅捷开发的技术。

.NET Framework 是支持生成和运行下一代应用程序和 XML Web Services 的内部 Windows 组件。.NET Framework 旨在实现下列目标。

- 提供一个一致的面向对象的编程环境,无论对象代码是在本地存储和执行的,还是在本地执行但在 Internet 上分布的,或者是在远程执行的。
- 提供一个将软件部署和版本控制冲突最小化的代码执行环境。

- 提供一个可提高代码(包括由未知的或不完全受信任的第三方创建的代码)执行安全性的代码执行环境。
- 提供一个可消除脚本环境或解释环境的性能问题的代码执行环境。
- 使不同类型的应用程序(如基于窗体的应用程序和基于 Web 的应用程序)开发人员的开发经验保持一致。
- 按照工业标准生成所有通信,以确保基于 .NET Framework 的代码可与任何代码集成。

.NET Framework 具有两个主要组件:公共语言运行库和 .NET Framework 类库,如图 1.1 所示。

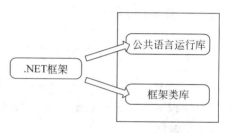

图 1.1 .NET Framework 组件

公共语言运行库是 .NET Framework 的基础。可以将公共语言运行库看做一个在执行时管理代码的代理。它提供内存管理、线程管理和远程处理等核心服务,并且还强制实施严格的类型安全。它可以提高代码的安全性、可靠性以及其他形式的代码的准确性。这类似于 Java 的虚拟机。事实上,代码管理是公共语言运行库的基本原则。以公共语言运行库为目标的代码称为托管代码,而不以公共语言运行库为目标的代码称为非托管代码。

.NET Framework 的另一个主要组件是类库。它是一个综合性的面向对象的可重用类型集合,可以使用它开发多种应用程序。这些应用程序包括传统的命令行、图形用户界面(GUI)应用程序和最新的基于 ASP.NET 的应用程序(如 Web 窗体和 XML Web Services)。.NET Framework 可由非托管组件承载。这些组件将公共语言运行库加载到它们的进程中,并启动托管代码的执行,从而创建一个可以同时利用托管和非托管功能的软件环境。.NET Framework 不但本身提供了若干个运行库宿主,而且还支持第三方运行库宿主的开发。

.NET Framework 体系结构如图 1.2 所示。

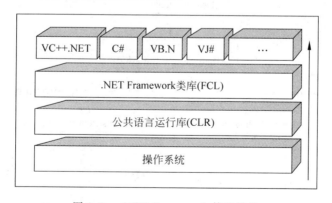

图 1.2 .NET Framework 体系结构

.NET Framework 历经了以下几个版本:
- .NET Framework 1.0;

- .NET Framework 1.1；
- .NET Framework 2.0；
- .NET Framework 3.0；
- .NET Framework 3.5；
- .NET Framework 4.0；
- .NET Framework 4.5(最新版)。

1.3 C♯语言简介

1.3.1 C♯语言发展历史

C♯(读作 C Sharp)是 Microsoft 公司于 2000 年提出的一种源于 C++、类似于 Java 的面向对象编程语言。它适合于分布式环境中的组件开发。C♯是专门为.NET 设计的，它也是.NET 编程的首选语言。

20 世纪 80 年代以来，C 和 C++ 一直是使用最为广泛的商业应用开发语言。这两种语言在带来强大控制能力和高度灵活性的同时，也需要使用者付出一定的代价，那就是，相对较长的学习周期和较低的开发效率，同时对控制能力和灵活性的滥用也给程序的安全性带来了潜在的威胁。C++语言过度的功能扩张也破坏了面向对象的设计理念。软件行业迫切地需要一种全新的现代程序设计语言。它需要在控制能力与生产效率之间求得良好的平衡，特别是，它要能够将快速应用开发与对底层平台所有功能的访问紧密结合在一起，并与 Web 标准保持同步，C♯语言就是这样的一种语言。

C 语言系列的发展历史如图 1.3 所示。C 语言是专门为编写操作系统而发明的，它是一种面向系统编程的中级语言。C++是带类的 C，它是为面向对象编程而设计的。Java 最初是为嵌入式设备而创建的，后来改造成适用于跨平台的网络编程。C♯则是专门为面向组件编程的.NET 而设计的一种源于 C++、类似于 Java 的 OOP 语言。

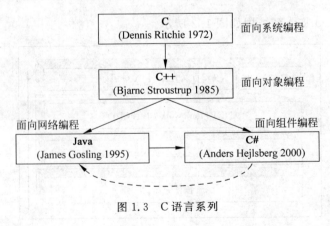

图 1.3 C 语言系列

图 1.4 给出了可用于.NET 编程的主要高级语言(包括 C♯、VB、C++/CLI、J♯ 和 F♯ 等)的发展脉络。

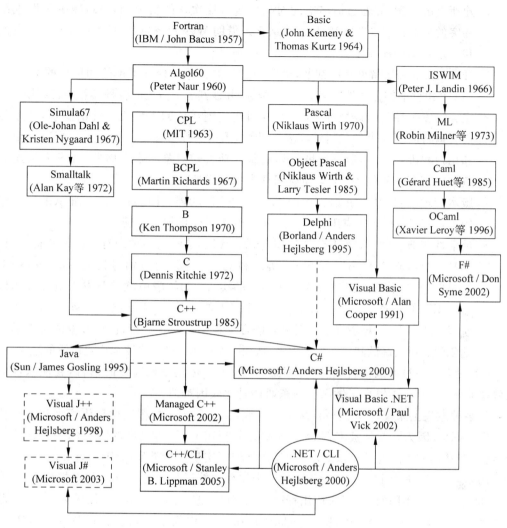

图 1.4　主要编程语言工具的发展脉络

1.3.2　C#特点

C#语言是从C和C++发展而来的,它吸取了包括C、C++和Java在内的多种语言的精华。它是一种简单、完备、类型安全和完全面向对象的高级程序设计语言。它的设计目标就是在继承C和C++强大功能的同时,兼有RAD(Rapid Application Development,快速应用程序开发)语言的简易和高效。作为.NET的核心编程语言,C#充分享受了公共语言运行时所提供的优势。它能够方便地与其他应用程序进行集成和交互。下面介绍其特点。

- 简洁的语法。C#取消了指针的使用,也不定义烦乱的伪关键字,它使用有限的指令、修饰符和操作符,语法上几乎不存在任何冗余,整个程序结构十分清晰。初学者可以轻松快速地掌握C#的基本特性,而C和C++程序员在转而使用C#时,几乎不会有任何障碍。

- 精心的面向对象设计。C#具有面向对象的语言所应有的基本特性:封装、继承和多态性。它禁止多继承,禁止各种全局方法、全局变量和常量。C#以类为基础来构建所有的类型,并通过命名空间对代码进行层次化的组织和管理,减少了发生命名冲突的可能性。C#与Web紧密结合,借助Web服务框架,C#使得网络开发几乎和本地开发一样简单。

- 开发人员无需了解网络的细节,可以用统一的方式来处理本地的和远程的C#对象,而C#组件能够方便地转换为Web服务,并被其他平台上的各种编程语言调用。
- 完整的安全性与错误处理。C#符合通用类型系统的类型安全性的要求,并用公共语言运行时所提供的代码访问安全特性,因而它能够在程序中方便地配置安全等级和用户权限。此外,通过垃圾收集机制自动管理对象的生命周期,开发人员无需再负担内存管理的任务。C#使应用程序的可靠性进一步得到了提高。
- 版本管理技术。C#在语言中内置了版本控制功能,并通过接口和继承来实现应用的可扩展性。C#使应用程序的维护和升级工作更加易于管理。
- 灵活性与兼容性。C#中允许使用非托管代码,能够与各种现有的组件和程序(包括COM组件、WIN32 API等)进行集成和交互。它还可以通过代表(delegates)来模拟指针的功能,通过接口来模拟多继承的实现。为了吸引软件开发人员和合作伙伴对.NET的认同,Microsoft推出了新一代的集成开发环境——Microsoft Visual Studio.NET。该环境提供了对C#语言编程的可视化支持,使得开发人员能够方便地创建、运行、调试和发布C#程序,从而针对.NET平台快速地构建广泛的应用。

C#完全是一种高级语言,它支持框架编程。C#也是一种高效的语言,它使软件的开发效率非常高,但是要想真正做底层的东西还是比较困难的。

从某种意义上来说,C#是最直接地反映底层CLR的一种程序设计语言。它非常依赖于.NET框架,因为它就是被专门设计成能充分利用CLR所提供的特征的一种语言。例如,绝大多数的C#内置类型都对应于CLR框架所实现的值类型(value-types)。

用C#编写的应用程序,需要CLR的一个实现才能运行。这与Java的虚拟机JVM有点相似,但是与Java不同的是,CLR应用程序要被编译两遍。第一遍由C#编译器将C#源程序编译成平台抽象字节码,即IL(Intermediate Language,中间语言)代码,存放在PE(Portable Executable,可移植的可执行)文件中(似Java的.class);第二遍在应用程序首次运行时,由CLR的JIT(Just-In-Time即时/实时)编译器将IL代码编译成本地客户端的机器代码(.exe)。

C#语言已于2001年12月成为欧洲标准。ECMA-334 C# Language Specification(C#语言规范),在2002年12月、2005年6月和2006年6月又分别推出了ECMA-334的第2版、第3版和第4版。在2003年4月,C#成为了一种国际标准。ISO/IEC 23270:2003 Information technology——C# Language Specification(信息技术——C#语言规范),在2006年9月又推出了第2版 ISO/IEC 23270:2006。

1.4 Visual Studio集成开发环境

1.4.1 Visual Studio集成开发环境介绍

手动编写和编译代码对任何开发者来说都是一项枯燥的工作。但是,Visual Studio IDE(集成开发环境)提供了一系列超越了基本的代码管理的高级特性。以下是Visual

Studio 的一些优点。

（1）集成的 Web 服务器。运行 ASP.NET Web 应用程序需要 Web 服务器软件，如 IIS，它等待 Web 请求并处理适当的页面。安装 Web 服务器并不难，不过也不方便。由于 Visual Studio 内集成了用于开发的 Web 服务器，用户可以从设计环境中直接运行网站，并且这样也很安全，因为没有外部计算机可以运行你的测试网站。

（2）多语言开发。Visual Studio 允许用户在任何时候在同一个接口（IDE）下使用用户的语言或者其他语言来编程。不仅如此，Visual Studio 还允许用户用不同的语言构建 Web 页，但是要把它们包括在一个 Web 应用程序中。唯一的限制就是，用户不能在同一个网页中使用两种以上的语言（这样会导致明显的编译问题）。

（3）更少的代码。大多数应用程序都需要一些标准样板文件代码，ASP.NET 网页也不例外。举例来说，当向一个网页添加新的控件、附加事件处理程序或调整格式的时候，就需要在页面标记中设置许多细节。这些基本的任务都由 Visual Studio 自动帮助用户完成。

（4）直观的编码风格。在默认情况下，Visual Studio 在用户输入代码的时候会自动格式化代码，并且使用不同的颜色来标识各种元素，如注释。这些细节上的不同，使得代码更具有可读性而且能够减少出错的机率。用户甚至可以配置 Visual Studio 自动格式化代码的方式，这对于那些喜欢使用不同括号的人来说是很不错的（如 K&R 风格，通常将开头括号同前面的声明放在同一行）。

1.4.2　Visual Studio 历代开发环境演变史

Visual Studio 可以用来创建 Windows 平台下的 Windows 应用程序和网络应用程序，也可以用来创建网络服务、智能设备应用程序和 Office 插件。下面来看看它的演变历史。

1998 年，Microsoft 公司发布了 Visual Studio 6.0。

2002 年，Microsoft 发布了 Visual Studio.NET（内部版本号为 7.0）。首先引入了.NET 框架，如，通用语言运行时，统一了程序语言和脚本语言，并能管理底层代码。.NET 框架还为 Windows 程序员增加了新的编程模型和编译的 ASP，也引入了 Web 服务。

2003 年，Microsoft 公司对 Visual Studio 2002 进行了部分修订，并以 Visual Studio 2003 的名义将其发布（内部版本号为 7.1）。Visio 作为使用统一建模语言（UML）架构应用程序框架的程序被引入，同时被引入的还包括移动设备支持和企业模板。此时.NET 框架也升级到了 1.1。

2005 年 11 月 7 日，Visual Studio 2005 出台。以.NET Framework 2.0 为基础的 Visual Studio 2005 包括 Microsoft 公司 5 年来对.NET 1.0 的所有修正。在 1.0 中需要花费大量时间编写代码的功能，在 2.0 中几乎不需要再写代码或者只需短短几行代码就可以完成。更重要的是，.NET Framework 2.0 增添了不少的新类，同时，相当多的类被重写，并被赋予了新的功能。

Visual Studio 2008 是面向 Windows Vista、Office 2007、Web 2.0 的下一代开发工具，代号是"Orcas"。它经历了大约 18 个月的开发，是对 Visual Studio 2005 一次及时的、全面的升级。

Microsoft 在 Kuilder 2013 开发者大会上发布了 Visual Studio 2013 预览版，该软件于 2013 年 11 月 13 日正式发布。本书就是以 Visual Studio 2013 为开发环境来对 C#程序开

发原理进行详细介绍的,书中所有例子都经过了 Visual Studio 2013 环境的验证。

1.5 熟悉 Visual Studio 2013 开发环境

Visual Studio 2013 是一套完整的开发工具集,它提供了在设计、开发、调试和部署 Windows 应用程序、Web 应用程序、XML Web Services 和传统的客户端应用程序时所需的工具,可以快速、轻松地生成 Windows 桌面应用程序、ASP.NET Web 应用程序、XML Web Services 和移动应用程序。本节将对 Visual Studio 2013 开发环境进行详细介绍。

1.5.1 创建控制台应用程序

Visual Studio 2013 中包含的项目主要分为控制台应用程序和 Windows 应用程序。控制台应用程序是 Windows 系统组件的一部分,而 Windows 应用程序是指可以在 Windows 平台上运行的所有程序。下面分别介绍控制台应用程序和 Windows 应用程序的创建过程。

创建控制台应用程序的步骤如下。

① 执行"开始"→"程序"→Visual Studio 2013→Visual Studio 2013 命令,如果用户是第一次使用 Visual Studio 2013 开发环境,则将弹出"选择默认环境设置"对话框。

② 在对话框中选择"Visual C#开发设置"选项,单击"启动 Visual Studio"按钮,即可进入 Visual Studio 2013 开发环境起始页,如图 1.5 所示。

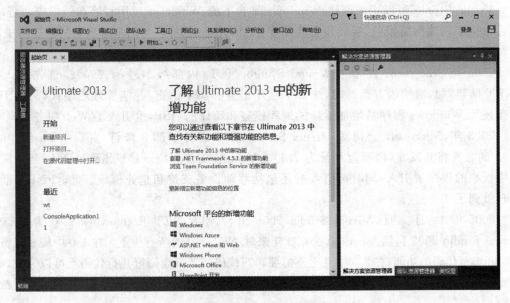

图 1.5　Visual Studio 2013 开发环境起始页

③ 启动 Visual Studio 2013 开发环境之后,可以通过两种方法创建项目。一种是,在菜单栏中执行"文件"→"新建"→"项目"命令;另一种是,通过执行"起始页"→"最近的项目"→"创建"→"项目"命令,选择其中一种方法创建项目,弹出如图 1.6 所示的"新建项目"对话框。

图 1.6 "新建项目"对话框

④ 选择要使用的.NET 框架和"控制台应用程序"后,用户可对所要创建的控制台应用程序进行命名、选择存放位置、确定是否创建解决方案目录等设定(在命名时可以使用用户自定义的名称,也可使用默认名 ConsoleApplication1,用户可以单击"浏览"按钮,设置项目存放的位置。需要注意的是,解决方案名称与项目名称一定要统一),然后单击"确定"按钮,完成控制台应用程序的创建。

1.5.2 创建 Windows 应用程序

创建 Windows 应用程序的步骤如下。

① 执行"开始"→"程序"→Visual Studio 2013→Visual Studio 2013 命令,进入 Visual Studio 2013 开发环境。

② 在菜单栏中执行"文件"→"新建"→"项目"命令,弹出如图 1.6 所示的"新建项目"对话框。

③ 选择要使用的.NET 框架和"Windows 窗体应用程序"后,用户可对所要创建的 Windows 窗体应用程序进行命名、选择存放位置、确定是否创建解决方案目录等设定(在命名时可以使用用户自定义的名称,也可使用默认名 WindowsFormsApplication1,用户可以单击"浏览"按钮,设置项目存放的位置,如图 1.7 所示。需要注意的是,解决方案名称与项目名称一定要统一),然后单击"确定"按钮,完成 Windows 窗体应用程序的创建。

1.5.3 菜单栏

菜单栏中显示了所有可用的命令,通过鼠标单击即可执行菜单命令,也可以通过按 Alt+相应字母这一快捷键方式来执行菜单命令。常用的菜单命令及其作用如表 1.1 所示。

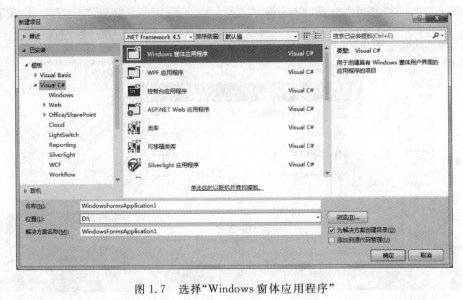

图 1.7 选择"Windows 窗体应用程序"

表 1.1 常用菜单命令及其作用

菜单项	菜单命令	功　　能
文件	新建	建立一个新的项目、网站、文件等
	打开	打开一个已经存在的项目、文件等
	添加	添加一个项目到当前所编辑的项目中
	关闭	关闭当前页面
	关闭解决方案	关闭当前解决方案
	保存 Form1	保存项目中的当前窗体
	Form1 另存为	将项目中的当前窗体进行更名或者改变路径保存
	全部保存	将项目中的所有文件保存
	导出模板	将当前项目作为模板保存起来,生成 .zip 文件
	页面设置	设置打印机及打印属性
	打印	打印选择的指定内容
	最近的文件	打开最近操作的文件(如类文件)
	最近的文档	打开最近操作的文件(如解决方案)
	退出	退出集成开发环境
编辑	撤销	撤销上一步操作
	重复	重做上一步所做的修改
	撤销上次全局操作	撤销上一步全局操作
	重复上次全局操作	重做上一步所做的全局修改
	剪切	将选定内容放入剪贴板,同时删除文档中所选的内容
	复制	将选定内容放入剪贴板,但不删除文档中所选的内容
	粘贴	将剪贴板中的内容粘贴到当前光标处
	删除	删除所选内容
	从数据库删除表	将表从数据库中删除
	全选	选择当前文档中的全部内容
	查找和替换	在当前窗口文件中查找指定内容,可将查找到的内容替换为指定信息
	转到	选择定位到"结果"窗格的那一行
	书签	显示书签功能菜单

续表

菜单项	菜单命令	功 能
视图	代码	显示代码编辑窗口
	设计器	打开设计器窗口
	服务器资源管理器	显示服务器资源管理器窗口
	解决方案资源管理器	显示解决方案资源管理器窗口
	类视图	显示类视图窗口
	代码定义窗口	显示代码定义窗口
	对象浏览器	显示对象浏览器窗口
	错误列表	显示错误列表窗口
	输出	显示输出窗口
	属性窗口	显示属性窗口
	任务列表	显示任务列表窗口
	工具箱	显示工具箱窗口
	查找结果	显示查找结果
	其他窗口	显示其他窗口(如命令窗口、起始页等)
	工具栏	打开工具栏菜单(如标准工具栏、调试工具栏)
	显示窗格	用于"查询"和"视图设计器"中的显示窗格
	工具箱	显示工具箱
	全屏显示	将当前窗体全屏显示
	向后定位	将控制权移交给下一个任务
	向前定位	将控制权移交给上一个任务
	属性页	为用户控件显示属性页

1.5.4 工具栏

为了操作更方便、快捷,常用的菜单命令按功能分组后被分别放入相应的工具栏中。常用的工具栏有"标准"工具栏和"调试"工具栏。下面分别介绍这两种工具栏。

(1)"标准"工具栏中包括大多数常用的命令按钮,如"新建项目"、"添加新项"、"打开文件"、"保存"和"全部保存"等,如图1.8所示。

(2)"调试"工具栏中包括对应用程序进行调试的快捷按钮,如图1.9所示。

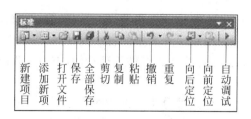

图1.8 "标准"工具

图1.9 "调试"工具

技巧:开发人员可以直接按F5键来调试程序。

1.5.5 "工具箱"面板

"工具箱"是 Visual Studio 2013 的重要工具,每一个开发人员都必须对其熟练掌握。"工具箱"提供了进行 Windows 窗体应用程序开发所必需的控件。通过"工具箱",开发人员可以方便地进行可视化的窗体设计,因此简化了程序设计的工作量,提高了工作效率。根据控件功能的不同,Visual Studio 2013 将工具箱划分成 11 个栏目,如图 1.10 所示。

单击某个栏目,即可显示栏目下的所有控件,如图 1.11 所示。当需要某个控件时,可以通过双击所需控件,直接将其添加到窗体上;也可以先单击选择需要的控件,再将其拖曳到设计窗体上。"工具箱"面板中的控件可以通过工具箱右键快捷菜单来控制,如实现控件的排序、删除、设置显示方式等。

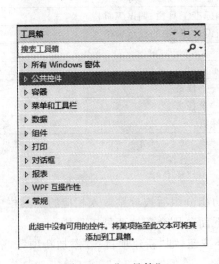

图 1.10 "工具箱"

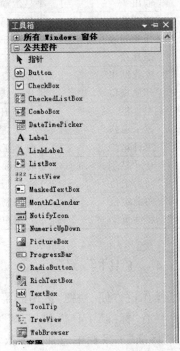

图 1.11 展开后的"工具箱"面板

1.5.6 "属性"面板

"属性"面板(如图 1.12 所示)在 Visual Studio 2013 中非常重要,它为 Windows 窗体应用程序的开发提供了全面的属性修改方式。窗体应用程序开发中的各个控件属性都可以通过"属性"面板来设置。此外,"属性"面板还提供了针对控件的事件管理功能,方便编程时对事件进行处理。

"属性"面板同时采用了两种方式来管理属性,分别是按分类方式和按字母顺序方式来管理。开发人员可以根据自己的习惯采用不同的方式。面板的下方还有简单的帮助,方便开发人员对控件的属性进行操作和修改。"属性"面板的左侧是属性名称,右侧是对应的属性值。

1.5.7 解决方案资源管理器

解决方案资源管理器(如图 1.13 所示)提供了项目、文件的视图以及对项目和文件相关命令的便捷访问。与此窗口关联的工具栏提供了适用于列表中突出显示项的常用命令。若要访问解决方案资源管理器,可执行"视图"→"解决方案资源管理器"命令。

1.5.8 创建第一个控制台项目

在此介绍 Hello 程序的实现,其步骤如下。

① 执行"开始"→"程序"→Microsoft Visual Studio 2013→Microsoft Visual Studio 2013 命令,启动 Visual Studio 2013 开发环境。

② 在菜单栏中执行"文件"→"新建"→"项目"命令。

③ 在"新建项目"对话框中选择"控制台应用程序",并在"名称"和"位置"文本框中输入相应的内容,如图 1.14 所示。单击"确定"按钮后,如图 1.15 所示。

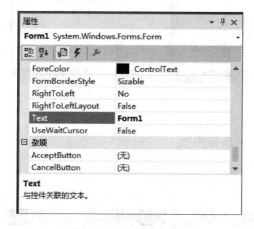

图 1.12 "属性"面板

图 1.13 解决方案资源管理器

图 1.14 "新建项目"对话框

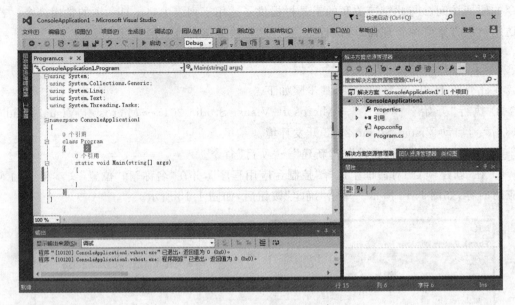

图 1.15 项目 ConsoleApplication1 界面

④ 在图 1.15 中输入以下代码,结果如图 1.16 所示。

```
Console.WriteLine("Hello!");
Console.Read();
```

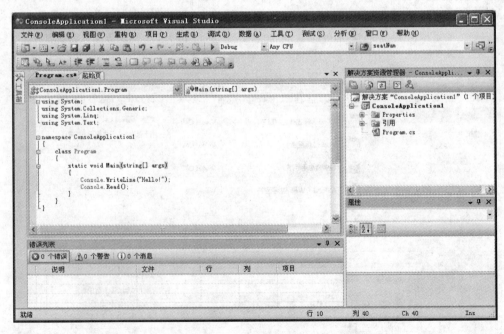

图 1.16 输入程序

⑤ 按 F5 键运行程序,结果如图 1.17 所示。

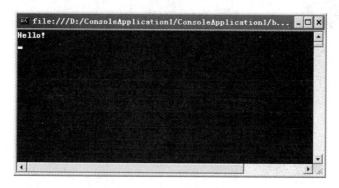

图 1.17 Hello 运行结果

习题 1

1. 简述计算机程序设计语言的发展历程。
2. 高级语言有哪些类型？C♯属于哪种类型？
3. .NET Framework 由哪几部分构成？
4. 简述 C♯有哪些特点。
5. 利用 Visual Studio 2013 开发一个控制台程序,在屏幕上输出一行字符串"Hello! This is my first C♯ program"。

第2章

chapter 2

C#程序设计基础

本章介绍 Visual C#.NET 程序设计的基础,包括 Visual C#.NET 基本数据类型、常量和变量、表达式、程序基本结构和异常处理等内容。本章的目的是使读者掌握 C#开发语言的基本语法结构,为后续章节的学习奠定基础,并实现以下目标。

- 掌握 C#的基本数据类型。
- 掌握 C#各种运算符表达式的用法。
- 理解 C#控制台程序的基本结构。
- 会使用 if、while、for 等语句编写程序。
- 掌握数组的使用方法。
- 了解异常处理方法。

2.1 C#基本数据类型

C#是一种强类型语言,它在程序中用到的变量、表达式和数值等都必须有类型。编译器会检查所有数据类型操作的合法性。非法数据类型操作不会被编译。C#语言支持两种基本的数据类型:一种是值类型(Value Type),一种是引用类型(Reference Type)。C#语言的类型如图 2.1 所示。

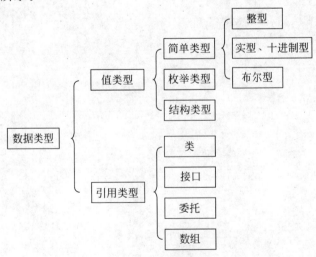

图 2.1 C#语言的类型

2.1.1 值类型

所谓值类型就是一个包含实际数据的量,即值类型变量直接含有它们的数据。每一个值类型变量都有它自己数据的副本。因此,对一个变量的操作不会影响到另一个变量。当定义一个值类型的变量时,C#会根据它所声明的类型,以堆栈方式,分配一块大小合适的存储区域给这个变量。随后,对这个变量的读或写操作就直接在这块内存区域进行。

C#的值类型包括简单类型、枚举类型和结构类型。

1. 简单类型

简单类型(Simple Type)是由一系列元素构成的数据类型,它包括整数类型、实数类型、布尔类型。表2.1给出了C#中常见的简单类型。

表2.1 C#简单值类型列表

类型	长度	.NET 类型	说明	范围和精度
byte	1	byte	8位无符号整型	0~255
sbyte	1	sbyte	8位有符号整型	-128~127
short	2	int16	16位有符号整型	-32 768~32 767
ushort	2	uint16	16位无符号整型	0~65 535
int	4	int32	32位有符号整型	-2 147 483 648~2 147 483 647
uint	4	uint32	32位无符号整型	0~4 294 967 295
long	8	int64	64位有符号整型	-9 223 372 036 854 775 808~9 223 372 036 854 775 807
ulong	8	uint64	64位无符号整型	0~18 446 744 073 709 551 615
float	4	single	32位单精度浮点类型	$\pm 1.5 \times 10^{-45} \sim \pm 3.4 \times 10^{38}$(7位精度)
double	8	double	64位双精度浮点类型	$\pm 5.0 \times 10^{-324} \sim \pm 1.7 \times 10^{308}$(15位精度)
decimal	16	decimal	128位高精度十进制数类型	$\pm 1.0 \times 10^{-28} \sim \pm 7.9 \times 10^{28}$(28位精度)
char		char	16位字符类型	
bool		boolean	逻辑值(真或假)	true,false

整数类型共有9种,它们的区别在于所占存储空间的大小的不同,带不带符号位的区别,以及所能表示的数的范围不同。比较特殊的是,字符型归属于整型,但它与整型有所不同,它不支持从其他类型到字符型的隐式转换。

实数类型有3种,其中,浮点类型float、double采用IEEE 754格式来表示,因此浮点运算一般不会产生异常。decimal类型主要适用于财务和货币计算,它可以精确地表示十进制小数数字。虽然它具有较高的精度,但取值范围较小,因此从浮点型到decimal类型的转换可能会产生溢出异常现象;而从decimal类型到浮点类型的转换则会导致精度的损失。所以,浮点类型与decimal类型之间不存在隐式转换。

布尔类型表示布尔逻辑量,它与其他类型之间不存在标准转换,即不能用一个整型数据表示true或false。

对于简单类型,可以在声明的同时进行初始化,形式如下。

```
int age = 23;
long number = -33;
ulong number1 = 55;
```

```
float score = 89.5f;              //当给浮点型变量赋值时,需在后面加一个 f 或 F
decimal price = 123.456m;         //需在后面加一个 m 或 M
char answer = 'y';
bool isright = true;
```

2．枚举类型

枚举类型(Enum Type)是一种值类型,它用于声明一组命名的常数。枚举类型的声明形式为：

访问修辞符 enum 枚举名：基础类型
{
    枚举成员
}

基础类型必须能够表示该枚举中定义的所有枚举数值。枚举声明可以显式地声明 byte、sbyte、short、ushort、int、uint、long 或 ulong 类型作为对应的基础类型。没有显式的声明基础类型的枚举声明意味着所对应的基础类型是 int。

枚举成员是该枚举类型的命名常数。任意两个枚举成员都不能具有相同的名称。每个枚举成员均具有相关联的常数值。此值的类型就是枚举的基础类型。每个枚举成员的常数值必须在该枚举的基础类型的范围之内。在枚举类型中声明的第一个枚举成员的默认值为 0。

例 2.1 下面是使用枚举类型的一个示例。

```
public enum TimeofDay
{
    Morning,
    Afternoon,
    Evening
}
class Test
{
    static void WriteGreeting(TimeofDay timeofDay)
    {
        switch(timeofDay)
        {
            case TimeofDay.Morning:
                Console.WriteLine("good morning");
                break;
            case TimeofDay.Afternoon:
                Console.WriteLine("good afternoon");
                break;
            case TimeofDay.Evening:
                Console.WriteLine("good evening");
                break;
        }
    }
    static void Main()
    {
        WriteGreeting(TimeofDay.Morning);
```

```
        WriteGreeting(TimeofDay.Evening);
        WriteGreeting(TimeofDay.Afternoon);
        Gonsole.Readhine();//等待终端输入以行为单位回车确认,这里的目的是暂留程序屏
                           幕,便于开发人员观察结果,按回车键结束程序
    }
}
```

运行结果如图 2.2 所示。

图 2.2　枚举使用示例运行结果

3. 结构类型

结构类型是指把各种不同类型的数据信息组合在一起形成的组合类型。结构是用户自定义的数据类型。使用结构类型可以方便地存储多条不同类型的数据。

在 C# 中可以使用数组来存储许多相同类型和具有相同意义的相关信息。但是,如果有些数据信息由若干不同数据类型和不同意义的数据所组成,例如一个学生的个人记录可能包括学号、姓名、性别、年龄、籍贯、家庭住址、联系电话等,这些信息的类型不完全一样,就不能通过定义一个数组来存储一个学生的所有信息。这时,可以用 C# 提供的结构类型,有组织地把这些不同类型的数据信息存放到一起。

结构类型也是先声明后使用的。声明结构类型时要使用 struct 关键字。声明结构类型的一般语法格式如下:

```
struct 标识符
{
    结构成员定义;
}
```

对结构类型的声明有如下说明。
- struct 关键字表示声明的是一种结构类型。
- 标识符必须是 C# 合法的标识符,它用来在程序中唯一确定所定义的结构。
- 由一对花括号括起来的部分称为结构体,它定义了结构中所包含的各种成员。

定义一个学生结构类型 Student,包括学号、姓名、年龄和所在系等信息,形式如下。

```
struct  Student              //定义名为 Student 的结构类型
{
    long no;                 //定义结构的数据成员
    string name;
    int  ge;
    string university;
    //定义结构的方法成员
    void structmethod( )
    {
```

```
        //方法可执行代码
    }
}
```

在上面定义的结构语句中,结构体中定义了结构的数据成员及方法成员。

结构成员可分为两类,一类是实例成员,一类是静态成员。若成员名前有 static 关键字,则该成员为静态成员,否则为实例成员。静态成员是通过结构名来访问的,而实例成员是通过创建结构类型的变量来访问的。

创建结构类型的变量的一般形式如下:

结构名 标识符;

说明:结构名为已声明的结构类型的名称。其中,标识符必须是 C#合法的标识符,它用来表示结构类型的变量。

下面是一个简单的示例。

```
struct  IPAddress
{
    public byte   b1,b2,b3,b4;
}
class Test
{
    static void Main()
    {
        IPAddress   myIP;
        myIP.b1 = 192;
        myIP.b2 = 168;
        myIP.b3 = 1;
        myIP.b4 = 11;
        Console.Write("{0}.{1}.",myIP.b1,myIP.b2);
        Console.Write("{0}.{1}",myIP.b3,myIP.b4);
        Console.Read();
    }
}
```

输出结果为:

```
192.168.1.11
```

关于结构类型与类的区别,本书后面再做介绍。

2.1.2 引用类型

引用类型采取将数据保存在堆上的存储方式。当将一个数据赋给引用类型时,它会被保存到堆上的变量中。引用类型的大小不固定,为了可以快速地搜索引用类型数据的值,将它的地址保存到了堆栈上,可以通过地址找到真正数据。引用类型很抽象,就像一个门牌号,可以根据门牌号找到所在的房子。

引用类型一般包括类、接口、委托和数组等。

下面是一个简单的实例,介绍如何辨别值类型和引用类型。

```
class Study
{
    public int x = 15;              //类的变量,默认为 15
}
class Program
{
    static void Main(string[] args)
    {
        //引用类型的演示
        Study A1 = new Study();
        Study A2 = A1;
        A2.x = 25;
        //值类型的演示
        int B1 = 35;
        int B2 = B1;
        B2 = 45;
        Console.WriteLine("A1.x = " + A1.x + ",A2.x = " + A2.x);    //引用类型结果
        Console.WriteLine("B1 = " + B1 + ",B2 = " + B2);    //值类型结果
        Console.Read();
    }
}
```

其中,A2 是类的对象,它是引用类型。当改变其数据时,实际数据也会发生变化,即 A1 中的数据也随之改变了。B2 是值类型,当其数据发生变化时,并不影响 B1 的数据。上面示例的输出结果如图 2.3 所示。

图 2.3 值类型和引用类型的输出对比

ref 关键字表示引用参数,即地址。对 ref 参数的操作就是改变它所对应的地址中的内容。

下面来看一个示例。

```
namespace Test
{
    class Program
    {
        static void Main(string[] args)
        {
            int A = 3;
            Fun(ref A);
            Console.Write(A);
        }
        static void Fun(ref int A)
        {
```

```
            A = 5;
        }
    }
}
```

输出结果为：

5

Main()函数中调用Fun()函数的过程是，Main()把自己的局部变量A的内存地址传递给Fun()函数，然后Fun()把该地址中的内容改为5，这也就改变了Main()中A的值。

C#引用类型和值类型的主要区别如下。

- 值类型变量直接包含它们的数据。对于值类型，每个变量都有它们自己对数据的拷贝，所以不可能因为对一个数据的拷贝进行操作而影响到其他变量；而引用类型是存储对象的引用。
- 如果两个变量引用相同的对象，对一个变量的操作会影响到另一个变量所引用的对象。从存储方式来看，值类型的变量本身包含它们的数据值，它将存储在栈中。而引用类型的变量包含的是指向含数据值的内存块的位置信息，它将存储在受控的堆中。
- C#的类型系统是统一的，因此任何类型的值都可以被当作对象处理。C#中的每个类型都是直接或间接地从 object 类派生的，而 object 是所有类型的最终基类。引用类型的值都被当作对象来处理，这是因为，这些值可以简单地被视为是属于 object 类型的。值类型的值则通过执行装箱（boxing）和拆箱（unboxing）来操作，它也是被当作对象来处理的。

下面的示例将 int 值转换为 object，然后又转换回 int。

```
class Test
{
    static void Main()
    {
        int i = 123;
        object o = i;          // 装箱
        int j = (int)o;        // 拆箱
    }
}
```

当将值类型的值转换为 object 类型时，将为其分配一个对象实例（也称为箱子）以包含该值，并将该值复制到该箱子中。反过来，当将一个 object 引用强制转换为值类型时，将检查所引用的对象是否含有正确的值类型。如果是，则将箱子中的值复制出来。

2.2 常量、变量与表达式

变量和常量用来代表程序中的数据，它们是程序运行中不可缺少的一部分。本节介绍如何定义变量和常量，并详细介绍不同类型变量的作用域。

2.2.1 常量

常量就是在程序的运行期间值不会改变的量，它通常分为直接常量和符号常量。

1. 直接常量

直接常量即数据值本身。

1）整型常量

C#语言整型常量的 3 种表示形式如下。

（1）十进制整数，如 12、-314、0。

（2）八进制整数，要求以 0 开头，如 012。

（3）十六进制数，要求以 0x 或 0X 开头，如 0x12。

C#语言的整型常量默认为 int 型，如：

```
int i = 3;
```

声明 long 型常量可以后加 l 或 L，如：

```
long  l = 3L;
```

2）实型常量

C#浮点类型常量有两种表示形式。

（1）十进制数形式，必须含有小数点，如 3.14、314.0、.314。

（2）科学记数法形式，如 3.14e2、3.14E2、314E2。

C#浮点型常量默认为 double 型。如要声明一个常量为 float 型，则需在数字后面加 f 或 F，如：

```
double  d = 3.14;
float   f = 3.14f;
```

3）字符常量

字符常量是用单引号括起来的单个字符，如：

```
char c = 'A';
```

C#语言中还允许使用转义字符'\'来将其后的字符转变为其他的含义，如表 2.2 所示。

表 2.2　转义字符表

转义字符	含　　义	转义字符	含　　义
\ddd	1～3 位八进制数所表示的字符(ddd)	\r	回车
\uxxxx	1～4 位十六进制数所表示的字符(xxxx)	\n	换行
\'	单引号字符	\f	走纸换页
\"	双引号字符	\t	横向跳格
\\	反斜杠字符	\b	退格

4）字符串常量

字符串常量是用双引号括起的零个或多个字符序列。C#支持两种形式的字符串常量，一种是常规字符串，另一种是逐字字符串。常规字符串就是用双引号括起的一串字符，它可以包括转义字符，如"China,Beijing"、"d:\\myfile\\f1.txt"等。

5）布尔常量

boolean 类型适用于逻辑运算，一般用于程序流程控制。

boolean 类型数据只允许取值 true 或 false，不可以用 0 或非 0 的整数替代 true 和 false。

2. 符号常量

符号常量通常用来保存一个固定值。例如，在程序设计中，圆周率 PI 是一个固定的值，那么，在程序开始时，就可以将其定义为一个常量。

常量的定义语法如下所示。其中，const 是定义常量的关键字，同时还要将变量名大写。

const 类型名称 常量名 = 常量表达式；

下面的实例演示了一个符号常量的定义和使用过程，主要目的是求一个指定半径的圆的面积。

```
class Program
{
    const double PI = 3.1415926;                    //定义圆周率——常量
    static void Main(string[] args)
    {
        double r = 3;                               //定义圆的半径
        double area = PI * r * r;                   //计算圆的面积
        Console.WriteLine("圆的面积为：{0}", area);  //输出结果
    }
}
```

本例的输出结果如图 2.4 所示。

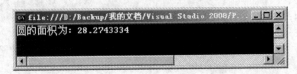

图 2.4　求圆面积的运行结果

2.2.2　变量

变量的使用比常量要复杂得多，它具备固定的数据类型，还有专门的作用域。在声明变量时，必须指定变量的类型。变量名一般都采用小写字母。如果变量的名字比较长，可将第二个单词的首字母大写。

1. 变量命名规则

- 变量名的首字符必须是字母、汉字或下划线。
- 变量名中不能包含空格、小数点以及各种符号。
- 变量名不宜太长，应控制在 3～30 个字符。
- 变量名不能是关键字。如 int，object 等不能用作变量名。
- 变量名在同一范围内必须是唯一的。

在 C# 中声明变量使用下述语法。

类型 标识符；

例如：

int i；

该语句声明 int 变量 i。编译器不会让我们使用这个变量,除非我们用一个值初始化了该变量。但这个声明会在堆栈中给它分配 4 个字节,以保存其值。声明 i 之后,就可以使用赋值运算符(=)给它分配一个值了,如"i=10;"。还可以在一行代码中声明变量,并初始化它的值,如"int i = 10;"。

如果在一个语句中声明和初始化了多个变量,那么所有的变量都具有相同的数据类型,如:

```
int x = 10, y = 20;              // x 和 y 都是 int 变量
```

要声明类型不同的变量,需要使用单独的语句。在多个变量的声明中,不能指定不同的数据类型,如:

```
int x = 10;
bool y = true;                   //定义一个 bool 型变量保存 true 或 false
int x = 10, bool y = true;       // 不能编译
```

注意,上面例子中的//和其后的文本是注释。//字符串告诉编译器,忽略其后的文本。

2. 变量的初始化

变量的初始化是 C# 强调安全性的另一个例子。简单地说,C# 编译器需要用某个初始值对变量进行初始化,之后才能在操作中引用该变量。大多数现代编译器会把没有初始化的情况标记为警告,但 C# 编译器把它当作错误来看待。这就可以防止我们无意中从其他程序遗留下来的内存中获取垃圾值。

C# 有以下两个方法可确保变量在使用前进行了初始化。

(1) 变量是类或结构中的字段,如果没有显式初始化,在默认状态下创建这些变量时,其值就是 0。

(2) 方法的局部变量必须在代码中显式初始化之后才能在语句中使用它们的值。此时,初始化不是在声明该变量时进行的,但编译器会通过方法检查所有可能的路径,如果检测到局部变量在初始化之前就使用了它的值,就会产生错误。

例如,在 C# 中不能使用下面的语句。

```
public static int Main()
{
    int d;
    Console.WriteLine(d);        //变量 d 没初始化
    return 0;
}
```

注意,在这段代码中演示了如何定义 Main(),使之返回一个 int 类型的数据,而不是 void。在编译这些代码时,会得到下面的错误消息:使用了未赋值的局部变量"d"。

3. 变量的作用域

变量的作用域是可以访问该变量的代码区域。一般情况下,确定作用域需要按照以下规则进行。

- 只要字段所属的类在某个作用域内,其字段(也称为成员变量)也在该作用域内(在 C++、Java 和 VB 中也是这样)。

- 局部变量存在于表示声明该变量的块语句或方法结束的封闭花括号之前的作用域内。
- 在 for、while 或类似语句中声明的局部变量存在于该循环体内(C++ 程序员注意,这与 C++ 的 ANSI 标准相同。Microsoft C++ 编译器的早期版本不遵守该标准,但在循环停止后这种变量仍存在)。

1) 局部变量的作用域冲突

大型程序在不同部分为不同的变量使用相同的变量名是很常见的。只要变量的作用域是程序的不同部分,就不会有问题,也不会产生模糊性。但要注意,同名的局部变量不能在同一作用域内声明两次,所以不能使用下面的代码。

```
int x = 20;
int x = 30;
```

先来看下面的代码示例。

```
public class Test
{
    public static int Main()
    {
        for (int i = 0; i < 10; i++)
        {
            Console.Write(i);
        }
        Console.WriteLine(" ");
        for (int i = 9; i >= 0; i--)
        {
            Console.Write(i);
        }
        Console.ReadKey();
        return 0;
    }
}
```

输出结果如图 2.5 所示。

这段代码使用一个 for 循环打印出 0~9 的数字,再打印 9~0 的数字。重要的是,在同一个方法中,代码中的变量 i 声明了两次。可以这么做的原因是,在两次声明中,i 都是在循环内部声明的,所以变量 i 对于循环来说是局部变量。

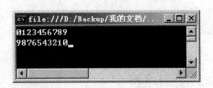

图 2.5 局部变量使用示例运行结果

下面看看另一个例子。

```
public static int Main()
{
    int j = 20;
    for (int i = 0; i < 10; i++)
    {
        int j = 30;    // Can't do this - j is still in scope
        Console.WriteLine(j + i);
```

        }
        return 0;
}
```

如果试图编译它,就会产生如图 2.6 所示的错误。

图 2.6  局部变量使用错误提示

其原因是,变量 j 是在 for 循环开始前定义的,在执行 for 循环时应处于其作用域内,在 Main 方法执行结束后,变量 j 才超出作用域。第二个 j(不合法)则在循环的作用域内,该作用域嵌套在 Main 方法的作用域内。编译器无法区别这两个变量,所以不允许声明第二个变量。这也是与 C++ 不同的地方。在 C++ 中,允许隐藏变量。

2) 字段和局部变量的作用域冲突

在某些情况下,可以区分名称相同(尽管其完全限定的名称不同)、作用域相同的两个标识符。此时编译器允许声明第二个变量。其原因是,C#在变量之间有一个基本的区分,它会把声明为类型级的变量看做字段,而把在方法中声明的变量看做局部变量。

先来看下面的代码。

```
namespace test
{
    class VarTest
    {
        static int j = 20;
        public static void Main()
        {
            int j = 30;
            Console.WriteLine(j);
            Console.Read();
        }
    }
}
```

即使在 Main 方法的作用域内声明了两个变量 j,这段代码也会被编译——j 被定义在类级上,该类在删除前是不会超出作用域的(在本例中,当 Main 方法中断,程序结束时,才会删除该类)。此时,在 Main 方法中声明的新变量 j 隐藏了同名的类级变量,所以在运行这段代码时,会显示数字 30。

但是,如果要引用类级变量,该怎么办? 可以使用语法 object.fieldname 在对象的外部引用类的字段或结构。在上面的例子中,要访问的是静态方法中的一个静态字段,所以不能使用类的实例,只能使用类本身的名称,如:

⋮
public static void Main()
{
```

```
        int j = 30;
        Console.WriteLine(ScopeTest2.j);
}
```

如果要访问一个实例字段(该字段属于类的一个特定实例),就需要使用 this 关键字。

2.2.3 运算符与表达式

表达式是由操作数和运算符构成的。C♯提供了大量的运算符。常用的运算符有算术运算符、字符串运算符、赋值运算符、逻辑运算符等。本节将结合实际的应用,学习如何使用C♯中的运算符。

1. 算术运算符

算术运算符是常见的数学运算符号,算术运算符有一元运算符与二元运算符。

(1) 一元运算符:-(取负)、+(取正)、++(增量)、--(减量)。

(2) 二元运算符:+(加)、-(减)、*(乘)、/(除)、%(求余)。

下面的代码演示了常见的4种算术运算。注意,这些参与运算的变量的数据类型,一定是可计算的类型。

```
class Program
{
    static void Main(string[] args)
    {
        int x, y;
        x = 15;                                 //定义变量初始值
        y = 8;                                  //定义变量初始值
        Console.WriteLine("两个数的和:{0}", x + y);   //输出和
        Console.WriteLine("两个数的差:{0}", x - y);   //输出差
        Console.WriteLine("两个数的积:{0}", x * y);   //输出积
        Console.WriteLine("两个数的商:{0}", x / y);   //输出商
        Console.Read();
    }
}
```

上述代码的运行效果如图 2.7 所示。

自增和自减运算符一般用于数值型变量,用来增大或减少变量当前的值,使用语法为"变量++;"或"变量--;"。

假设变量 i 的值为 3,执行"j=i++;"后,i 和 j 的值分别为 4 和 3。

假设变量 x 的值为 5,执行"y=++x;"后,x 和 y 的值分别为 6 和 6。

图 2.7 算术运算的结果

2. 字符串运算符

字符串运算符是常用的运算符号,它用在字符串和字符的处理上。在 C♯中,字符串运算最常用的运算符是"+"和"[ ]"。"+"用来连接两个字符串,虽然效率有些低,但使用方

便。"[ ]"用来以索引方式查找字符串数组中的值,它可以被称为字符串的索引器。

下面的实例演示两种运算符的使用方法。

```
class Program
{
    static void Main(string[] args)
    {
        string str1 = "China ";
        string str2 = "Chongqing!";
        string[] strArray = { "how", "are", "you" };
        Console.WriteLine("用 + 连接字符串的结果:{0}", str1 + str2);
        Console.WriteLine("数组中的第一个值:{0}", strArray[0]);
        Console.WriteLine("数组中的第二个值:{0}", strArray[1]);
        Console.WriteLine("数组中的第三个值:{0}", strArray[2]);
        Console.Read();
    }
}
```

注意:定义字符串数组使用"{ }"实现。使用"[ ]"索引数组时,从 0 开始索引。

上述代码的运行结果如图 2.8 所示。

3．赋值运算符

赋值运算符就是常见的＝,它可以为数值型、枚举、类等所有的类型赋值。使用＝的语法如下所示。

图 2.8　字符串运算的结果

变量 = 值;

其中,＝左边一般为变量的名称,＝右边为固定的值、已经知道的变量或新实例化的类。还有一种赋值运算符可以在计算后再赋值。如＋＝或－＝。

下面的代码演示了不同类型的赋值方式。

```
class Program
{
    static void Main(string[] args)
    {
        int x = 10;                               //数值型赋值
        string str = "北京奥运会";                  //字符型赋值
        StringBuilder str1 = new StringBuilder();  //类赋值
        int[] arr = { 1, 2, 3, 4 };               //数组赋值
        x += arr[1];
        Console.WriteLine("x 的最终结果为{0}", x);
    }
}
```

4．关系运算符与关系表达式

1) 关系运算符

关系运算符有 6 种,关系运算符及用法如表 2.3 所示。

表 2.3 6 种关系运算符及其用法

关系运算符	含 义	关系表达式示例	运算结果
==	等于	"abcd"=="aabc"	false
>	大于	8>5	true
>=	大于等于	3>=1	true
<	小于	13<5	false
<=	小于等于	3<=8	true
!=	不等于	3!=6	ttue

2) 关系表达式

关系表达式由操作数和关系运算符组成。关系表达式中既可以包含数值,也可以包含字符或字符串,但是用于字符串的关系运算符只有==(相等)和!=(不相等)两种。

5. 逻辑运算符

逻辑运算就是常说的"是否"操作。"是"就执行 A 代码,"否"就执行 B 代码。逻辑运算符一般包括"与"、"或"、"非"。

(1) "与",C#中的符号为 &&,表示必须满足两个条件。语法为"表达式 1 && 表达式 2"。

(2) "或",C#中的符号为 ||,表示满足两个条件中的任意一个即可。语法为"表达式 1 || 表达式 2"。

(3) "非",C#中的符号为"!"。表示取当前表达式结果的相反结果。如果当前表达式为 true,则计算结果为 false。语法为"!表达式"。

下面的代码演示了逻辑运算符的使用方法(关于 if 语句后面再学习)。

```
class Program
{
    static void Main(string[] args)
    {
        int x = 5;
        int y = 5;
        if (x == 5 && y == 5)                  //"与"操作
            Console.WriteLine("x 和 y 相等");
        else
            Console.WriteLine("x 和 y 不相等");
        y = 50;
        if (x == 50 || y == 50)                //"或"操作
            Console.WriteLine("x 和 y 中有一个为 50");
        if (!(y == 5))                         //"非"操作
            Console.WriteLine("y 不等于 5");
    }
}
```

上述代码的运行结果如图 2.9 所示。

6. 位运算符

位运算在 C 语言中发挥了巨大的作用,但在 C#语言中的应用并不广泛。本节只简单

图 2.9 逻辑运算的结果

介绍一下 C# 的位运算符,并给出一个简短的小例子。

位运算符对位进行运算和处理。C# 中主要包括 6 种位运算符,如表 2.4 所示。

表 2.4 C# 中的位运算符

位运算符标识	标识说明
&	按位"与"。将两个值的二进制形式进行"与"操作。只有两个二进制位均为 1 时,结果位才为 1,否则为 0
|	按位"或"。将两个值的二进制形式进行"或"操作。只要两个二进制位中有一个为 1,结果位就等于 1,否则为 0
^	按位异或
~	取反
<<	左移。将变量的二进制位往左移动,低位补 0
>>	右移。将变量的二进制位往右移动

下例演示了简单的位运算过程。

```
class Program
{
    static void Main(string[] args)
    {
        char x = 'a', y = 'b';              //定义两个字符
        int z;                              //定义数值型数据
        z = x;                              //将 a 隐式转换为数值
        Console.WriteLine("此时的 z 为：{0}",z);
        z = (z << 8) | y;                   //进行位运算
        Console.WriteLine("z 经过左移 8 位,再和 y 进行按位与后,结果为{0}",z);
    }
}
```

上述代码的运算结果如图 2.10 所示。

图 2.10 按位运算的结果

7. 条件赋值运算符及表达式

条件赋值表达式可以看做是逻辑表达式和赋值表达式的组合,它可以根据逻辑表达式的值(true 或 false)返回不同的结果。条件运算符由符号"?"与"："组成,通过操作 3 个操作数完成运算。其一般格式为：

逻辑表达式？表达式 1：表达式 2

条件赋值表达式在运算时,首先运算"逻辑表达式"的值。如果其值为 true,则运算结果为"表达式 1"的值,否则运算结果为"表达式 2"的值。

例如,条件表达式 4>3? 1：2 的值为 1,条件表达式 3>4? 1：2 的值为 2。

2.2.4 运算符的优先级与结合性

1. 优先级

运算符的优先级如表 2.5 所示。

表 2.5 运算符的优先级

类 别	运 算 符
一元运算符	＋(取正) －(取负) ！(非) ＋＋x(前增量) －－x(前减量)
乘除求余运算符	＊ ／ ％
加减运算符	＋ －
关系运算符	＜ ＞ ＜＝ ＞＝ ＝＝ ！＝
逻辑与运算符	&& ‖
条件运算符	?:
赋值运算符	＝ ＊＝ ／＝ ％＝ ＋＝ －＝ <<= >>= &= ^= |=

2. 圆括号

为了使表达式按正确的顺序进行运算，避免实际运算顺序不符合设计要求，同时为了提高表达式的可读性，可以使用圆括号来明确运算顺序。

使用括号还可以改变表达式的运算顺序。例如，$b*c+d$ 的运算顺序是先进行 $b*c$ 的运算，然后再加 d，如果表达式加上括号，变为 $b*(c+d)$，则运算时会先进行括号内的运算，然后将结果乘 b。

3. 结合性

在多个同级运算符中，赋值运算符与条件运算符是由右向左结合的，除赋值运算符以外的二元运算符都是由左向右结合的。例如，$x+y+z$ 是按 $(x+y)+z$ 的顺序运算的，而 $x=y=z$ 是按 $x=(y=z)$ 的顺序运算(赋值)的。

2.2.5 类型转换

在表达式中，当操作数的类型不同时，需将它们进行转换。有 3 类转换方式：隐式转换、显式转换和用户自定义转换。

1. 隐式转换

1) 隐式数值转换

隐式数值转换一般是低类型向高类型转化，这种转换能够保证值不发生变化。

(1) 从 sbyte 到 short、int、long、float、double 或 decimal。

(2) 从 byte 到 short、ushort、int、uint、long、ulong、float double 或 decimal。

(3) 从 short 到 int、long、float、double 或 decimal。

(4) 从 ushort 到 int、uint、long、ulong、float、double 或 decimal。

(5) 从 int 到 long、float、double 或 decimal。

(6) 从 uint 到 long、ulong、float、double 或 decimal。

(7) 从 long 到 float、double 或 decimal。

(8) 从 ulong 到 float、double 或 decimal。

(9) 从 char 到 ushort、int、uint、long、ulong、float、double 或 decimal。

(10) 从 float 到 double。

(11) 不存在向 char 类型的隐式转换。因此，其他整型的值不会自动转换为 char 类型。

(12) 浮点型不能隐式地转化为 decimal 型。

2) 隐式枚举转换

隐式枚举转换允许将十进制整数 0 转换为任何枚举类型。

如：

```
enum Color
{
    White,Blue,Black
}
class EnumConvert
{
    static void Main()
    {
        Color color1 = Color.White;
        Color color2 = Color.Black;
        Console.WriteLine("color1 is {0}", color1);
        Console.WriteLine("color2 is {0}", color2);
        color1 = 0;                              //如果 color1 = 1 则会出现错误
        Console.WriteLine("color1 is {0}", color1);
        Console.ReadKey();
    }
}
```

运行结果如图 2.11 所示。

3) 隐式引用转换

隐式引用转换是指一类引用类型之间的转换。这种转换总是可以成功，因此不需要在运行时进行任何检查。隐式引用转换包括以下几类。

图 2.11 隐式枚举转换运行结果

- 从任何引用类型到对象类型的转换。
- 从类类型 s 到类类型 t 的转换，其中 s 是 t 的派生类。
- 从类类型 s 到接口类型 t 的转换，其中类 s 实现了接口 t。
- 从接口类型 s 到接口类型 t 的转换，其中 t 是 s 的父接口。

从元素类型为 Ts 的数组类型 S 向元素类型为 Tt 的数组类型 T 转换，这种转换需要满足下列条件。

- S 和 T 只有元素的数据类型不同，但它们的维数相同。
- Ts 和 Tt 都是引用类型。
- 存在从 Ts 到 Tt 的隐式引用转换。
- 从任何数组类型到 System.Array 的转换。
- 从任何代表类型到 System.Delegate 的转换。
- 从任何数据类型或代表类型到 System.ICLoneable 的转换。

- 从空类型(null)到任何引用类型的转换。

2. 显式转换

显式转换也称强制类型转换。通过显式数据转换,可以把取值范围大的数据转换为取值范围小的数据,但是不能保证数据的正确性。

下面是一个实例。

```
class ConvertTest
    {
        static void Main()
        {
            int num1 = 3;
            float num2 = num1;
            double num3 = 5.24;
            int num4;
            num4 = num1 * (int)num3;
            Console.WriteLine("整数类型转化为浮点类型{0}", num2);
            Console.WriteLine("总价格为{0}", num4);
            Console.ReadKey();
        }
    }
```

运行结果如图2.12所示。

3. 用户自定义转换

所有的用户自定义转换都是静态的,都要使用static关键字。

用户自定义转换分显式和隐式,它们用implicit(隐式转换)或 explicit(显式转换)关键字声明。

图2.12 显式转换运行结果

转换形式为:

static 访问修辞符 转换修辞符 operator 转换类型(参数)

我们来看下面的示例。

```
struct Number
{
    private int value;
    public Number(int value)
    {
        this.value = value;
    }
    //用户自定义整型到 Number 型的隐式转换
    static public implicit operator Number(int value)
    {
        return new Number(value);
    }
    // 用户自定义从 Number 型到整型的显式转换
    static public explicit operator int(Number n)
    {
        return n.value;
```

```
    }
    //用户自定义从 Number 类型到 string 类型的隐式转换
    static public implicit operator string(Number n)
    {
            return n.ToString();
    }
}
class Test
{
    static public void Main()
    {
        Number n;
        n = 10;
        Console.WriteLine((int)n);
        //隐式转换到 string
        Console.WriteLine(n);
    }
}
```

2.3 选择结构

选择结构是一种常用的主要基本结构,它是计算机根据所给定的选择条件是否为真,而决定从各实际可能的不同操作分支中执行某一分支的相应操作。

2.3.1 if 语句

if 语句根据条件判断代码该执行哪个分支,它可提供两个或两个以上的分支供代码选择,但代码每次只会执行一个分支。

1. 单分支 if 语句

语法形式如下:

```
if (表达式)
{
    语句;
}
```

说明:如果表达式的值为 true(即条件成立),则执行后面 if 语句所控制的语句块;否则什么都不执行。

例 2.2 从键盘上输入一个数,输出它的绝对值。

```
class AbsDemo
{
    static void Main( )
    {
        int   x, y;
        string   str;
        Console.WriteLine("请输入 x 的值: ");
        str = Console.ReadLine( );
```

```
        x = int.Parse(str);
        y = x;
        if(x < 0)
            y = - x;
        Console.WriteLine("|{0}| = {1} ", x, y);
    }
}
```

2. 双分支 if…else 语句

语法形式如下：

```
if (表达式)
{
    语句块 1;
}
else
{
    语句块 2;
}
```

说明：如果表达式的值为 true（即条件成立），则执行后面 if 语句所控制的语句块 1；如果表达式的值为 false（即条件不成立），则执行 else 语句所控制的语句块 2；然后，再执行下一条语句。

例 2.3 输入一个数，对该数进行四舍五入。

```
class Round
{
    static void Main( )
    {
        Console.WriteLine("请输入 a 的值：");
        double a = double.Parse(Console.ReadLine( ));
        int b;
        if(a - (int)a > 0.5)
            {  b = (int)a + 1;  }
        else
            {  b = (int)a;  }
        Console.WriteLine("{0}进行四舍五入后的值为：{1} ",a,b);
    }
}
```

3. 多分支 if 语句

在 if…else 语句中可以嵌套使用多层 if…else 语句，如：

```
if (表达式 1)
    if(表达式 2)
        if(表达式 3)
        …
            语句 1;
    else
        语句 2;
else
```

　　　　　语句 3;
else　　语句 4;

注意 else 和 if 的配对关系。从第 1 个 else 开始，每个 else 总和它上面离它最近的可配对的 if 配对。例如：

```
class Value
{
    static void Main( )
    {
        Console.WriteLine("请输入一个数字：");
        int   a = int.Parse(Console.ReadLine( ));
        if (a > 0)
        {
            if(a < 20)
                a = 2 * a;
            if (a > 100)
                a = a - 50;
            else
                a = a + 10;                         //这个 else 与 if (a > 100)相配
        }
        else
            a = - a;                                // 这个 else 与 if (a > 0)相配
        Console.WriteLine("a = {0}", a);
    }
}
```

else if 语句是 if 语句和 if…else 语句的组合，其一般形式如下。

```
if (表达式 1)
    语句 1;
else if (表达式 2)
    语句 2;
    …
    else if (表达式 n - 1)
    语句 n - 1;
    else
    语句 n;
```

例 2.4　首先输入一个成绩，然后判断该成绩是优、良、中、及格还是不及格。

```
class Test
{
    static void Main( )
    {
        Console.Write("请输入考试成绩：");
        double score = double.Parse(Console.ReadLine( ));
        if (score >= 90)
            Console.WriteLine("成绩为优");
        else   if (score >= 80)
                Console.WriteLine("成绩为良");
        else   if (score >= 70)
```

```
                Console.WriteLine("成绩为中");
        else  if (score >= 60)
                Console.WriteLine("成绩为及格");
        else
                Console.WriteLine("成绩为不及格");
    }
}
```

2.3.2 switch 语句

switch 语句也是一个多条件判断语句。当代码执行到此语句时,根据 case 语句的条件,逐个判断变量的值。如果值满足条件,则进入相对应的 case 代码段;如果不满足任何 case 条件,则进入 default 语句,执行默认代码段。switch 语句的语法如下所示。其中,每个 case 代码段内都必须带有一个"break;"语句,用来从当前分支条件中跳出。

```
switch(表达式)
{
    case 常量表达式 1:
        语句 1;
        break;
    case 常量表达式 2:
        语句 2;
        break;
    ⋮
    case 常量表达式 n:
        语句 n;
        break;
    [default:
        语句 n+1;
        break; ]
}
```

下面的代码演示了一个应用程序中的 switch 语句,根据输入的百分制成绩,输出相应的等级。

```
class Program
{
    static void Main( )
    {
        int score = int.Parse(Console.ReadLine());//输入百分制成绩
        int i = (int)score / 10;
        switch (i)
        {
            case 10:
            case 9:
                Console.WriteLine("成绩等级为优");;
                break;
            case 8:
                Console.WriteLine("成绩等级为良");
                break;
```

```
            case 7:
                Console.WriteLine("成绩等级为中");
                break;
            case 6:
                Console.WriteLine("成绩等级为及格");
                break;
            default:
                Console.WriteLine("成绩等级为不及格");
                break;
        }
        Console.ReadKey();
    }
}
```

代码的执行结果如图 2.13 所示。

图 2.13　switch 语句示例运行结果

2.4　循环结构

在程序设计中，从某处开始有规律地反复执行某一操作块（或程序块）的现象称为循环，并称重复执行的该操作块（或程序块）为它的循环体。循环结构可分为单循环结构和多重循环结构。循环结构可以在很大程度上简化程序设计，并可以解决采用其他结构无法解决的问题。C#提供 4 种循环语句，即 while、do…while、for 和 foreach。前 3 种语句在功能上是等价的，foreach 语句主要用来遍历集合中的元素。在不同的场合选择合适的语句，能够有效地简化程序代码。

2.4.1　while 语句

while 语句的语法如下。

```
while (条件)
{
    循环体语句;
}
```

while 语句的执行过程如图 2.14 所示。
下面的实例是用 whlie 语句实现输出 0～99。

```
class WhileClass
{
    static void Main()
    {
        int i = 0;
        while (i < 100)
        {
            Console.WriteLine(i);
            i++;
        }
        Console.Read();
```

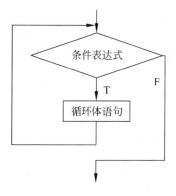

图 2.14　while 语句执行流程

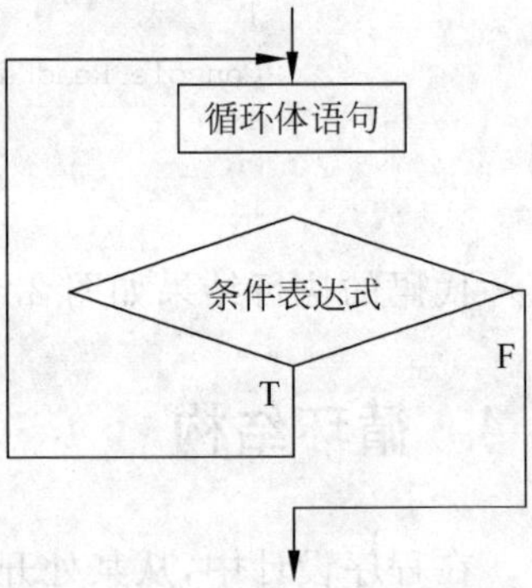

    }
}
```

while 语句的执行过程是这样的，第一步，直接判断 $i$ 是否小于 100，如果成立，则执行 Console.WriteLine($i$) 和 $i$++ 语句。接着进行判断，一直到 $i$ 小于 100 不成立为止。

### 2.4.2 do…while 语句

do…while 语句的特点：先执行循环体，然后再判断循环条件是否成立。

do…while 语句的一般形式：

```
do {
        循环体语句;
    }while(表达式);
```

do…while 语句的执行过程如图 2.15 所示。

先来看下面的实例。

```
class DoWhileClass
{
    static void Main()
    {
        int i = 200;
        do
        {
            Console.WriteLine(i);
            i++;
        }
        while (i < 100);
        Console.Read();
    }
}
```

图 2.15 do…while 语句执行流程

该段程序输出的结果是：

200

注意 while 语句与 do…while 语句的区别。while 语句是"先判断再执行"，而 do…while 语句是"先执行后判断"；do…while 循环体里的语句，至少执行一次，while 语句循环体里的语句可能一次都不执行。

2.4.3 for 语句

for 语句和 while 语句一样，也是一种循环语句，它用来重复执行一段代码。两个循环语句的区别就是，使用方法不同。for 语句的使用语法如下所示。

```
for(表达式1; 表达式2; 表达式3)
{
    循环体语句;
}
```
```

for 语句的执行过程如下。

① 首先计算表达式 1 的值。

② 判断表达式 2 的值是 true 还是 false。若表达式 2 的值为 false，则转而执行步骤 4；若表达式 2 的值是 true，则执行循环体中的语句，然后求表达式 3 的值。

③ 转回步骤 2。

④ 结束循环，执行程序的下一条语句。

for 循环语句的执行过程如图 2.16 所示。

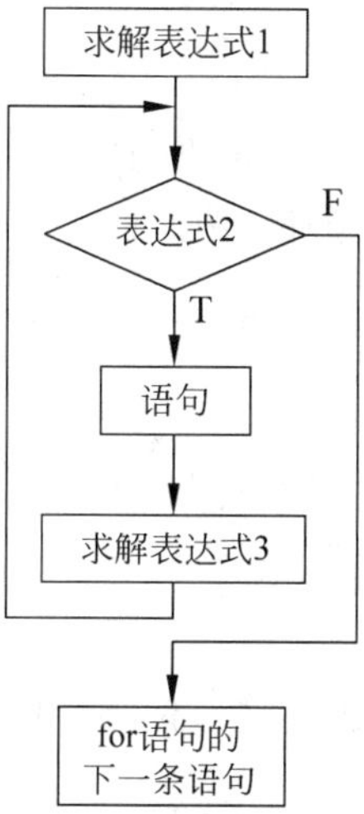

例 2.5 使用 for 循环语句，编程实现输出 1～10 的每个整数的平方。

```
class ForClass
{
    static void Main()
    {
        int s;
        for (int i = 1; i <= 10; i++)
        {
            s = i * i;
            Console.Write("{0}\t ", s);
        }
        Console.Read();
    }
}
```

图 2.16 for 语句的执行流程

代码的执行结果如图 2.17 所示。

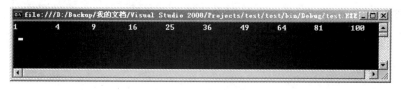

图 2.17 for 语句运行结果

对 for 语句的几点说明如下。

(1) 在 for 语句中可以省略表达式 1，但要保留其后的分号，例如：

⋮
int i = 1;
for(;i <= 10;i++)
⋮

(2) for 语句可以省略表达式 2，但应保留表达式 2 后面的分号。此时，需要在循环体中添加跳出循环的控制语句，例如：

```
for(int i = 1; ;i++)
    { s = i * i;
      Console.WriteLine("{0}\t ", s);
      if (i == 10)
```

```
        break;
    }
```

(3) for 语句中可以省略表达式 3。此时应在循环体中添加改变循环变量值的语句，以结束循环。例如：

```
for( int i = 1; i <= 10; )
{
 s = i * i;
 Console.WriteLine("{0}\t ", s);
 i++;
}
```

2.4.4 foreach 语句

foreach 语句是 C# 中新增的循环语句，它对于处理数组及集合等数据类型来说特别简单。foreach 语句用于列举集合中的每一个元素，并且通过执行循环体对每一个元素进行操作。foreach 语句只能对集合中的每一个元素都进行循环操作。

foreach 语句的一般语法格式如下。

```
foreach(数据类型 标识符  in   表达式)
{
    循环体
}
```

说明：在 foreach 语句执行过程中，循环变量就代表当前循环所执行的集合中的元素。每执行一次循环体，循环变量就依次将集合中的一个元素带入其中，直到把集合中的元素处理完毕，则跳出 foreach 循环，转而执行程序的下一条语句。

例 2.6 利用 foreach 语句计算数组中的奇数与偶数的个数。

```
class Number
{
        static void Main( )
        {
            int evenNum = 0, oddNum = 0;
            //定义并初始化一个一维数组
            int[] arr = new int[] { 23,36,7,77,78,22,15,35,45,11,88,32,90 };
            foreach (int k in arr)             //提取数组中的整数
            {
                if ( k % 2 == 0 )              //判断是否为偶数
                    evenNum++;
                else
                    oddNum++;
            }
            Console.WriteLine("偶数个数：{0} 奇数个数：{1}",evenNum, oddNum);
        }
}
```

上述代码的执行结果如图 2.18 所示。

2.4.5 跳转语句

1. break 和 continue 语句

在 while 和 for 循环语句中,如果满足条件,则循环会一直继续下去。那么该如何自动控制循环的中断和继续呢?

图 2.18　foreach 语句运行结果

C#提供了 break/continue 语句来控制循环的执行。break 可以中断当前正在执行的循环,并跳出循环。continue 表示继续执行当前的循环,而无需执行后面的代码,即能够重新开始循环。两个语句的使用语法如下所示。

```
break;
continue;
```

(1) 下面的代码演示了 break 语句在程序中的应用。

```
class Program
{
    static void Main(string[ ] args)
    {
        for (int i = 10; i > 0; i--)           //循环本来该执行 10 次
        {
            Console.WriteLine("当前变量的值等于{0}", i);//输出变量值
            if(i < 8)
                break;
            Console.WriteLine("hello!");
        }
        Console.Read();
    }
}
```

上述代码的运行结果如图 2.19 所示。

(2) 下面的代码演示了 continue 语句在程序中的应用。

```
class Program
{
    static void Main(string[ ] args)
    {
        for (int i = 10; i > 0; i--)           //循环共执行 10 次
        {
            Console.WriteLine("当前变量的值等于{0}", i);    //输出变量值
            if(i < 8)
                continue;
            Console.WriteLine("hello!");

        }
        Console.Read();
    }
}
```

上述代码的运行结果如图 2.20 所示。

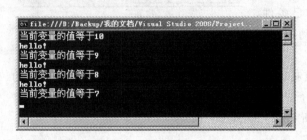

图 2.19　break 语句运行结果

图 2.20　continue 语句运行结果

2. return 语句

该语句一般用于退出类或者方法。如果方法有返回类型，则 return 语句必须返回这个类型的值。如果没有返回值，直接返回就可以了。

2.5　数组

数组是多个相同类型数据的组合，它可以实现对这些数据的统一管理。数组属引用类型。数组型数据是对象（object），数组中的每个元素都相当于该对象的成员变量。数组中的元素可以是任何数据类型，包括基本类型和引用类型。C#支持一维数组、多维数组（矩形数组）和数组的数组（交错的数组）。

2.5.1　一维数组

1. 一维数组声明

一维数组的声明方式为：

type　[ ]var;

例如：

int[] a1;
double　b[];
Mydate [ ]c;

在 C#语言中声明数组时不能指定其长度（数组中元素的个数）。例如：

int a[5];   //非法

2. 数组初始化

1）动态初始化

数组定义与为数组元素分配空间并赋值的操作分开进行。例如：

```
int  a[];
a    = new int[3];
a[0] = 3;
a[1] = 9;
a[2] = 8;
MyDate dates[];
dates = new MyDate[3];
dates[0] = new MyDate(22, 7, 1964);
dates[1] = new MyDate(1, 1, 2000);
dates[2] = new MyDate(22, 12, 1964);
```

2) 静态初始化

在定义数组的同时就为数组元素分配空间并赋值。例如：

```
int a[] = { 3, 9, 8};
MyDate dates[] = {
        new MyDate(22, 7, 1964),
        new MyDate(1, 1, 2000),
        new MyDate(22, 12, 1964)
};
```

注意：最后可以多一个逗号，如{3,9,8,}。

3. 数组元素的引用

数组元素的引用方式为：

```
arrayName[index];
```

其中 index 为数组元素下标，它可以是整型常量或整型表达式，如 a[3]、b[i]、c[6 * i]。

数组元素的下标从 0 开始；长度为 n 的数组合法下标取值范围为 $0 \sim n-1$。

每个数组都有一个属性 Length 指明它的长度，例如 a.Length 指明数组 a 的长度（元素个数）。

2.5.2 多维数组

C#中多维数组被作为数组的数组处理。多维数组的声明和初始化应按从高维到低维的顺序进行。

1. 规则多维数组

规则多维数组的定义为：

```
string[] names = new string[5,4];
```

初始化为：

```
int[] numbers = new int[3, 2] {{1, 2}, {3,4}, {5, 6}};
string[] siblings = new string[2, 2] {{ "Mike ", "Amy "}, { "Mary ", "Albert "}};
```

数组的定义可省略数组的大小，如下所示。

```
int[] numbers = new int[]{{1, 2}, {3,4}, {5,6}};
string[] siblings = new string[] {{ "Mike ", "Amy "}, { "Mary ", "Ray "} };
```

如果提供了初始值设定项,数组的定义还可省略 new 语句,如下所示。

```
int[ ] numbers = {{1, 2},{3, 4},{5, 6}};
string[ ] siblings = {{ "Mike ", "Amy "},{ "Mary ","Albert "}};
```

2. 交错的数组

交错的数组的定义方法为:

```
byte[ ][ ] scores;
int[ ][ ] numbers = new  int[2][ ] { new int[ ] {2,3,4}, new int[ ] {5,6,7,8,9}};
```

交错的数组的定义可省略第一个数组的大小,如下所示。

```
int[ ][ ] numbers = new int[ ][ ]{ new int[ ] {2,3,4}, new int[ ] {5,6,7,8,9} };
int[ ][ ] numbers = { new int[ ] {2,3,4}, new int[ ] {5,6,7,8,9} };
```

请注意,交错数组的元素没有初始化语法。

2.6 异常处理

异常就是程序运行时发生的错误或某种意想不到的状态,如溢出、被零除、数组下标超出界限以及内存不够等。通过使用 C# 异常处理系统就可以处理这些错误。C# 中的异常是以类的形式出现的。所有异常类都必须继承自 C# 内建的位于 System 命名空间中的 Exception 异常类。

当有异常发生时,程序应当合理、体面地处理异常,还可能需要消除产生异常的原因,然后继续运行。在 C# 中,异常处理机制将使程序运行得更稳定,并且使程序代码更清晰、简洁,它增强了程序的可读性。

C# 用 4 个关键字,即 try、throw、catch 和 finally 来管理异常处理。把可能出现异常的程序语句包含在一个 try 块中。如果 try 块中出现异常,此异常就会被抛出。使用 catch 块就可以捕获到此异常,并可以合理地处理异常。C# 运行系统会自动抛出系统产生的异常。使用关键字 throw 可以人为抛出异常。如果发生一个异常,一些善后操作(如关闭文件)可能不会被执行。这时,用户可以使用 finally 语句块来避免这个问题。不管是否抛出异常,finally 语句块中的代码都将被执行。

1. 使用 try/catch 语句来捕获异常

为了捕获并处理异常,用户可以把可能存在异常的语句放到 try 子句中。当这些语句的执行过程中出现异常时,try 子句就会捕获这些异常,然后控制就会转移到相应的 catch 子句中。如果在 try 子句中没有异常,就会执行 try…catch 语句后面的代码,而不会执行 catch 子句中的代码。在通常情况下,try 子句伴随着多个 catch 子句。每一个 catch 子句都对应一种特定的异常,这就好像 switch…case 子句一样。

try…catch 语句的一般语法格式为:

```
try
{
    语句块
}
```

```
catch(异常对象声明 1)
{
    语句块 1
}
catch(异常对象声明 2)
{
    语句块 2
}
```

try…catch 语句的执行过程是：当位于 try 子句中的语句产生异常时，系统就会在它对应的 catch 子句中进行查找，看是否有与抛出的异常类型相同的 catch 子句，如果有，就会执行该子句中的语句；如果没有，则继续查找，直至找到一个匹配的 catch 子句为止；如果一直没有找到，则运行时将会产生一个未处理的异常错误。

catch 语句也可以不包含参数，即不包含异常对象声明。在这种情况下，它将捕获所有类型的异常，这就好比 switch…case 语句中的 default 语句。

例 2.7 下面所示的程序不仅捕获了除 0 错误，也捕获了数组访问越界错误。

```
class Test
{
    static void Main()
    {
        int[] arr1 = { 2, 5, 8, 3, 13, 32, 56, 61 };
        //这里，数组 arr1 比 arr2 长
        int[] arr2 = { 1, 0, 2, 3, 0, 4 };
        for (int j = 0; j < arr1.Length; j++)
        {
            try
            {
                Console.WriteLine("{0}/{1} = {2}",
                arr1[j], arr2[j], arr1[j] / arr2[j]);
            }
            catch (DivideByZeroException e)          //捕获异常
            {
                Console.WriteLine("除数不能为 0");
            }
            catch (IndexOutOfRangeException e)       //捕获异常
            {
                Console.WriteLine("数组访问越界");
            }
        }
    }
}
```

上述代码的执行结果如图 2.21 所示。

需要捕获所有的异常时，可使用不带参数的 catch 语句。

例 2.8 本例中只有一个捕获所有异常的 catch 语句，它能捕获程序中产生的 DivideByZeroException 异常和 IndexOutOfRangeException 异常。

```
class Test1
```

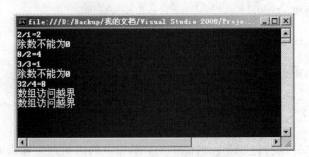

图 2.21 捕获异常运行结果

```
{
    static void Main( )
    {
        int[ ]   arr1 = {2, 5, 8, 3, 13, 32, 56, 61};
        int[ ]   arr2 = {1,0, 2, 3, 0, 4};
        for ( int j = 0; j < arr1.Length; j++)
        {
            try
            {
                Console.WriteLine("{0}/{1} = {2}", arr1[j],
                arr2[j], arr1[j]/arr2[j]);
            }
            catch                                //捕获所有异常
            {
                Console.WriteLine("一些异常发生");
            }
        }
    }
}
```

该程序的执行结果如图 2.22 所示。

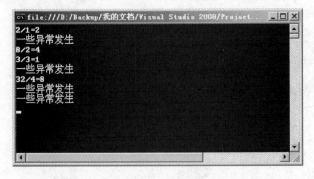

图 2.22 不带参数的 catch 语句运行结果

2. 使用 throw 语句抛出异常

前面的程序一直捕获由 C♯ 自动产生的异常。但使用 throw 语句可以人为抛出异常。throw 语句的一般语法格式为:

throw 异常对象

这里的异常对象必须是 System.Exception 类型派生的类的实例。

3．使用 finally 语句

使用 finally 语句可以构成 try…finally 或 try…catch…finally 的形式。当 finally 语句与 try 块使用时，不管是否发生了异常，都将执行 finally 块中的语句。因此，用户可以在 finally 语句中执行一些清除资源的操作。

2.7 综合案例

冒泡排序是一种简单的交换类排序方法，它是通过相邻的数据元素的交换，逐步将待排序序列变成有序序列的过程。冒泡排序的基本思想是：从头扫描待排序记录序列，在扫描的过程中顺次比较相邻的两个元素的大小。以升序为例，在第一轮排序中，对 n 个记录进行如下操作，将相邻的两个记录的关键字进行比较，逆序时就交换位置。在扫描的过程中，不断地将相邻两个记录中关键字大的记录向后移动，最后将待排序记录序列中的最大关键字记录换到待排序记录序列的末尾，这也是最大关键字记录应在的位置。然后进行第二轮冒泡排序，对前 $n-1$ 个记录进行同样的操作。其结果是，使次大的记录被放在第 $n-1$ 个记录的位置上。如此反复，直到排好序为止。冒泡过程一般进行 $n-1$ 轮。例如：

```csharp
class Sort
{
    static void BubbleSort(int[] array)
    {
        for (int i = 0; i < array.Length; i++)
        {
            for (int j = 0; j < array.Length - i - 1; j++)
            {
                if (array[j] > array[j + 1])
                {
                    int tmp = array[j];
                    array[j] = array[j + 1];
                    array[j + 1] = tmp;
                }
            }
            foreach (int a in array)
            {
                Console.Write(a + " ");
            }
            Console.Write(Environment.NewLine);
        }
    }
    static void Main(string[] args)
    {
        int[] a = new int[] { 26, 32, 35, 33, 21, 24, 7 };
        BubbleSort(a);
        Console.Read();
```

        }
    }

该程序的执行结果如图 2.23 所示。

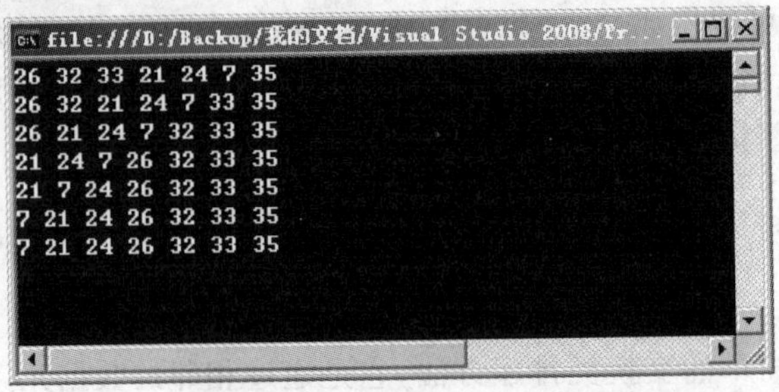

图 2.23　冒泡排序运行结果

习题 2

1. 与结构化编程方法相比，面向对象编程有哪些优点？
2. C#中不同整型之间进行转换的原则是什么？
3. C#中的数组类型有何特点？
4. C#语言中，值类型和引用类型有何不同？
5. C#支持的数据类型有哪些？
6. 简述装箱和拆箱的过程。
7. 编写一个控制台应用程序，输出 1～100 的平方值，要求分别用 for 语句、while 语句和 do…while 语句实现。
8. 编写一个控制台应用程序，要求用户输入 5 个小写字母。如果用户输入的信息不满足要求，请提示并按要求重新输入。
9. 编写一个控制台应用程序，要求完成下列功能。
(1) 接收一个整数 n。
(2) 如果接收的值 n 为正数，输出 1～n 间的全部整数。
(3) 如果接收的值为负值，用 break 或者 return 退出程序。
(4) 转到(1)继续接收下一个整数。

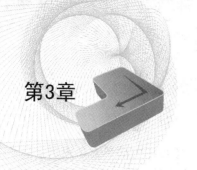

第3章 面向对象程序设计

面向对象(OO,Object Oriented)是当前计算机界关心的重点,它是 20 世纪 90 年代软件开发方法的主流。起初,面向对象是专指在程序设计中采用封装、继承、抽象等设计方法。可是,这个定义显然已不再适合现在的情况。面向对象的思想已经涉及软件开发的各个方面。如面向对象的分析(OOA,Object Oriented Analysis)、面向对象的设计(OOD,Object Oriented Design)以及我们经常说的面向对象的编程实现(OOP,Object Oriented Programming)。面向对象的概念和应用已经超越了程序设计和软件开发的限制,扩展到了很宽的范围,如数据库系统、交互式界面、应用结构、应用平台、分布式系统、网络管理结构、CAD 技术、人工智能等领域。

本章主要介绍 Visual C♯.NET 面向对象程序设计基础知识,包括类的定义、继承与多态、集合、委托与事件等内容。通过本章的学习,读者能够掌握面向对象程序设计的基本理念。这些理念是目前程序开发技术的必备要求,应实现以下目标。

- 理解面向对象程序设计的思想和概念。
- 理解类、对象、继承、多态、方法等概念。
- 掌握类的定义方法。
- 掌握继承、接口、委托与事件的使用方法。
- 掌握运算符重载的方法。

3.1 面向对象编程简介

传统的程序设计是面向过程的,其核心是功能的分解。面向过程的程序设计,首先采用自顶向下、逐步细化的方法将问题分成若干模块,然后再根据功能模块设计数据结构,最后编写对数据进行操作的过程或函数。在这种方法中,数据和施加在数据上的操作是分开的。在大型的结构化程序中,一个数据结构可能被多个过程处理,数据结构的改变将导致相关模块的修改,程序可重用性(重用性是指同一事物不经修改或稍加修改就可多次重复使用的性质。软件重用性是软件工程追求的目标之一)差,开发和维护代价高。这时候,面向对象语言作为一种降低复杂性的工具产生了,面向对象程序设计也随之产生。现在,面向对象的程序设计已经发展得相当完善了。

软件工程学家 Coad 和 Youydon 曾给出面向对象的一个简单定义:

面向对象＝对象＋类＋继承＋通信

如果一个软件系统使用上述 4 个概念进行设计并加以实现,则认为这个软件系统是面向对象的。

面向对象技术的基本观点可以概括如下。

(1) 客观世界由对象组成。任何客观实体都是对象,复杂对象可以由简单对象组成。

(2) 具有相同数据和操作的对象可以归纳成类。对象是一个类的实例。

(3) 类可以派生出子类。子类除了继承父类的全部特性外,还可以有自己的特性。

(4) 对象之间的联系通过消息传递来维系。由于类的封装性,使它具有某些对外界不可见的数据。这些数据只能通过消息请求调用可见方法来访问。

1. 类和对象

在面向对象程序设计中,对象(Object)是系统中的基本运行实体。它是有特殊属性(数据)和行为方式(方法)的实体。对象由两个元素构成:第一个元素是一组包含数据的属性,第二个元素是允许对属性中包含的数据进行操作的方法。也可以说,对象是将某些数据代码和对该数据的操作代码封装起来的模块。对象是有特殊属性(数据)和行为方式(方法)的逻辑实体。

在一个面向对象的系统中,对象是运行期的基本实体。它可以用来表示一个人、一个银行账户或者一张数据表格,以及其他需要被程序处理的东西。它也可以用来表示用户定义的数据,如一个向量、时间或者列表。在面向对象程序设计中,问题的分析一般以对象及对象间的自然联系为依据。如前所述,对象在内存中占有一定空间,并且具有一个与之关联的地址,就像 C 语言中的结构一样。

当一个程序运行时,对象之间会通过互发消息来相互作用。例如,程序中包含一个 customer 对象和一个 account 对象,而 customer 对象可能会向 account 对象发送一个消息去查询其银行账目。每个对象都包含数据以及操作这些数据的代码。即使不了解彼此的数据和代码的细节,对象之间依然可以相互作用,需要了解的只是对象所能接受的消息的类型以及对象返回的响应的类型,虽然不同的人会以不同的方法来实现它们。

类(Class)是对具有公共的方法和一般特殊性的一组基本相同的对象的描述。一个类实质上定义的是一种对象类型。它由数据和方法构成,用来描述属于该类型的所有对象的性质。对象在执行过程中,由其所属的类动态生成。一个类可以生成不同的对象。在面向对象的程序设计中,对象是构成程序的基本单位。每个对象都属于某一个类。对象也可称为类的一个实例(Instance)。

从理论上讲,类是一个 ADT(抽象数据类型)的实现。信息隐蔽原则表明,类中的所有数据都是私有的。类的公共接口是由两种类型的类方法组成的:一种是返回有关实例状态的抽象辅助函数,另一种是用于改变实例状态的变换过程。

一个类可以由其他已存在的类派生出来。类与类之间按具体情况以层次结构组织起来。在这种层次结构中,处于上层的类称为父类或基类,处于下层的类称为子类或派生类。

抽象类(Abstract Class)是一种不能建立实例的类。抽象类将有关的类组织在一起,由它提供一个公共的根,其他一系列的子类都从这个根派生出来。抽象类刻画出了公共行为的特征,并将这些特征传给它的子类。通常,一个抽象类只描述与这个类有关的操作接口或这些操作的部分实现,完整的实现留给一个或几个子类,即可用抽象类作为派生类的基类。抽象类的常见用途是,用来定义一种协议(或概念)。

类与对象的关系：集合—成员，抽象描述—具体实例。

事实上，对象就是类的类型变量。定义了一个类，就可以创建这个类的多个对象。每个对象都与一组数据相关，而这组数据的类型在类中进行定义。因此，一个类就是一组具有相同类型的对象的抽象。例如，芒果、苹果和橘子都是 fruit 类的对象。类是用户定义的数据类型，但在程序设计语言中，它和内建的数据类型行为相同。比如，创建一个类对象的语法和创建一个整数对象的语法一模一样。如果 fruit 被定义为一个类，那么语句：

fruit apple;

就创建了一个 fruit 类的对象 apple。

2．方法和消息

程序语句操纵一个对象来完成相应的操作。与对象有关的完成相应操作的程序语句称为方法（Method）。方法是对象本身内含的执行特定操作的函数或过程。方法的内容是不可见的，用户不必过问，只要执行它就可以了。方法的操作范围只能是对象内部的数据或对象可以访问的数据。

消息（Message）用来请求对象进行某些处理或回答某些请求。消息统一了数据流和信息流。在面向对象的程序设计中，通过消息来请求对对象进行操作。对象间的联系（或称相互作用）也是通过消息来完成的。消息只包括发送者的请求，它不指示接收者具体该如何去处理这些消息。对象接收一个消息后，由该对象所含的方法决定该对象如何处理消息，即对象由消息控制操作。

一个对象可以接收不同形式、不同内容的多个消息，相同形式的消息可以送给不同的对象，不同的对象对于形式相同的消息可以有不同的解释，做出不同的反映。因此，只要给出对象的所有消息模式及对应于每个消息的处理方法，也就是定义了一个对象的外部特征。

3．继承性

继承性（Inheritance）指的是一个新类可以从现有的类中派生出来。新类具有父类中所有的特性，它直接继承了父类的方法和数据。新类的对象可以调用该类及父类的成员变量和成员函数。继承是可以让某个类型的对象获得另一个类型对象的属性的方法，它支持按级分类的概念。例如，灰喜鹊属于飞鸟类，也属于鸟类。继承性是自动共享类、子类和对象中的方法和数据的机制。合理使用继承可以减少很多的重复劳动。

在 OOP 中，继承的概念很好地支持了代码的重用性（reusability）。也就是说，我们可以向一个已经存在的类添加新的特性，而不必改变这个类。这可以通过从这个已存在的类中派生一个新类来实现。这个新类将具有原来那个类的特性，同时兼具新的特性。而继承机制的魅力和强大就在于它允许程序员利用已经存在的类，并且可以以某种方式修改这个类，而不会影响其他的东西。注意，每个子类都只定义这个类所有的特性。如果没有按级分类，每个类都必须显式地定义它所有的特性。

4．封装性

任何程序都包含两个部分：代码和数据。在 SP 模式中，数据在内存中进行分配，并由子程序和函数代码处理；而在 OOP 模式中则是将处理数据的代码、数据的声明和存储封装在一起的。一个对象中的数据和代码相对于程序的其余部分是不可见的。它能防止那些非期望的交互和非法的访问。

封装(Encapsulation)就是将对象的属性和方法封装到具有适当定义接口的容器中。对象接口提供的方法和属性应使对象能够如期使用。

封装的功能取决于两个重要的概念：模块化和信息隐藏。模块化是对象自给自足的特性，它不会访问定义接口以外的其他对象。信息隐藏是指将对象的信息限制在对象接口使用范围内，删除对象中仅供对象内部操作的信息。封装是一种信息隐蔽技术。用户只能见到对象封装界面上的信息，对象内部对用户是隐蔽的。封装的目的在于将对象的使用者和设计者分开，使用者不必知道行为实现的细节，只需用设计者提供的消息来访问该对象即可。

5．多态性

多态性(Polymorphism)是指同一个消息为不同的对象所接收时，可导致完全不同的行为的现象。所谓多态是指事物具有不同形式的能力。对于不同的实例，某个操作可能会有不同的行为，这个行为依赖于所要操作的数据的类型。比如说加法操作，如果操作的数据是数，则对两个数求和；如果操作的数据是字符串，则连接两个字符串。

多态性可使公共的信息传送给基类对象及所有的派生类的对象，允许每一个基类的对象按适合于其定义的方式响应信息格式。

多态性有时也指方法的重载。方法的重载是指同一个方法名在上下文中有不同的含义，它是该类以统一的方式处理不同数据类型的一种手段。方法的重载是静态的，这是因为，在实现类和编写方法之前，需要考虑将要遇到的所有数据类型。子类在动态运行时提供了更丰富的多态性。多态性的表现为编译时的多态性——重载，如函数重载、运算符重载；运行时的多态性——虚函数。

从对象接收消息后的处理方式看，多态性指的是同一个消息被不同的对象接收时解释为不同含义的能力。也就是说，同样的消息被不同的类对象接收时，会产生完全不同的行为。利用多态性，用户能发送一般形式的消息，而将其所有实现的细节留给接收消息的对象去解决。

多态机制使具有不同内部结构的对象可以共享相同的外部接口。这意味着，虽然针对不同对象的具体操作不同，但通过一个公共的类，可以通过相同的方式予以调用。多态在实现继承的过程中被广泛应用。面向对象程序设计语言支持多态，术语称之为 one interface multiple method（一个接口，多个实现）。简单来说，多态机制允许通过相同的接口引发一组相关但不同的动作。通过这种方式，可以减少代码的复杂度。在某个特定的情况下应该做出怎样的动作，这由编译器决定，而不需要程序员手动干预。

6．抽象

从许多事物中舍弃个别的、非本质性的特征，抽取共同的、本质性的特征，就叫作抽象(abstraction)。抽象是形成概念的必要手段。抽象的原则具有两方面的意义：第一，尽管问题域中的事物很复杂，但是分析员并不需要了解和描述它们的一切，只需要分析研究其中与系统目标有关的事物及其本质性特征即可；第二，通过舍弃个体事物在细节方面的差异，抽取其共同特征而得到一批事物的抽象概念。抽象的原则是面向对象方法中使用最为广泛的原则。在软件开发领域中，早在面向对象方法出现之前就已经开始运用抽象的原则。那时抽象的原则主要是过程抽象和数据抽象。

抽象指仅表现核心的特性而不描述背景细节的行为。类使用了抽象的概念，并且被定义为一系列抽象的属性（如尺寸、重量和价格）以及操作这些属性的函数。类封装了将要被创建的对象的所有核心属性。因为类使用了数据抽象的概念，所以它们被称为抽象数据类型（ADT）。

3.2 类

类是面向对象编程的基本单位，它是一种包含数据成员、函数成员和嵌套类型的数据结构。类的数据成员有常量、域和事件。函数成员包括方法、属性、索引指示器、运算符、构造函数和析构函数。类和结构同样都包含了自己的成员，它们之间最主要的区别在于：类是引用类型，而结构是值类型。类支持继承机制，通过继承，派生类可以扩展基类的数据成员和函数方法，进而达到代码重用和设计重用的目的。

3.2.1 类的声明

类的定义形式为：

```
Class classname
{
    类成员；
}
```

下面的示例定义了一个名为 SampleClass 的类，并创建了该类的一个实例，即一个称为 sampleClass1 的对象。因为 C♯要求在类中定义 Main 函数，所以下面的代码还定义了一个 Program 类，但是该类并不用于创建对象。

```
class SampleClass
{
    public void SayHello()
    {
        Console.WriteLine("Hello, World!");
    }
}
class Program
{
    static void Main(string[] args)
    {
        SampleClass sampleClass1 = new SampleClass();   // 创建一个对象
        sampleClass1.SayHello();                        // 调用方法
    }
}
```

从根本上而言，类就是自定义数据类型的蓝图。定义类之后，便可通过将类加载到内存中来加以使用。已加载到内存中的类称为对象或实例。可以通过使用 C♯关键字 new 来创建类的实例。

上面的类只定义了一个方法 SayHello()。类的成员除了方法之外，还有属性和字段。属性和字段的区别在于：属性是逻辑字段，是字段的扩展，它源于字段，属性并不占用实际的内存；字段则占用内存位置及空间。最直接地说，属性是被外部使用的，字段是被内部使用的，例如：

```csharp
public class Computer
{
    private string name;
    public string Name
    {
        get { return name; }
        set { name = value; }
    }
    public string 主板 = "技嘉主板";
    public string 硬盘 = "希捷硬盘";
    public string 内存 = "IBM";
    public string 显卡 = "影驰";
    //其他组成元素
    public Computer()
    { }
    public Computer(string name)
    {
        this.Name = name;
    }
}
```

C#用多种修饰符来表达类的不同性质。根据其保护级，C#的类有以下 5 种不同的限制修饰符。

（1）public：可以被任意类存取。

（2）protected：只可以被本类和其继承子类存取。

（3）internal：只可以被本组合体（Assembly）内所有的类存取。组合体是 C#语言中类被组合后的逻辑单位和物理单位，其编译后的文件扩展名往往是.dll 或.exe。

（4）protected internal：唯一的一种组合限制修饰符，它只可以被本组合体内所有的类和这些类的继承子类所存取。

（5）private：只可以被本类所存取。

如果不是嵌套的类，命名空间或编译单元内的类只有 public 和 internal 两种修饰。

new 修饰符只能用于嵌套的类，它表示对继承父类同名类型的隐藏。

abstract 用来修饰抽象类，它表示该类只能作为父类被用于继承，而不能进行对象实例化。抽象类可以包含抽象的成员，但这并不是必须的。abstract 不能和 new 同时使用。下面是抽象类用法的伪代码。

```csharp
abstract class A
{
    public abstract void F( );
}
abstract class B: A
{
    public void G( ) {    }
}
```

```
class C: B
{
    public override void F( )
    {
        //方法 F 的实现
    }
}
```

抽象类 A 内含一个抽象方法 F( ),它不能被实例化。类 B 继承自类 A,其内包含了一个实例方法 G( ),但并没有实现抽象方法 F( )。所以,类 B 仍然要声明为抽象类。类 C 继承自类 B,实现类抽象方法 F( ),于是它可以进行对象实例化。

sealed 用来将类修饰为密封类,以阻止该类被继承。同时对一个类做 abstract 和 sealed 的修饰是没有意义的,也是被禁止的。

3.2.2 构造函数

另一个比较重要的概念就是构造函数。每一个类都有一个默认的构造函数来初始化对象的一些数据。

下面介绍一个 Person 类。

```
class Person                              //定义一个类为 Person
{
    public String name;                   //字段
    public String sex;                    //字段
    public int age;                       //字段
    public double weight;                 //字段
    public Person( )                      //构造函数,初始化对象
    {
        name = "Wang";                    //
        sex = "man";                      //
        age = 30;                         //
        weight = 100;                     //初始化 4 个字段;
    }
    public Person(String name, String sex, int age, double weight)
    {                                     //构造函数,初始化指定的对象
        this.name = name;
        this.age = age;
        this.weight = weight;
        this.sex = sex;
    }                                     //关于 this,以后再详细说明。在这里理解为"这个"
    public void eatFood(double quanity)   //类中的方法
    {
        double temp = this.weight;        //关于 this,以后再详细说明。在这里理解为"这个"
        this.weight = temp + quanity;
    }

}
class Program
{
```

```
        static void Main(string[] args)
        {
            Person firstman = new Person();    //创建一个 Person 类的对象
            Console.WriteLine("Person()构造函数");
Console.WriteLine("name = {0},sex = {1},age = {2},weight = {3}",firstman.name,firstman.sex,
firstman.age,firstman.weight);
            Person secondman = new Person();
            Console.WriteLine("构造函数 Person(string name,string sex,int age,double weight)");
Console.WriteLine("name = {0},sex = {1},age = {2},weight = {3}",secondman.name,secondman.
sex,secondman.age,secondman.weight);
            Person thirdwoman = new Person("zhang", "woman", 25, 85);
            Console.WriteLine("构造函数 Person(string name,string sex,int age,double weight)");
            Console.WriteLine("name = {0},sex = {1},age = {2},weight = {3}", thirdwoman.name,
thirdwoman.sex, thirdwoman.age, thirdwoman.weight);

            Console.Read();
        }
}
```

运行结果如图 3.1 所示。

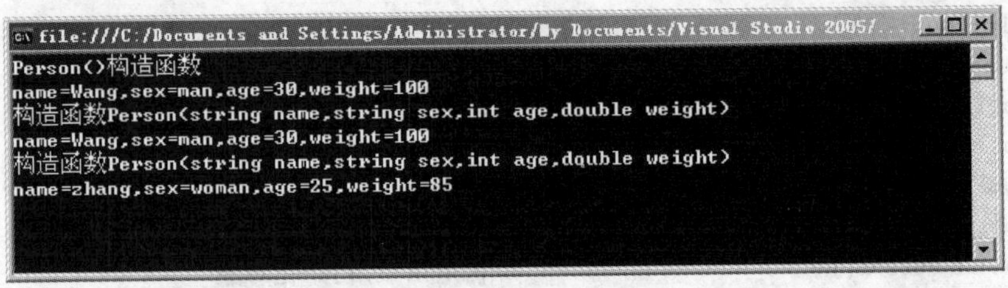

图 3.1　构造函数运行结果

同时还要注意构造函数的形式。构造函数的函数名必须与类的名字相同,而且是没有任何返回值的,也不允许用 void 来修饰。但是,构造函数允许重载。一个类中可以有多个不同的构造函数来满足创建对象。例如,在 Person 类中有两个构造函数:public Person(){ }和 public Person(String name,String sex,int age,double weight)。当我们在定义一个 Person 类的变量的时候,如"Person man＝new Person();",同时也可以用另一个构造函数来初始化一个对象,如"Person niu＝new Person("name","man",22,99);"。但是对象 niu 和对象 man 是不一样的,这两个对象的属性也是不一样的。

3.2.3　析构函数

创建对象时要用构造函数,与此相对,释放对象时要用析构方法(destructor)(也称析构函数)。析构函数是用符号～开始的,并且其方法是与类同名的方法。该方法不带参数,不能写返回类型,也不能有修饰符。析构函数的形式如下。

～ 类名(){ … }

例如,在 Person 类中定义析构方法如下。

```
class Person
{
    ⋮
    ~Person()
    {
        ⋮
    }
}
```

一个类的析构函数最多只有一个。如果没有提供析构函数,则系统会自动生成一个。由于对象的释放是由系统自动进行的,不能由程序控制,所以析构函数不能由程序显式调用,而是由系统在释放对象时自动调用。从这个意义上来说,普通对象的析构函数并不是特别重要的。

3.2.4 this 的引用

在方法中,可以使用一个关键字 this 来表示这个对象本身。具体地说,在普通方法中,this 表示调用这个方法的对象;在构造方法中,this 表示新创建的对象。

在上面的 Person 类的定义中,两个构造函数的参数是一样的。在第二个构造函数中多了个 this。this 的作用是用来指定"这个"的,也就是用来指定当前这个对象的。

当然,我们可以把 public Person(string name, string sex, int age, double weight)的参数换成其他的名字,如 public Person(string myname, string mysex, int myage, double myweight)。这样并不会影响程序的结果。但是,如果把上面构造函数中的 this 去掉,来看看有什么影响。

```
public Person(String name, String sex, int age, double weight)
{                                  //构造函数,初始化指定的对象
    name = name;
    age = age;
    weight = weight;
    sex = sex;
}                                  //去掉 this 后
```

程序运行结果如图 3.2 所示。

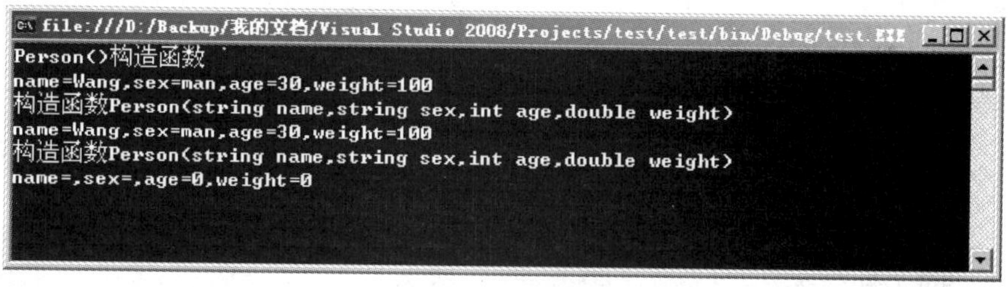

图 3.2 没有 this 的运行结果

this 关键字引用被访问成员所在的当前实例。静态成员函数中没有 this 指针。this 关键字可以用来构造函数,在实例方法和实例化访问器中访问成员。不能在静态方法、静态属性访问器或者域声明的变量初始化程序中使用 this 关键字,否则将会产生错误。

- 在类的构造函数中出现的 this 作为一个值类型，表示对正在构造的对象本身的引用。
- 在类的方法中出现的 this 作为一个值类型，表示对调用该方法的对象的引用。
- 在结构的构造函数中出现的 this 作为一个变量类型，表示对正在构造的结构的引用。
- 在结构的方法中出现的 this 作为一个变量类型，表示对调用该方法的结构引用。

3.3 方法

方法又称成员函数（Member Function），它集中体现了类或对象的行为。方法同样分为静态方法和实例方法。静态方法只可以操作静态域，而实例方法既可以操作实例域，也可以操作静态域（虽然这不被推荐）。操作静态域在某些特殊的情况下是很有用的。方法有 5 种存取修饰符：public、protected、internal、protected internal 和 private，它们的意义如前所述。

3.3.1 方法参数

方法的参数是个值得特别注意的地方。方法的参数传递有 4 种类型：传值（by value）、传址（by reference）、输出参数（by output）和数组参数（by array）。传值参数无需额外的修饰符，传址参数需要修饰符 ref，输出参数需要修饰符 out，数组参数需要修饰符 params。传值参数如果在方法调用过程中改变了参数的值，那么传入方法的参数在方法调用完成以后并不会因此而改变，而是保留原来传入时的值。传址参数恰恰相反。如果方法调用过程改变了参数的值，那么传入方法的参数在调用完成以后也将随之改变。实际上，从名称上可以清楚地看出两者的含义的不同：传值参数传递的是调用参数的一份拷贝，而传址参数传递的是调用参数的内存地址，该参数在方法内外指向的是同一个存储位置。请看下面的例子及其输出。

```
class Test
{
    static void Swap(ref int x, ref int y)
    {
        int temp = x;
        x = y;
        y = temp;
    }
    static void Swap(int x, int y)
    {
        int temp = x;
        x = y;
        y = temp;
    }
    static void Main()
    {
        int i = 1, j = 2;
```

```
        Swap(i, j);
        Console.WriteLine("i = {0}, j = {1}", i, j);
        Swap(ref i, ref j);
        Console.WriteLine("i = {0}, j = {1}", i, j);
    }
}
```

程序运行结果如图 3.3 所示。

从上面的例子中可以清楚地看到两个交换函数 Swap() 由于参数的差别(传值与传址)，而得到了不同的调用结果。注意，传址参数的方法调用无论是在声明时还是在调用时都要加上 ref 修饰符。

笼统地说传值不会改变参数的值在有些情况下是错误的。例如：

```
class Element
{
    public int Number = 50;
}
class Test
{
    static void Change(Element s)
    {
        s.Number = 100;
    }
    static void Main()
    {
        Element e = new Element();
        Console.WriteLine(e.Number);
        Change(e);
        Console.WriteLine(e.Number);
    }
}
```

程序运行结果如图 3.4 所示。

图 3.3 传值与传址的运行结果

图 3.4 传值的运行结果

从上面的例子可以看到，传值方式改变了类型为 Element 类的对象 t。但从严格意义上讲，传值方式实际上是改变了对象 t 的域，而非对象 t 本身。例如：

```
class Element
{
    public int Number = 10;
}
class Test
```

```
    {
        static void Change(Element s)
        {
            Element t = new Element();
            t.Number = 100;
            s = r;
        }
        static void Main()
        {
            Element e = new Element();
            Console.WriteLine(e.Number);
            Change(e);
            Console.WriteLine(e.Number);
        }
    }
```

程序运行结果如图 3.5 所示。

传值方式根本没有改变类型为 Element 类的对象 t。实际上，如果能够理解类这一 C♯ 中的引用类型（reference type）的特性，便能看出上面两个例子的差别。在传值过程中，引用类型本身不会改变（t 不会改变），但引用类型内含的域却会改变（t.Number 改变了）。C♯ 语言的引用类型有 object 类型（包括系统内建的 class 类型和用户自建的 class 类型——继承自 object 类型）、string 类型、interface 类型、array 类型和 delegate 类型。它们在传值调用中都具有上面两个例子中所展示的特性。

图 3.5　传值的运行结果

在传值和传址过程中，C♯ 强制要求参数在传入之前要由用户进行明确的初始化，否则编译器将报错。但如果有一个并不依赖于参数初值的函数，在函数返回时只需要得到它的值，这时该怎么办呢？往往在函数返回值不止一个的情况下特别需要这种技巧。答案是：用 out 修饰输出参数。但需要记住，输出参数与通常的函数返回值有一定的区别：函数返回值往往存在堆栈里，在返回时弹出；而输出参数需要用户预先分配存储位置，也就是说，用户需要提前声明变量，当然也可以进行初始化。例如：

```
class Test
{
    static void ResoluteName(string fullname, out string firstname, out string lastname)
    {
        string[] strArray = fullname.Split(new char[] { ' ' });
        firstname = strArray[0];
        lastname = strArray[1];
    }
    public static void Main()
    {
        string MyName = "黄 小娟";
        string MyFirstName, MyLastName;
        ResoluteName(MyName, out MyFirstName, out MyLastName);
        Console.WriteLine("My first name: {0}", MyFirstName);
```

```
            Console.WriteLine("My last name: {0}",MyLastName);
            Console.Read();
        }
    }
```

程序运行结果如图 3.6 所示。

在函数体内,所有输出参数必须均被赋值,否则编译器会报错。out 修饰符同样应该应用在函数声明和调用两个地方。除了充当返回值这一特殊的功能外,out 修饰符与 ref 修饰符有个很相似的地方,即传址。可以看出 C♯ 完全抛弃了传统 C/C++ 语言赋予程序员的莫大的自由度,毕竟 C♯

图 3.6 用 out 修饰输出参数的运行结果

是用来开发高效的下一代网络平台的,安全性——包括系统安全(系统结构的设计)和工程安全(避免出现程序员经常犯的错误),是它设计时需要考虑的重要因素。当然 C♯ 并没有因为安全性而影响性能。

数组参数也是经常用到的一个参数,它用来传递大量的数组集合参数。先来看看下面的例子。

```
    class Test
    {
        static int Sum(params int[] args)
        {
            int s = 0;
            foreach (int n in args)
            {
                s += n;
            }
            return s;
        }
        static void Main()
        {
            int[] var = new int[] { 1, 2, 3, 4, 5 };
            Console.WriteLine("The Sum:" + Sum(var));
            Console.WriteLine("The Sum:" + Sum(10, 20, 30, 40, 50));
            Console.Read();
        }
    }
```

程序运行结果如图 3.7 所示。

从上面的例子中可以看出,数组参数可以是数组,如 var,也可以是能够隐式转化为数组的参数,如 {10,20,30,40,50}。这为程序提供了很高的扩展性。

图 3.7 数组参数的运行结果

同名方法参数的不同会导致方法出现多态现象,这种现象称为重载(overloading)方法。需要指出的是,编译器在编译时便绑定了方法和方法调用。只能通过参数的不同来重载方法,其他方面的不同(如返回值)不能为编译器提供有效的重载信息。

3.3.2 方法继承

面向对象机制为 C# 的方法引入了 virtual、override、sealed 和 abstract 4 种修饰符,来提供不同的继承需求。类的虚方法是可以在该类的继承子类中改变其实现的方法。当然,这种改变仅限于方法体的改变,而非方法头(方法声明)的改变。被子类改变的虚方法必须在方法头加上 override。当调用虚方法时,该类的实例即对象运行时的类型(run-time type)将决定哪个方法体被调用。例如:

```
class Parent
{
    public void F() { Console.WriteLine("Parent.F"); }
    public virtual void G() { Console.WriteLine("Parent.G"); }
}
class Child : Parent
{
    new public void F() { Console.WriteLine("Child.F"); }
    public override void G() { Console.WriteLine("Child.G"); }
}
class Test
{
    static void Main()
    {
        Child b = new Child();
        Parent a = b;
        a.F();
        b.F();
        a.G();
        b.G();
        Console.Read();
    }
}
```

程序运行结果如图 3.8 所示。

从上面的例子中可以看到 class Child 中 F()方法的声明采取了重写(new)的办法来屏蔽 class Parent 中的非虚方法 F()的声明。而

图 3.8 虚方法的运行结果

G()方法则采用了覆盖(override)的办法来提供方法的多态机制。需要注意重写(new)方法和覆盖(override)方法的不同。从本质上讲,重写方法是编译时绑定的,而覆盖方法则是运行时绑定的。值得指出的是,虚方法不可以是静态方法,也就是说,不可以用 static 和 virtual 同时修饰一个方法,这是由它运行时的类型辨析机制所决定的。override 必须和 virtual 配合使用,当然,它不能和 static 同时使用。

如果在一个类的继承体系中不想再使一个虚方法被覆盖,该怎样做呢?答案是 sealed override (密封覆盖),使用 sealed 和 override 同时修饰一个虚方法便可以达到这种目的,如 sealed override public void F()。注意,这里一定是 sealed 和 override 同时使用,也一定是

密封覆盖一个虚方法,或者一个被覆盖(而不是密封覆盖)了的虚方法。密封一个非虚方法是没有意义的,也是错误的。例如:

```
class Parent
{
    public virtual void F()
    {
        Console.WriteLine("Parent.F");
    }
    public virtual void G()
    {
        Console.WriteLine("Parent.G");
    }
}
class Child : Parent
{
    sealed override public void F()
    {
        Console.WriteLine("Child.F");
    }
    override public void G()
    {
        Console.WriteLine("Child.G");
    }
}
class Grandson : Child
{
    override public void G()
    {
        Console.WriteLine("Grandson.G");
    }
}
```

抽象(abstract)方法在逻辑上类似于虚方法,只是它不能像虚方法那样被调用,它只是一个接口的声明而非实现。抽象方法没有类似于{…}这样的方法实现,也不允许这样做。抽象方法同样不能是静态的。含有抽象方法的类一定是抽象类,同时一定要加 abstract 类修饰符。但抽象类并不一定要含有抽象方法。继承自含有抽象方法的抽象类的子类必须覆盖并实现(直接使用 override)该方法,或者组合使用 abstract override,使之继续抽象,或者不提供任何覆盖和实现。后两者的行为是一样的。例如:

```
abstract class Parent
{
    public abstract void F();
    public abstract void G();
}
abstract class Child : Parent
{
    public abstract override void F();
}
```

```
abstract class Grandson : Child
{
    public override void F()
    {
        Console.WriteLine("Grandson.F");
    }
    public override void G()
    {
        Console.WriteLine("Grandson.G");
    }
}
```

抽象方法可以抽象一个继承来的虚方法,例如:

```
class Parent
{
    public virtual void Method()
    {
        Console.WriteLine("Parent.Method");
    }
}
abstract class Child : Parent
{
    public abstract override void Method();
}
abstract class Grandson : Child
{
    public override void Method()
    {
        Console.WriteLine("Grandson.Method");
    }
}
```

归根结底,掌握了运行时绑定和编译时绑定的基本机理便能看透方法所呈现出的种种形态,如 overload、virtual、override、sealed、abstract 等形态。

3.4 属性

属性可以说是 C# 语言的一个创新。理解属性的设计初衷是用好属性这一工具的根本。C# 不提倡将域的保护级别设为 public 以使用户在类外可以任意操作。对于所有有必要在类外可见的域,C# 都推荐采用属性来表达。属性不表示存储位置。这是属性和域的根本性的区别。下面是一个典型的属性设计。

```
class MyClass
{
    int integer;
    public int Integer
    {
        get { return integer; }
```

```
        set { integer = value; }
    }
}
class Test
{
    public static void Main()
    {
        MyClass MyObject = new MyClass();
        Console.WriteLine(MyObject.Integer);
        MyObject.Integer++;
        Console.WriteLine (MyObject.Integer);
        Console.Read();
    }
}
```

程序输出 0 1。从上面的程序中可以看到，属性通过对方法的包装，向程序员提供了一个友好的域成员的存取界面。这里的 value 是 C#的关键字，它是进行属性操作时的 set 的隐含参数，也就是在执行属性写操作时的右值。

属性提供了只读（get）、只写（set）和读写（get 和 set）3 种接口操作。域的这 3 种操作必须在同一个属性名下声明，不可以将它们分离。来看下面的实现方法。

```
class MyClass
{
    private string name;
    public string Name
    {
        get { return name; }
    }
    public string Name
    {
        set { name = value; }
    }
}
```

上面的这种分离 Name 属性实现的方法是错误的。应该像前面的例子一样将只读和只写放在一起声明。

当然，属性远远不仅仅限于域的接口操作。属性的本质还是方法，可以根据程序逻辑在属性的提取或赋值过程中进行某些检查、警告等额外操作。例如：

```
class MyClass
{
    private string name;
    public string Name
    {
        get { return name; }
        set
        {
            if (value == null)
                name = "Microsoft";
            else
```

```
            name = value;
        }
    }
}
```

由于属性的方法的本质，属性当然也有方法的种种修饰。属性有 5 种存取修饰符，但属性的存取修饰往往为 public，否则它就失去了属性作为类的公共接口的意义。除了不具备方法的多参数带来的方法重载等特性外，virtual、sealed、override 和 abstract 等修饰符对属性与方法有同样的行为。但由于属性在本质上被实现为两个方法，它的某些行为需要加以注意。例如：

```
abstract class A
{
    int y;
    public virtual int X
    {
        get { return 0; }
    }
    public virtual int Y
    {
        get { return y; }
        set { y = value; }
    }
    public abstract int Z { get; set; }
}
class B : A
{
    int z;
    public override int X
    {
        get { return base.X + 1; }
    }
    public override int Y
    {
        set { base.Y = value < 0 ? 0 : value; }
    }
    public override int Z
    {
        get { return z; }
        set { z = value; }
    }
}
```

这个例子集中地展示了属性在继承上下文中的某些典型行为。这里，类 A 由于抽象属性 Z 的存在而必须声明为 abstract。子类 B 中通过 base 关键字来引用父类 A 的属性。类 B 中可以只通过 Y-set 来覆盖类 A 中的虚属性。

3.5 继承

为了提高软件模块的可复用性和可扩充性，来提高软件的开发效率，开发人员总是希望能够利用前人或自己以前的开发成果，同时又希望在开发过程中能够有足够的灵活性，不拘泥于复用的模块。C#这种完全面向对象的程序设计语言提供了两个重要的特性——继承性(inheritance)和多态性(polymorphism)。

继承是面向对象程序设计的主要特征之一,它可以通过重用代码来节省程序设计的时间。任何类都可以从另一个类中继承,但是每一个类都只能继承几个基本类。被继承的类称为父类,继承的类称为子类。继承就是在类之间建立一种相交关系,使得新定义的派生类的实例可以继承已有的基类的特征和能力,而且可以加入新的特性,或者是修改已有的特性,建立起类的新层次。

现实世界中的许多实体之间并不是相互孤立的,它们往往具有共同的特征,但也存在内在的差别。可以采用层次结构来描述这些实体之间的相似之处和不同之处。

3.5.1 继承的使用

一个类从一个基类继承后,就得到基类的所有成员、属性以及字段。现在来看 Student 类继承 Person 类后的情况。class Student : Person 表示 Student 类继承 Person 类。例如:

```csharp
class Person                              //Person 类
{
    public string name;
    public string sex;
    public int age;
    public double weight;
    public Person()                       //构造函数
    {
        name = "ZhangSan";
        sex = "man";
        age = 22;
        weight = 99;
    }
    public Person(string name, string sex, int age, double weight)//构造函数
    {
        this.name = name;
        this.sex = sex;
        this.age = age;
        this.weight = weight;
    }
    public void Eat(double food)          //方法,吃东西后体重增加
    {
        this.weight += food;
    }
}
class Student : Person
{
    public string school_name;
    public double score;
    public int grade;
    public Student()
    {
        school_name = "cqu";
```

```csharp
            score = 99;
            grade = 3;
        }
        public void study(double hours)
        {
            this.weight -= hours;
        }
    }
    class Program
    {
        static void Main(string[] args)
        {
            Person man = new Person("ZhaoWei", "woman", 31, 95);
            Console.WriteLine(" Person 方法和属性:");
            Console.WriteLine("name = {0},sex = {1},age = {2},weight = {3}",
                man.name, man.sex, man.age, man.weight); man.Eat(2);
            Console.WriteLine("man.Eat(2);", man.weight);
            Student zhangsan = new Student();
            Console.WriteLine("Student 方法和属性:");
            Console.WriteLine(" zhangsan.name = {0}, zhangsan.sex = {1}, zhangsan.age = {2}, zhangsan.weight = {3}", zhangsan.name, zhangsan.sex, zhangsan.age, zhangsan.weight);
            //调用父类的属性
            Console.WriteLine("zhangsan.school_name = {0},zhangsan.score = {1},zhangsan.grade = {2}", zhangsan.school_name, zhangsan.score, zhangsan.grade);   //自己的属性
            Console.WriteLine("zhangsan.weight = {0}", zhangsan.weight);
            zhangsan.Eat(3);                        //调用父类的方法
            Console.WriteLine("zhangsan.weight = {0}", zhangsan.weight);
            zhangsan.study(5);                      //调用自己的方法
            Console.WriteLine("zhangsan.weight = {0}", zhangsan.weight);
        }
    }
```

程序运行结果如图 3.9 所示。

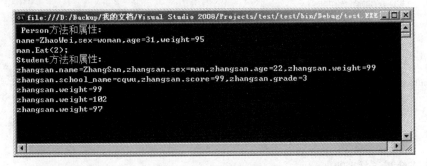

图 3.9 继承的运行结果

3.5.2 隐藏基类成员

想想看,如果所有的类都可以被继承,继承的滥用会带来什么后果? 有时候,开发人员并不希望自己编写的类被继承。还有一些时候,有的类已经没有必要再被继承。C#提出了一个密封类(sealed class)的概念,来帮助开发人员解决这一问题。密封类在声明中使用

sealed 修饰符,这样就可以防止该类被其他类继承。如果试图将一个密封类作为其他类的基类,C#将提示出错。理所当然,密封类不能同时又是抽象类,因为抽象类总是希望被继承的。在哪些场合下使用密封类呢?密封类可以阻止其他程序员在无意中继承该类。而且密封类可以起到运行时优化程序的效果。实际上,密封类中不可能有派生类。如果密封类实例中存在虚成员函数,则该成员函数可以转化为非虚的,函数修饰符 virtual 便不再生效。

3.5.3 密封方法

C#还提出了密封方法(sealedmethod)的概念,以防止在方法所在类的派生类中对该方法的重载。可以对方法使用 sealed 修饰符,这种方法称为密封方法。不是类的每个成员方法都可以作为密封方法,必须对基类的虚方法进行重载,提供具体的实现方法的方法才称为密封方法。所以,在方法的声明中,sealed 修饰符总是和 override 修饰符同时使用。例如:

```
class A
{
    public virtual void F( )
    {
        Console.WriteLine("A.F") ;
    }
    public virtual void G( )
    {
        Console.WriteLine("A.G") ;
    }
}
class B: A
{
    sealed override public void F( )
    {
        Console.WriteLine("B.F") ;
    }
    override public void G( )
    {
        Console.WriteLine("B.G") ;
    }
}
class C: B
{
    override public void G( )
    {
        Console.WriteLine("C.G") ;
    }
}
```

C#中的继承符合下列规则。
- 继承是可传递的。如果 C 从 B 中派生,B 又从 A 中派生,那么 C 不仅继承了 B 中声明的成员,同样也继承了 A 中的成员。Object 类是所有类的基类。
- 派生类应当是对基类的扩展。派生类可以添加新的成员,但不能除去已经继承的成员的定义。

- 构造函数和析构函数都不能被继承。除此之外的其他成员,不论对它们定义了怎样的访问方式,它们都能被继承。基类中的成员的访问方式只能决定派生类能否访问它们。
- 派生类如果定义了与继承而来的成员同名的新成员,则新成员就可以覆盖已继承的成员。但这并不表示该派生类删除了这些成员,只是说明该派生类不能再访问这些成员。
- 类可以定义虚方法、虚属性以及虚索引指示器。它的派生类能够重载这些成员,从而实现类的多态性。
- 派生类只能从一个类中继承,它可以通过接口实现多重继承。

3.6 多态

同一操作作用于不同的对象,能够有不同的解释,产生不同的执行结果,这就是多态性。多态性通过派生类重载基类中的虚函数型方法来实现。在面向对象的系统中,多态性是个很重要的概念。它允许客户对一个对象进行操作,然后由对象来完成一系列的动作。对象具体实现哪个动作、如何实现都由系统负责解释。

在 C# 中,多态性的定义是:同一操作作用于不同的类的实例,不同的类将进行不同的解释,最后产生不同的执行结果。

C# 支持以下两种类型的多态性。

- 编译时的多态性。编译时的多态性是通过重载来实现的。对于非虚的成员来说,系统在编译时根据传递的参数、返回的类型等信息决定实现何种操作。
- 运行时的多态性。运行时的多态性就是指直到系统运行时,才根据实际情况决定实现何种操作。在 C# 中,运行时的多态性通过虚成员实现。

编译时的多态性提供了运行速度快的特点,而运行时的多态性则带来了高度灵活和抽象的特点。

3.6.1 方法覆盖与多态

多个类能够从单个基类继承。通过继承,类可以在基类所在的同一实现中接收基类的任何方法、属性和事件。这样,类便可以根据需要来实现附加成员,而且能够重写基成员,以提供不同的实现。请注意,继承类也能够实现接口,这两种技术不是互斥的。

C# 通过继承提供多态性。对于小规模的研发任务而言,多态是个功能强大的机制,但对于大规模系统,它通常会存在问题。过分强调继承驱动的多态性一般会导致资源大规模地从编码转移到设计,这对于缩短总的研发时间没有任何帮助。例如:

```
class myFirst
{
    int value_myFirst;
    public myFirst(int f)
    {
        value_myFirst = f;
```

```csharp
        }
        public void f1()
        {
            System.Console.WriteLine("myFirst.f1()!");
        }
        public virtual void f2()           //virtual 也可以提到最前面
        {
            System.Console.WriteLine("myFirst.f2()!");
        }
    }
    class mySecond : myFirst
    {
        int value_mySecond;
        public mySecond(int s) : base(s)
        {
            value_mySecond = s;
        }
        //使用关键字 new 覆盖基类中的同名方法
        public new void f1()               //new 也可以提到最前面
        {
            System.Console.WriteLine("mySeconde.f1()!");
        }
        //基类函数中声明是 virtual,必须用 override 覆盖
        public override void f2()          //override 也可以提到最前面
        {
            System.Console.WriteLine("mySeconde.f2()!");
        }
    }
    class Program
    {
        static void Main(string[] args)
        {
            myFirst mf = new myFirst(1);
            mySecond ms = new mySecond(2);
            mf.f1();                       //myFirst.f1()!
            mf.f2();                       //myFirst.f2()!
            ms.f1();                       //mySeconde.f1()!
            ms.f2();                       //mySeconde.f2()!
            mf = ms;                       //向上转型之后
            mf.f1();                       //myFirst.f1()!
            mf.f2();                       //mySeconde.f2()! 这是用 override 的运行结果
            //如果是 new,那么结果是 myFirst.f2( )!
            Console.Read();
        }
    }
}
```

运行结果如图 3.10 所示。

图 3.10　多态的运行结果

3.6.2　抽象类

抽象类可以同时提供继承和接口的元素。抽象类本身不能实例化,它必须被继承。该类的部分或全部成员都可能未实现,该实现由继承类提供。已实现的成员仍可被重写,并且继承类仍能够实现附加接口或其他功能。抽象类提供继承和接口实现的功能。抽象类不能实例化,它必须在继承类中实现。它能够包含已实现的方法和属性,但也能够包含未实现的过程。这些未实现的过程必须在继承类中实现。这样,可以在类的某些方法中提供不变级功能,同时为其他的过程保持灵活性。抽象类的另一个好处是:当需要组件的新版本时,抽象类可以根据需要,将附加方法添加到基类,但要求接口必须保持不变。

上面已经说明,虽然基类方法声明为 virtual,以便派生类用 override 覆盖,但是派生类仍然可以用 new 关键字覆盖(不具有多态性)。可以强制让派生类覆盖基类的方法,将基类方法声明为抽象的。方法是,采用 abstract 关键字。抽象方法没有方法体,它由派生类来提供。如果派生类不实现基类的抽象方法,则派生类也需要声明为 abstract 类。

类中只要存在抽象方法,就必须将抽象方法声明为抽象类。例如:

```
abstract class myFirst
{
    int value_myFirst;
    public myFirst(int f)
    {
        value_myFirst = f;
    }
    //抽象方法没有方法体,以分号结尾
    public abstract void f1();
    public void f2()
    {
        System.Console.WriteLine("myFirst.f2()!");
    }
    public virtual void f3()
    {
        System.Console.WriteLine("myFirst.f3()!");
    }
}
class mySecond : myFirst
{
    int value_mySecond;
```

```csharp
        public mySecond(int s): base(s)
        {
            value_mySecond = s;
        }
        //覆盖基类的抽象方法
        public override  void f1()
        {
            System.Console.WriteLine("mySeconde.f1()!");
        }
        //覆盖基类的一般方法
        public new void f2()
        {
            System.Console.WriteLine("mySeconde.f2()!");
        }
        //覆盖基类的虚拟方法
        public override void f3()
        {
            System.Console.WriteLine("mySecond.f3()!");
        }
    }
    class Program
    {
        static void Main(string[] args)
        {
            //抽象类和接口不能声明对象
            //myFirst mf = new myFirst(1);
            mySecond ms = new mySecond(2);
            ms.f1();                          //mySeconde.f1()!
            ms.f2();                          //mySeconde.f2()!
            ms.f3();                          //mySecond.f3()!
            //这里向上转型,采用强类型转换的方式
            ((myFirst)ms).f1();               //mySeconde.f1()!
            ((myFirst)ms).f2();               //myFirst.f2()!
            ((myFirst)ms).f3();               //mySecond.f3()!
        }
    }
```

运行结果如图 3.11 所示。

图 3.11 抽象类的运行结果

3.6.3 接口多态性

多个类可以实现相同的接口,而单个类能够实现一个或多个接口。接口描述类需要实现的方法、属性和事件以及每个成员需要接收和返回的参数类型,但将这些成员的特定实现将留给实现类去完成。

组件编程中的一项强大技术是能够在一个对象上实现多个接口。每个接口都由一小部分紧密联系的方法、属性和事件组成。通过实现接口,组件能够为需要该接口的任何其他组件提供功能,而无需考虑其中所包含的特定功能。这使后续组件的版本可以包含不同的功能,这样就不会干扰核心功能。研发人员最常使用的组件功能是组件类本身的成员。然而,对于包含大量成员的组件,使用起来可能会比较困难。可以考虑将组件的某些功能分解出来,作为私下实现的单独接口。

3.7 接口

3.7.1 接口定义

接口(interface)用来定义一种程序的协定,即实现接口的类或结构,要与接口的定义严格一致。有了这个协定,就可以抛开编程语言的限制(理论上)。接口可以从多个基接口继承,而类或结构可以实现多个接口。接口包含方法、属性、事件和索引器。接口本身不提供它所定义的成员的实现,它只指定实现该接口的类或接口必须提供的成员。

定义接口的一般形式为:

[attributes] [modifiers] interface identifier [:base-list] {interface-body}[;]

对接口的定义有如下说明:

(1) attributes(可选)。附加的定义性信息。

(2) modifiers(可选)。允许使用的修饰符有 new 和 4 个访问修饰符,分别是 public、protected、internal、private。在一个接口定义中,同一修饰符不允许出现多次。new 修饰符只能出现在嵌套接口中,它表示覆盖了继承而来的同名成员。

(3) identifier。接口名称。

(4) base-list(可选)。包含一个或多个显式基接口的列表,接口间由逗号分隔。

(5) interface-body。对接口成员的定义。

(6) 接口可以是命名空间或类的成员,并且可以包含下列成员的签名:方法、属性及索引器。

(7) 一个接口可从一个或多个基接口继承。

例如:

```
interface IMyExample
{
    string this[int index] { get ; set ; }
    event EventHandler Even ;
    void Find(int value) ;
    string Point { get ; set ; }
}
public delegate void EventHandler(object sender, Event e) ;
```

上述例子中的接口包含一个索引(this)、一个事件(Even)、一个方法(Find)和一个属性

(Point)。

接口可以支持多重继承。下例中接口 IcomboBox 可以同时从 ItextBox 和 IlistBox 中继承。

```
interface IControl
{
    void Paint( ) ;
}
interface ITextBox: IControl
{
    void SetText(string text) ;
}
interface IListBox: Icontrol
{
    void SetItems(string[ ] items) ;
}
interface IComboBox: ITextBox, IListBox { }
```

类和结构可以多重实例化接口。下例中类 EditBox 继承了类 Control，同时还从 IdataBound 和 Icontrol 继承。

```
interface IdataBound
{
    void Bind(Binder b) ;
}
public class EditBox: Control, IControl, IDataBound
{
    public void Paint( ) ;
    public void Bind(Binder b) {...}
}
```

在上面的代码中，Paint 方法从 Icontrol 接口继承而来；Bind 方法从 IdataBound 接口继承而来，它们都以 public 的身份在 EditBox 类中实现。

3.7.2 定义接口成员

接口可以包含一个或多个成员。

对接口成员的定义有如下说明。

（1）接口的成员由从基接口继承的成员和由接口本身定义的成员组成。

（2）接口定义可以定义零个或多个成员。接口的成员必须是方法、属性、事件或索引器。接口不能包含常数、字段、运算符、实例构造函数、析构函数或类型，也不能包含任何种类的静态成员。

（3）定义一个接口，该接口对于每种可能种类的成员都包含一个方法、属性、事件或索引器。

（4）接口成员的默认访问方式是 public。接口成员定义不能包含任何修饰符，比如，成员定义前不能加 abstract、public、protected、internal、private、virtual、override 或 static 修饰符。

（5）接口的不同成员之间不能同名。继承而来的成员不用再定义，但接口可以定义与继承而来的成员同名的成员，这时接口成员覆盖了继承而来的成员。这不会导致错误，但编译器会给出一个警告。关闭警告提示的方式是在成员定义前加上一个 new 关键字。但如果没有覆盖父接口中的成员,使用 new 关键字会导致编译器发出警告。

(6) 方法的名称必须与同一接口中定义的所有属性和事件的名称不同。此外,方法的签名必须与同一接口中定义的其他方法的签名不同。

(7) 属性或事件的名称必须与同一接口中定义的其他成员的名称不同。

(8) 一个索引器的签名必须有别于在同一接口中定义的其他所有索引器的签名。

(9) 接口方法声明中的属性(attributes)、返回类型(return-type)、标识符(identifier)和形式参数列表(formal-parameter-list)与一个类的方法声明中的相应内容的意义相同。一个接口方法声明不允许指定一个方法主体,而声明通常用一个分号结束。

(10) 接口属性声明的访问符与类属性声明的访问符相对应,除了访问符主体之外,通常必须用分号。因此,无论属性是读写、只读或只写,其访问符都完全确定。

3.7.3 访问接口

对接口方法的调用和采用索引指示器访问的规则与类中的情况也是相同的。如果底层成员的命名与继承而来的高层成员一致,那么底层成员将覆盖同名的高层成员。但由于接口支持多继承,在多继承中,如果两个父接口含有同名的成员,这就产生了二义性(这也正是 C#中取消了类的多继承机制的原因之一),这时需要进行显式的定义。例如:

```
interface ISequence
{
    int Count { get; set; }
}
interface IRing
{
    void Count(int i);
}
interface IRingSequence : ISequence, IRing { }
class CTest
{
    void Test(IRingSequence rs)
    {
        //rs.Count(1) ; 错误, Count 有二义性
        //rs.Count = 1; 错误, Count 有二义性
        ((ISequence)rs).Count = 1;        // 正确
        ((IRing)rs).Count(1);             // 正确调用 IRing.Count
    }
}
```

在上面的例子中,前两条语句"rs.Count(1);"和"rs.Count=1;"会产生二义性,从而导致编译错误。因此,必须显式地给 rs 指派父接口类型,这种指派在运行时不会带来额外的开销。

再看下面的例子。

```
interface IInteger
{
    void Add( int i) ;
```

```
}
interface IDouble
{
    void Add(double d) ;
}
interface INumber: IInteger, IDouble {}
class CMyTest {
void Test(INumber Num)
{
    // Num.Add(1) ; 错误
    Num.Add(1.0) ;                    // 正确
    ((IInteger)n).Add(1) ;            // 正确
    ((IDouble)n).Add(1) ;             // 正确
    }
}
```

调用 Num.Add(1) 会导致二义性,因为候选的重载方法的参数类型均适用。但是,调用 Num.Add(1.0) 是允许的,因为 1.0 是浮点数,参数类型与方法 IInteger.Add() 的参数类型不一致,这时只有 IDouble.Add 才是适用的。不过,只要加入了显式的指派,就绝不会产生二义性。

接口的多重继承的问题也会带来成员访问上的问题。例如:

```
interface IBase
{
    void FWay(int i) ;
}
interface ILeft: IBase
{
    new void FWay (int i) ;
}
interface IRight: IBase
{
    void G( ) ;
}
interface IDerived: ILeft, IRight { }
class CTest
{
    void Test(IDerived d)
    {
        d.FWay (1) ;                    // 调用 ILeft.FWay
        ((IBase)d).FWay (1) ;           // 调用 IBase.FWay
        ((ILeft)d).FWay (1) ;           // 调用 ILeft.FWay
        ((IRight)d).FWay (1) ;          // 调用 IBase.FWay
    }
}
```

在上例中,方法 IBase.FWay 在派生的接口 ILeft 中被 Ileft 的成员方法 FWay 覆盖了。所以,对 d.FWay (1) 的调用实际上调用了 ILeft.FWay() 方法。虽然从 IBase→IRight→IDerived 这条继承路径上来看,ILeft.FWay 方法是没有被覆盖的。注意,成员一旦被覆盖以后,所有对它的访问都将被覆盖以后的成员拦截。

3.7.4 实现接口

为了实现接口,类可以定义显式接口成员执行体(Explicit Interface Member Implementations)。显式接口成员执行体可以是一个方法、一个属性、一个事件或者是一个索引指示器的定义。定义与该成员对应的全权名接口的全权名(fully qualified name)是这样构成的:接口名加小圆点"."。例如,下面的 ICloneable.Clone()应保持一致。

```
interface ICloneable
{
    object Clone( );
}
interface IComparable
{
    int CompareTo(object other);
}
class ListEntry: ICloneable, IComparable
{
    object ICloneable.Clone( ) {...}
    int IComparable.CompareTo(object other) {...}
}
```

上面的代码中 ICloneable.Clone 和 IComparable.CompareTo 就是显式接口成员执行体。

对显式接口成员执行体的定义有如下说明。

(1) 不能在方法调用、属性访问以及索引指示器访问中通过全权名访问显式接口成员执行体。事实上,显式接口成员执行体只能通过接口的实例,仅仅引用接口的成员名称来访问。

(2) 显式接口成员执行体不能使用任何访问限制符,也不能加上 abstract、virtual、override 或 static 修饰符。

(3) 显式接口成员执行体和其他成员有着不同的访问方式。因为不能在方法调用、属性访问以及索引指示器访问中通过全权名访问,显式接口成员执行体在某种意义上来看是私有的。但它们又可以通过接口的实例访问,所以也具有一定的公有性质。

(4) 只有类在定义时,才把接口名写在基类列表中,而且类中定义的全权名、类型和返回类型都与显式接口成员执行体完全一致时,显式接口成员执行体才是有效的。例如:

```
class Shape: ICloneable
{
    object ICloneable.Clone( ) {...}
    int IComparable.CompareTo(object other) {...}
}
```

使用显式接口成员执行体通常有以下两个目的。

(1) 因为显式接口成员执行体不能通过类的实例进行访问,这就可以从公有接口中把接口的实现部分单独分离开。如果一个类只在内部使用该接口,而类的使用者不会直接使用到该接口,这时显式接口成员执行体就可以起到作用。

(2) 显式接口成员执行体避免了接口成员之间因为同名而发生混淆的问题。如果一个类希望对名称和返回类型相同的接口成员采用不同的实现方式,这就必须使用显式接口成员执行体。如果没有显式接口成员执行体,那么对于名称和返回类型不同的接口成员,也无法用类进行实现。

3.8 索引器与集合

3.8.1 索引器

索引器(Indexer)是 C♯引入的一个新型的类成员,它使得对象可以像数组那样被方便、直观地引用。索引器类似于我们前面讲到的属性,但索引器可以有参数列表,且其参数列表只能作用在实例对象上,不能直接作用在类上。

索引的定义方法如下。

```
修饰符 类型名 this [ 参数列表 ]
{
    set
    {
        // 取数据
    }
    get
    {
        // 存数据
    }
}
```

其中,索引的定义具有 set 及 get 方法,这一点与属性的定义相似。在 set 方法中,也可以使用一个特殊变量 value,用以表示用户指定的值。在 get 方法中,使用 return 返回所得到的索引值。但与属性的定义不同的是,索引的定义没有名字,要用 this 表示索引。

索引器没有像属性和方法那样的名字,关键字 this 清楚地表达了索引器引用对象的特征。和属性一样,value 关键字在 set 后的语句块里有参数传递的意义。实际上,从编译后的 IL 中间语言代码来看,可以这样实现一个索引器。

```
class MyClass
{
    public object get_Item(int index)
    {
        // 取数据
    }
    public void set_Item(int index, object value)
    {
        //存数据
    }
}
```

由于索引器被编译成 get_Item(int index)和 set_Item(int index, object value)两个方法,不能再在声明实现索引器的类里面声明实现这两个方法,所以编译器会对这样的行为报错。这样，隐含实现的方法同样也可以被开发人员进行调用、继承等操作，这和开发人员自己实现的方法一样。通晓 C# 语言底层的编译实现，可以为下面理解 C# 索引器的行为提供一个很好的基础。

同方法一样，索引器有 5 种存取保护级别和 4 种继承行为修饰以及外部索引器。这些行为同方法没有任何差别，这里不再赘述。唯一不同的是，索引器不能是静态（static）的，这在对象引用的语义下很容易理解。值得注意的是，在覆盖（override）实现索引器时，应该用 base[E] 来存取父类的索引器。同属性的实现一样，索引器的数据类型同时为 get 语句块的返回类型和 set 语句块中 value 关键字的类型。

索引器的参数列表也是值得注意的地方。索引的特征使得索引器必须具备至少一个参数，该参数位于 this 关键字之后的方括号内。索引器的参数也只能是传值类型，不可以由 ref（引用）和 out（输出）修饰。参数的数据类型可以是 C# 中的任何数据类型，C# 会根据不同的参数签名来进行索引器的多态辨析。方括号内的所有参数在 get 和 set 下都可以引用，而 value 关键字只能在 set 下作为传递参数。

下面是一个索引器的具体应用例子，它对读者理解索引器的设计和应用很有帮助。

```csharp
class IndexerRecord
{
    private string[] data = new string[6];
    private string[] keys = { "Author", "Publisher", "Title", "Subject", "ISBN", "Comments" };
    public string this[int idx]
    {
        set
        {
            if (idx >= 0 && idx < data.Length)
                data[idx] = value;
        }
        get
        {
            if (idx >= 0 && idx < data.Length)
                return data[idx];
            return null;
        }
    }
    public string this[string key]
    {
        set
        {
            int idx = FindKey(key);
            this[idx] = value;
        }
        get
        {
            return this[FindKey(key)];
        }
    }
    private int FindKey(string key)
    {
```

```
        for (int i = 0; i < keys.Length; i++)
            if (keys[i] == key) return i;
        return -1;
    }
    static void Main()
    {
        IndexerRecord record = new IndexerRecord();
        record[0] = "谭浩强";
        record[1] = "清华大学出版社";
        record[2] = "C语言程序设计教程";
        Console.WriteLine(record["Title"]);
        Console.WriteLine(record["Author"]);
        Console.WriteLine(record["Publisher"]);
        Console.Read();
    }
}
```

运行结果如图 3.12 所示。

在上面的示例中,通过对索引器的使用,为用户提供了一个界面友好的字符数组,同时又大大降低了程序的存储空间代价。

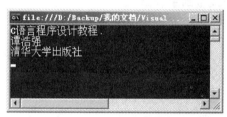

图 3.12 索引器使用的运行结果

3.8.2 集合

集合就如同数组,它用来存储和管理一组特定类型的数据对象。除了基本的数据处理功能外,集合还直接提供了各种数据结构及算法的实现,如队列、链表、排序等,可以让用户轻易地完成复杂的数据操作。命名空间 System.Collections 中包含了一些集合操作的接口和类,如 IList、ICollection、ArrayList、Stack、Queue、BitArray 等常用数据结构。下面讲述 System.Collections 命名空间中各个类的继承关系。

ICollection 接口是 System.Collections 命名空间中类的基接口。ICollection 接口扩展 IEnumerable,IDictionary 和 IList 则是扩展 ICollection 的更为专用的接口。IDictionary 实现是键/值对的集合,如 Hashtable 类。IList 实现是值的集合,其成员可通过索引访问,如 ArrayList 类。某些集合(如 Queue 类和 Stack 类)会限制对其元素的访问,它们直接实现 ICollection 接口。如果 IDictionary 接口和 IList 接口都不能满足所需集合的要求,则可以从 ICollection 接口派生新集合类以提高灵活性。

System.Collections 命名空间一共有 21 个。

(1) 1 个结构:DictionaryEntry。

(2) 9 个接口:IEnumerator、IEnumerable、ICollection、IList、IDictionary、IComparer、IEqualityComparer、IDictionaryEnumerator 和 IHashCodeProvider。

(3) 2 个抽象类:ReadOnlyCollectionBase 和 DictionaryBase。

(4) 2 个密封类:BitArray 和 Comparer。

(5) 7 个普通类:Stack、Queue、ArrayList、SortedList、Hashtable、CaseInsensitiveComparer 和 CaseInsensitiveHashCodeProvider。

C♯中 IEnumerable 与 IEnumerator 接口定义了对集合的简单迭代。IEnumerable 是

一个声明式的接口,声明实现该接口的类是可迭代(enumerable)的,但并没有说明如何实现迭代器(iterator)。IEnumerator 是一个实现式的接口,实现 IEnumerator 接口的类就是一个迭代器。

IEnumerable 和 IEnumerator 通过 IEnumerable 的 GetEnumerator()方法建立连接,可以通过该方法得到一个迭代器对象。从这个意义上,可以将 GetEnumerator()看做 IEnumerator 的工厂方法。一般将迭代器作为内部类实现,这样可以尽量减少向外暴露无关的类。一个 Collection 要支持 foreach 方式的遍历,必须实现 IEnumerable 接口(即必须以某种方式返回迭代器对象 IEnumerator)。迭代器可用于读取集合中的数据,但不能用于修改基础集合。

下面先来看一个示例。

```csharp
using System;
using System.Collections.Generic;
using System.Text;
using System.Collections;
namespace test
{
    public abstract class Animal
    {
        protected string name;
        public string Name
        {
            get { return name; }
            set { name = value; }
        }
        public Animal()
        {
            name = "The animal with no name!";
        }
        public Animal(string newName)
        {
            name = newName;
        }
        public void Feed()
        {
            Console.WriteLine("{0}has been Fed",name);
        }
    }
    public class Cow : Animal
    {
        public void Milk()
        {
            Console.WriteLine("{0}has been milked",name);
        }
        public Cow(string newName)
            : base(newName)
        {
        }
```

```csharp
    }
    public class Chicken : Animal
    {
        public void LayEgg()
        {
            Console.WriteLine("{0}has laid an egg",name);
        }
        public Chicken(string newName)
            : base(newName)
        {
        }
    }
    class Program
    {
        static void Main(string[] args)
        {
            Console.WriteLine("create an array type collection of animal " + "object and use it");
            Animal[] animalArray = new Animal[2];
            Cow mycow1 = new Cow("Ddirde");
            animalArray[0] = mycow1;
            animalArray[1] = new Chicken("ken");
            foreach (Animal myAnimal in animalArray)
            {
                Console.WriteLine("New{0}object added to Array collecton " + "NAME = {1}", myAnimal.ToString(),myAnimal.Name);
            }
            Console.WriteLine("Array collection contains {0} object",animalArray.Length);
            animalArray[0].Feed();
            ((Chicken)animalArray[1]).LayEgg();
            Console.WriteLine();
            Console.WriteLine("Create an arraylist type collection of Animal   " + "object in use it!");
            ArrayList animalArrarylist = new ArrayList();
            Cow mycow2 = new Cow("Hayley");
            animalArrarylist.Add(mycow2);
            animalArrarylist.Add(new Chicken("roy"));
            foreach (Animal myanimal in animalArrarylist)
            {
                Console.WriteLine("new {0} object added to Arraylist collection ," + "Name = {1}",myanimal.ToString(),myanimal.Name);
            }
            Console.WriteLine("arraylist contains {0} objects",animalArrarylist.Count);
            ((Animal)animalArrarylist[0]).Feed();
            ((Chicken)animalArrarylist[1]).LayEgg();
            Console.WriteLine();
            Console.WriteLine("additional manipulation of animallist: ");
            animalArrarylist.RemoveAt(0);
            ((Animal)animalArrarylist[0]).Feed();
            animalArrarylist.AddRange(animalArray);
            ((Chicken)animalArrarylist[2]).LayEgg();
            Console.WriteLine (" the animal called {0} is at index {1}", mycow1.Name,
```

```
        animalArrarylist.IndexOf(mycow1));
            mycow1.Name = "jane";
            Console.WriteLine("the animal is now called {0} ",((Animal)animalArrarylist[1]).Name);
            Console.Read();
        }
    }
}
```

运行结果如图 3.13 所示。

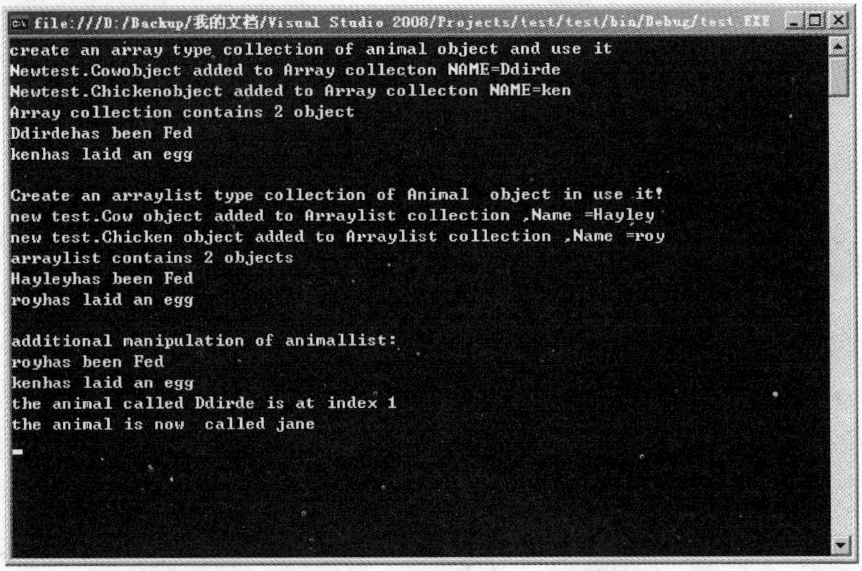

图 3.13 集合的运行结果

在这个示例中，创建了两个对象集合，第一个集合使用 System.Arrat 类（是一个简单的数组），第二个集合使用 System.Arraylist 类。这两个集合都是 Animal 对象，都在 Animal.cs 中被定义。Animal 类是抽象类，所以它不能进行实例化。但通过多态性，可以使集合的项目成为派生于 Animal 类的 cow 和 chicken 的实例。这些数组在 program.cs 的 main()方法中创建好后，就可以显示其特性和功能了。有几个处理操作可以应用到 array 和 arraylist 集合上，但是它们的语法略有区别，也有一些操作可使用更高级的 arraylist 类型。

下面通过比较这两种集合的代码和结果，讨论这两种集合相类似的操作。

对于简单的数组来说，集合的创建必须用固定的大小来初始化数组，这样才能使用它。使用标准语法创建数组 animalarray 为：

```
Animal[] animalArray= new Animal[2];
```

另一方面，arraylist 集合不需要初始化其大小，所以可以使用下面的代码创建列表节。

```
ArrayList animalArrarylist = new ArrayList();
```

这个类还有另外两个构造函数可以使用。第一个构造函数把现有的集合作为参数，把现有的集合的内容复制到新的实例中；另外一个构造函数则通过一个参数设置集合的容量（capacity）。这个容量使用一个 int 值来指定，用于设置集合中可以包含的项目数。但是，这并不是真实的容量,因为,如果集合的项目个数超过了这个值,容量就会自动增大一倍。

因为数组是引用类型的数组(如 Animal 和 Animal 派生的对象),所以用一个长度初始化数组,并没有初始化它所包含的项目。要使用一个指定的项目,该项目还需要进行初始化,即需要给这个项目赋初始化了的对象。例如:

```
Cow mycow1 = new Cow("Ddirde");
animalArray[0] = mycow1;
animalArray[1] = new Chicken("ken");
```

这段代码以两种方式完成了该初始化任务:用现有的 cow 对象来赋值,或者通过创建新的 chicken 对象来赋值。这两种方式的主要区别是:前者引用了数组的对象,本书中后面的代码使用了这种方式。

3.9 委托与事件

3.9.1 委托

委托的定义和方法的定义类似,只是委托的定义在前面加了一个 delegate。但委托不是方法,它是一种类型,是一种特殊的类型。常常把委托看成是一种新的对象类型,用于对与该委托有相同签名的方法调用。委托相当于 C++ 中的函数指针,但它是类型安全的。委托是从 System.Delegate 中派生出来的。但定义委托不能像定义常规类型一样,直接从 System.Delegate 派生,对委托的声明只能通过上面的声明格式进行定义。关键字 delegate 通知编译器,这是一个委托类型,从而会在编译的时候对该类进行封装。C♯定义了专门的语法来处理这一过程。

1. 委托的声明

委托是引用类型,声明一个委托的方式如下。

修饰符 delegate 返回类型委托名(参数列表);

形式参数列表指定了委托的签名,而结果类型指定了委托的返回类型。

委托的声明与方法的声明有些相似,这是因为,委托就是为了进行方法的引用。但要注意的是,委托是一种类型,而方法是类的成员,如"public delegate double MyDelegate (double x);"。

声明一个委托类型的变量与声明一个普通变量的方式一样,为:

委托类型名 委托变量名;

如:

MyDelegate d;

2. 委托的实例化

对委托进行实例化,即创建一个委托的实例的方法如下。

new 委托类型名(方法名);

其中,方法名可以是某个类的静态方法名,也可以是某个对象实例的实例方法名。方法的签名及返回值类型必须与代理类型所声明的一致。例如：

```
MyDelegated d = new MyDelegate( System.Math.Sqrt );
MyDelegated d2 = new MyDelegate( obj.myMethod );
```

3. 委托的调用

委托的调用方式与方法的调用方式一样，都是传入参数，并获得返回值。形式如下：

委托变量名(参数列表);

委托的一个重要的特点是，委托在调用方法时，不必关心方法所属的对象的类型。它只要求所提供的方法的签名和委托的签名相匹配即可。

下面通过一个委托的使用实例来学习它的用法。

下面的例子实现的是李小四委托张小三买票。首先定义一个 ZhangXiaoSan 类。

```
public class ZhangXiaoSan
{
    //其实买票的是张小三
    public static void BuyTicket()
    {
        Console.WriteLine("买车票!");
    }
    public static void BuyMovieTicket()
    {
        Console.WriteLine("买电影票!");
    }
    public static void BuyStocksTicket()
    {
        Console.WriteLine("买股票!");
    }
}
```

如果李小四只想买一种票，可以这样写：

```
class LiXiaoSi
{
    //声明一个委托
    public delegate void BTEvent();
    public static void Main(string[] args)
    {
        BTEvent myDelegate = new BTEvent(ZhangXiaoSan.BuyTicket);
        myDelegate();
        Console.ReadKey();
    }
}
```

程序运行结果如图 3.14 所示。

委托是可合并的，委托的合并称为多播（multicast）。合并的委托实际上是对多个函数的包装。对这样的委托的调用，实际上是对所包装的各个函数全部调用。其中各个

图 3.14 使用委托的运行结果

函数称为该委托的调用列表。对于多个相同类型的委托,可以用加号运算符(+)来进行调用列表的合并,可以用减号运算符(-)来移除其调用列表中的函数。同样,也可以使用"+=","-="运算符。

若想实现买 3 种票的目的,只需在下面增加调用即可。例如:

```
class LiXiaoSi
{
    public delegate void BTEvent();
    public static void Main(string[] args)
    {
        BTEvent myDelegate = new BTEvent(ZhangXiaoSan.BuyTicket);
        myDelegate += ZhangXiaoSan.BuyMovieTicket;
        myDelegate += ZhangXiaoSan.BuyStocksTicket;
        myDelegate();
        Console.ReadKey();
    }
}
```

程序运行结果如图 3.15 所示。

其实,只是在程序中加了"myDelegate += ZhangXiaoSan.BuyMovieTicket;"、"myDelegate += ZhangXiaoSan.BuyStocksTicket;"这两条语句,就实现了买 3 种票的目的。

如果取消以前的委托,例如取消买电影票,那又如何实现呢?同理,可以再增加一条语句,如:

```
public static void Main(string[] args)
{
    BTEvent myDelegate = new BTEvent(ZhangXiaoSan.BuyTicket);
    myDelegate += ZhangXiaoSan.BuyMovieTicket;
    myDelegate += ZhangXiaoSan.BuyStocksTicket;
    myDelegate -= ZhangXiaoSan.BuyMovieTicket;
    myDelegate();
    Console.ReadKey();
}
```

程序运行结果如图 3.16 所示。

图 3.15　使用多播的运行结果

图 3.16　取消委托的运行结果

3.9.2　事件

事件就是指当对象或类的状态发生改变时,对象或类发出的信息或通知。发出信息的对象或类称为事件源,对事件进行处理的方法称为接收者。通常,事件源在发出状态改变信息时,它并不知道由哪个事件接收者来处理,这就需要一种管理机制来协调事件源和接收者。在C++中,这是通过函数指针来完成的。在C#中,事件使用委托来为触发时将调用的方法提供类型安全的封装。

1. 声明一个委托

声明一个委托,如:

```
public delegate void EventHandler(object sender, System.EventArgs e);
```

2. 声明一个事件

声明一个事件的方式如下:

修饰符 event 指代类型名 事件名;

其中,修饰符可以为访问控制符(public、protected、internal、private 或 protected internal)以及其他修饰符,如 static、new、virtual、abstract、override 或 sealed 等。声明一个事件,如"public event EventHandler Changed;"等。

3. 引发一个事件

```
public OnChanged(EnventArgs e)
{
    if ( Changed != null)
    {
        Changed(this,e);
    }
}
```

4. 定义事件处理程序

```
public MyText_OnChanged(Object sender,EventArgs e)
{
    ...
}
```

5. 订阅事件(将事件处理程序添加到事件的调用列表中)

```
myText.Changed += EventHandler(MyText_OnChanged);
```

下面的一个小例子说明了怎样定义一个完整的事件机制。

```
class Program
{
    static void Main(string[] args)
    {
        MyText myText = new MyText();
        // 将事件处理程序添加到事件的调用列表中(即事件布线)
        myText.Changed += new MyText.ChangedEventHandler(myText_Changed);
        string str = "";
        while (str != "quit")
        {
            Console.WriteLine("please enter a string:");
            str = Console.ReadLine();
            myText.Text = str;
        }
```

```
            Console.Read();
        }
        //处理 Change 事件的程序
        private static void myText_Changed(object sender, EventArgs e)
        {
            Console.WriteLine("text has been changed   :{0}\n", ((MyText)sender).Text);
        }
}
public class MyText
{
    private string _text = "";
    // 定义事件的委托
    public delegate void ChangedEventHandler(object sender, EventArgs e);
    // 定义一个事件
    public event ChangedEventHandler Changed;
    // 用以触发 Change 事件
    protected virtual void OnChanged(EventArgs e)
    {
        if (this.Changed != null)
            this.Changed(this, e);
    }
    // Text 属性
    public string Text
    {
        get { return this._text; }
        set
        {
            this._text = value;
            // 文本改变时触发 Change 事件
            this.OnChanged(new EventArgs());
        }
    }
}
```

程序运行结果如图 3.17 所示。

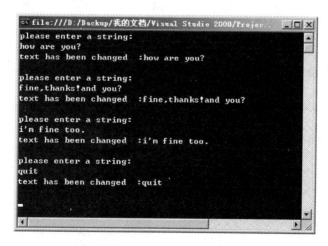

图 3.17　事件的运行结果

3.10 重载

重载,简单说,就是函数或者方法有同样的名称,但是参数列表不相同的情形,这样的同名不同参数的函数或者方法之间,互相称为重载函数或者重载方法。重载是多态性的表现,本质上是在相同的函数名或操作符下由于引用函数的实参个数和类别的不同及操作数的类型不同会运行不同的函数代码。下面是整数和浮点数的 add 函数及相应的引用代码例子。

```csharp
using System;
using System.Collections.Generic;
using System.Linq;
using System.Text;
using System.Threading.Tasks;

namespace _3_10
{
    class MyAdd
    {
        public int add(int a, int b)
        {
            int s;
            s = a + b;
            return s;
        }
        public float add(float a, float b)
        {
            float s;
            s = a + b;
            return s;
        }
    }
    class Program
    {
        static void Main(string[] args)
        {
            int x = 2;
            float y = 10.3f;
            MyAdd myadd = new MyAdd();
            Console.WriteLine("调用整数运算,结果为:" + myadd.add(x, 10).ToString());
            Console.WriteLine("调用浮点数运算,结果为:" + myadd.add(x, 10.2f).ToString());
            Console.ReadLine();
        }
    }
}
```

运算结果如图 3.18 所示。

运算符重载是函数重载的一种特殊情况,下面详细介绍操作符重载。

图 3.18　函数重载运行结果

操作符是 C♯ 中用于定义类的实例对象间表达式操作的一种成员。和索引器类似，操作符仍然是对方法实现的一种逻辑界面的抽象，也就是说，在编译成的 IL 中间语言代码中，操作符仍然是以方法的形式调用的。C♯ 中的重载操作符共有 3 种：一元操作符、二元操作符和转换操作符。并不是所有的操作符都可以重载的，可以重载的运算符如表 3.1 所示。

表 3.1　可重载运算符

类　　别	运　算　符	限　　制
算术二元运算符	＋,＊,／,－,％	无
算术一元运算符	＋,－,＋＋,－－	无
按位二元运算符	&,｜,^,<<,>>	无
按位一元运算符	!,~,true,false	true 和 false 运算符必须成对重载
比较运算符	＝＝,!＝,>＝,<＝,<,>	必须成对重载
赋值运算符	＋＝,－＝,＊＝,／＝,>>＝,<<＝,％＝,&＝,｜＝,^＝	不能显式重载这些运算符，在重写单个运算符如"＋"、"－"、"％"等时，它们会被隐式重写
索引运算符	[]	不能直接重载索引运算符。索引器成员类型允许在类和结构上支持索引运算符
数据类型转换运算符	()	不能直接重载数据类型转换运算符。允许定义定制的数据类型转换

一元操作符声明的形式如下：

public static 类型 operator 一元操作符（类型 参数名）{ … }

二元操作符声明的形式如下：

public static 类型 operator 二元操作符（类型 参数名,类型 参数名）{ … }

重载操作符必须是由 public 和 static 修饰的，否则会引起编译错误，父类的重载操作符会被子类继承，但这种继承没有覆盖、隐藏、抽象等行为，所以不能对重载操作符进行 virtual、sealed、override、abstract 修饰。操作符的参数必须为传值参数。例如：

```
class Complex
{
    double r, v; //r+ v i
    public Complex(double r, double v)
```

```
        {
            this.r = r;
            this.v = v;
        }
        public static Complex operator + (Complex a, Complex b)
        {
            return new Complex(a.r + b.r, a.v + b.v);
        }
        public static Complex operator - (Complex a)
        {
            return new Complex( - a.r, - a.v);
        }
        public static Complex operator ++(Complex a)
        {
            double r = a.r + 1;
            double v = a.v + 1;
            return new Complex(r, v);
        }
        public void Print()
        {
            Console.WriteLine (r + " + " + v + "i");
        }
    }
    class Test
    {
        public static void Main()
        {
            Complex a = new Complex(1, 3);
            Complex b = new Complex(4, 6);
            Complex c = - a;
            c.Print();
            Complex d = a + b;
            d.Print();
            a.Print();
            Complex e = a++;
            a.Print();
            e.Print();
            Complex f = ++a;
            a.Print();
            f.Print();
            Console.Read();
        }
    }
```

运行结果如图 3.19 所示。

上面的例子实现了一个"＋"号二元操作符、一个"－"号一元操作符（取负值）和一个"＋＋"一元操作符。注意，这里没有对传进来的参数作任何改变。这一点在参数是引用类型的变量时尤其重要，虽然重载操作符的参数只能是传值方式。而在返回值时，往往需要一个新的变量，true 和 false 操作符除外。这在重载"＋＋"和"－－"操作符时尤其显得重要。也就

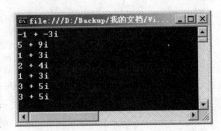

图 3.19 重载操作符的运行结果

是说,在做 a++ 时,将丢弃原来的 a 值,把新的 new 出来的值给 a。值得注意的是,e=a++ 或 f=++a 中 e 的值或 f 的值与重载的操作符返回值没有一点联系,它们的值仅仅是在前置和后置的情况下获得 a 的旧值或新值而已。前置和后置的行为不难理解。

关系运算符(如"=="或"<")也可以重载,其重载过程非常直观。重载关系运算符一般返回 true 或 false。重载关系运算符保持了这些运算符的正常用法,同时,它允许用在条件表达式中。如果返回其他类型的结果,就会极大地限制运算符的可用性。

下面是一个重载"<"和">"运算符的 ThreeD 类版本。在下面的例子中,这些运算符都基于它们离开原点的距离来比较 ThreeD 对象。如果一个对象离开原点的距离大于另一个对象离开原点的距离,则前者就是较大的对象。如果一个对象离开原点的距离小于另一个对象离开原点的距离,则前者就是较小的对象。对于给出的两个点,可以使用这样的实现规则来确定哪一点位于较大的球面上。如果两个运算符都没有返回真值,那么这两个点就位于相同的球面上。当然,也可能有其他排序模式。例如:

```
namespace test
{
    class ThreeD
    {
        int x, y, z; // 3-D coordinates
        public ThreeD() { x = y = z = 0; }
        public ThreeD(int i, int j, int k) { x = i; y = j; z = k; }
        public static bool operator <(ThreeD op1, ThreeD op2)
        {
            if (Math.Sqrt(op1.x * op1.x + op1.y * op1.y + op1.z * op1.z) <
                Math.Sqrt(op2.x * op2.x + op2.y * op2.y + op2.z * op2.z))
                return true;
            else
                return false;
        }
        public static bool operator >(ThreeD op1, ThreeD op2)
        {
            if (Math.Sqrt(op1.x * op1.x + op1.y * op1.y + op1.z * op1.z) >
                Math.Sqrt(op2.x * op2.x + op2.y * op2.y + op2.z * op2.z))
                return true;
            else
                return false;
        }
        public void Show()
        {
            Console.WriteLine(x + "," + y + "," + z);
        }
    }
    class ThreeDDemo
    {
        static void Main()
        {
            ThreeD a = new ThreeD(3, 4, 5);
            ThreeD b = new ThreeD(7, 8, 9);
```

```
            ThreeD c = new ThreeD(1, 2, 3);
            ThreeD d = new ThreeD(5, 4, 3);
            Console.Write("Here is a: ");
            a.Show();
            Console.Write("Here is b: ");
            b.Show();
            Console.Write("Here is c: ");
            c.Show();
            Console.Write("Here is d: ");
            d.Show();
            Console.WriteLine();
            if (a > c) Console.WriteLine("a > c is true");
            if (a < c) Console.WriteLine("a < c is true");
            if (a > b) Console.WriteLine("a > b is true");
            if (a < b) Console.WriteLine("a < b is true");
            if (a > d) Console.WriteLine("a > d is true");
            else if (a < d) Console.WriteLine("a < d is true");
            else Console.WriteLine("a and d are same distance from origin");
            Console.Read();
        }
    }
}
```

运行结果如图 3.20 所示。

图 3.20 重载关系运算符的运行结果

重载关系运算符的应用有一个重要限制,即必须成对地重载关系运算符。例如,如果重载"<",就必须也重载">",反之亦然。另外重载运算符时不能更改任何运算符的优先级,也不能更改运算符所需操作数的个数(尽管运算符方法可以选择忽略一个操作数)。有些运算符不能重载,如赋值运算符,包括复合赋值运算符(如"+=")。表 3.2 列出了一些不能重载的运算符。

表 3.2 不能重载的运算符

&&	( )	.	?
??	[ ]	| |	=
=>	->	As	checked
default	is	new	sizeof
typeof	unchecked		

习题 3

1. 简述 private、protected、public 和 internal 修饰符的访问权限。
2. 结构和类的区别是什么?
3. 错误和异常有什么区别?为什么要进行异常处理?用于异常处理的语句有哪些?
4. 简要回答抽象类和接口的主要区别。
5. 使用委托的优点是什么?委托和事件有哪些区别和联系?

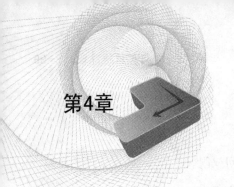

第4章

chapter 4

Windows程序设计基础

本章介绍 Windows 程序设计基础,包括可视化编程基础、基本控件的使用、菜单、工具栏及状态栏的使用、多文档开发技术、打印等,通过本章的学习,旨在使读者掌握利用 Visual C#.NET 开发 Windows 应用程序的基本方法,实现以下目标。

- 掌握 C# 的基本控件使用。
- 掌握菜单的创建与编辑。
- 理解单文档与多文档。
- 理解打印基本原理。
- 会编制简单的打印程序。

4.1 可视化编程基础

1. 可视化编程

可视化编程是指无需编程,仅通过直观的操作方式即可完成界面的设计工作。

可视化语言是目前最好的 Windows 应用程序开发工具。

2. 如何理解可视化编程

传统的编程方法使用的是面向过程、按顺序进行的机制。其缺点是,程序员始终要关心什么时候发生什么事情,应用程序的界面需要程序员编写语句来实现。对于图形界面的应用程序,只有在程序运行时才能看到效果。程序员如果不满意,还需要修改程序,因而使得开发工作非常烦琐。使用 Visual C# 进行应用程序开发主要有两部分工作:设计界面和编写代码。在开发过程中所看到的界面与程序运行时的界面基本相同,同时 Visual C# 还向程序员提供了若干界面设计所需要的对象(称为控件)。在设计界面时,只需将所需要的控件放到窗口的指定位置即可,整个界面设计的过程不需要编写任何代码。

3. 可视化编程语言的特点

可视化编程语言的特点主要表现在以下两个方面。

(1) 一是基于面向对象的思想。

(2) 二是程序开发过程的步骤:首先进行界面的绘制工作,然后基于事件编写程序代码。

4. Visual C# 程序设计的特点

Visual C# 是 Windows 环境下的应用程序开发工具,其特点是可视化编程、事件驱动和交互式。

交互式是指在编写代码的过程中出现语法错误时，系统会立即获得通知，并在开发过程中可以运行程序进行调试。

5. 如何理解事件驱动的概念

这里先介绍两个基本概念：消息（Message）和事件（Event）。消息就是用来描述某个事件所发生的信息，而事件则是用户操作应用程序产生的动作或 Windows 系统自身所产生的动作。事件和消息两者密切相关。事件是原因，消息是结果。事件产生消息，消息对应事件。使用 Visual C# 开发的应用程序的代码不是按照预定的路径执行的，而是在响应不同的事件时执行不同的代码片段。事件可以由用户操作触发，如单击鼠标、键盘输入等，也可以由来自操作系统或其他应用程序的消息触发。这些事件的顺序决定了代码执行的顺序。概括地说，事件驱动是指，应用程序没有预定的执行路径，而是由程序运行过程中的事件来决定的。

4.2 基本控件

4.2.1 Control 类

Control 类是每个控件和窗体的基类，属于 System.Windows.Forms 命名空间。Control 类执行核心功能，创建用户所见的界面，Control 类为派生于它的类提供必要的基础结构，把控件拖放到设计界面上以及包含在另外一个对象中时需要它。Control 为派生于它的类提供了很多功能，这些功能可以通过属性进行设置，例如控件的大小和位置由属性 Height、Width、Top、Bottom、Left、Right 以及辅助属性 Size 和 Location 确定，Bounds 属性返回一个 Rectangle 对象，它表示一个控件区域。这些属性是其派生类的基础属性。Control 类的属性如表 4.1 所示。

表 4.1 Control 控件的属性

名 称	说 明
AllowDrop	确定控件是否接受用户的拖动
Anchor	获取或设置控件是否边缘停靠在容器的边缘。本属性的值为 AnchorStyles 枚举值之一
BackColor	获取或设置本控件的背景颜色
BackgroundImage	获取或设置控件中显示的背景图片
BindingContext	获取或设置对象的 BindingContext。控件 BindingContext 对象用于为其中包含的所有数据绑定控件返回一个 BindingManagerBese 对象。BindingManagerBase 对象使绑定到同一数据源的所有控件保持同步。例如，设置该对象的 Position 属性，可以指定所有数据绑定控件指向的底层类表现
Bottom	获取本控件下边缘与容器客户区上边缘之间的距离。本属性的值等于 Top 属性与 Height 属性值之和
Bounds	获取或设置本控件的边界矩形
CanFocus	确定控件是否能接收焦点。要使控件能接收输入焦点，则控件必须具有句柄，并且 Visible 和 Enabled 属性必须为 true
CanSelect	确定本控件是否可被选择
Capture	确定控件是否被鼠标捕获。如是，值为 true；如否，值为 false（默认）
CausesValidation	确认进入控件是否会导致所有需要校验的控件被校验
ClientRectangle	获取代表控件客户区的矩形。在使用 .NET 框架工具绘制控件表面时，需要本属性来确认绘制区域

续表

名称	说明
ClientSize	获取客户区的宽度和高度
CompanyName	获取包含控件应用程序的创建者(公司)名
ContainsFocus	确定控件或其子控件当前是否具有焦点
ContextMenu	获取或设置与本控件相关的快捷键
Controls	获取或设置控件中包含的控件集合
Created	确定控件是否已被创建
CreateParams	获取创建本控件时使用的参数。本属性的值为控件句柄被创建时所包含的必需参数的 CreateParams 对象。当在派生类中重载 CreateParams 时,确保通过创建基类的 CreateParams 实例来扩展 CreateParams 对象——添加或修改属性值
Cursor	获取或设置当用户将鼠标移动到控件上时鼠标的形状
DataBindings	获取控件的数据绑定
DefaultBackColor	获取控件默认的背景色
DefaultFonts	获取控件的默认字体
DefaultForeColor	获取控件的默认前景色
DefaultImeMode	获取本控件支持的默认输入法编辑器
DefaultSize	获取控件默认尺寸
Disposing	确定控件是否处于清除进程。是为 true,否为 false。在控件被清除后,它就不能作为有效的 Windows 控件引用了。虽然控件实例已被清除,它还将继续存留于内存中,直到冗码收集器将其删除
Dock	获取或设置控件停靠的父容器边界
Enabled	确定控件是否被启用
Focused	确定控件是否具有输入焦点
Font	获取或设置控件的当前字体
FontHeight	获取或设置控件 Font 属性的高度(如像素高度)
ForeColor	获取或设置控件的前景色
Handle	获取绑定到控件的窗口句柄
HasChildren	确定控件中是否包含子控件。是为 true,否为 false。如果控件集合属性大于 0,则 HasChildren 返回 true
Height	获取本控件的高度
ImeMode	获取或设置本控件支持的输入方法编辑器
InvokeRequired	确定调用本控件的方法时,是否需要激活调用者。如果控件句柄与方法调用不在同一线程,则标志着应通过激活方法来调用其他方法,此时本属性值为 true
IsDisposed	确定控件是否已被清除
IsHandleCreated	确定控件是否有与之相关句柄
Left	获取本控件左边界 x 坐标
Location	获取本控件的左上角
ModifierKeys	确定 Shift、Ctrl、Alt 修饰符当前的状态
MouseButtons	确定鼠标键当前状态
MousePosition	获取鼠标指针当前位置(屏幕坐标)
Name	获取或设置控件的名称。默认为空。在运行时,可使用 Name 属性引用对象
Parent	获取或设置本控件的父对象
ProductName	获取包含控件应用程序的产品名
ProductVersion	获取包含控件应用程序版本
RecreatingHandle	获取一个值,该值指示控件当前是否在重新创建句柄
Region	获取或设置与本控件相关的区域。本属性定义了控件的轮廓和边界
ResizeRedraw	获取或设置一个值,该值指示控件在调整大小时是否应重绘自己

续表

名称	说明
Right	获取控件右边界与其容器左边界之间的距离
RightToLeft	获取或设置控件元素的对齐方式是否能被颠倒,从而支持使用从右到左字体的地区
ShowFocusCues	确定用户界面是否处于显示或隐藏焦点矩形的状态
ShowKeyboardCues	确定用户界面是否处于显示或隐藏键盘加速键的状态
Size	获取控件的高度和宽度
TabIndex	获取本控件在容器中的 Tab 键顺序
TabStop	确定是否能通过 Tab 键使本控件获取焦点
Tag	获取或设置包含与控件相关的数据的对象。默认为空引用。可将任意派生子 Object 的对象赋予本属性。如果通过 Windows 窗体设计器设置本属性,则只能为其赋予文本
Text	获取或设置与控件相关的文本
Top	获取控件的顶坐标
TopLevelControl	获取包含当前控件顶层的控件
Width	获取本控件的宽度

4.2.2 Button 控件

Button 类表示简单的命令按钮,它派生自 ButtonBase 类。该类最常见的用法是编写处理按钮 Click 事件的代码。操作步骤如下。

① 启动 VS2013。

② 按第 1 章的方法创建一个窗体程序,这里命名为 test-Winform。

③ 在窗体的左侧工具箱中将 Button 控件拖放到窗体中。

④ 右击 Button 控件选择属性并修改 Text 属性为"确定",如图 4.1 所示。

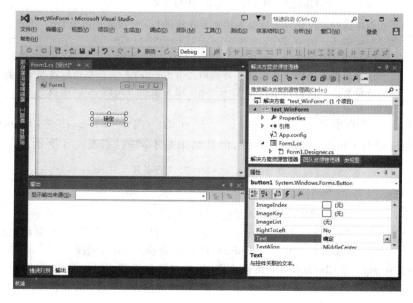

图 4.1 控件的布局与属性修改

⑤ 双击 Button 控件,进入程序编辑界面,添加如下 Click 事件的处理程序。单击"启动调试"按钮,会弹出如图 4.2 所示的消息框。

```
private void button1_Click(object sender, EventArgs e)
{
    MessageBox.Show("这是我的 Button 按钮的 Click 事件!");
}
```

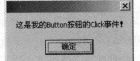

图 4.2 Button 控件的 Click 事件

4.2.3 CheckBox 控件

使用复选框(CheckBox)可以实现同时选择多个选项的目的。传统上,CheckBox 显示为一个标签,左边是一个带有标记的小方框。在用户希望可以选择一个或多个选项时,就应使用复选框。例如,询问用户要使用的操作系统(如 Windows Vista、Windows XP、Linux 等)。

CheckBox 控件的属性如表 4.2 所示。

表 4.2 CheckBox 控件的属性

名称	说明
CheckState	与 RadioButton 不同,CheckBox 有 3 种状态:Checked、Indeterminate 和 Unchecked。复选框的状态是 Indeterminate 时,控件旁边的复选框通常是灰色的,表示复选框的当前值是无效的,或者无法确定(例如,如果选中标记表示文件的只读状态,且选中了两个文件,其中一个文件是只读的,另一个文件则不是),或者在当前环境下没有意义
TextAlign	用来设置控件中文字的对齐方式。有 9 种选择,从上到下、从左至右分别是:ContentAlignment.TopLeft、ContentAlignment.TopCenter、ContentAlignment.TopRight、ContentAlignment.MiddleLeft、ContentAlignment.MiddleCenter、ContentAlignment.MiddleRight、ContentAlignment.BottomLeft、ContentAlignment.BottomCenter 和 ContentAlignment.BottomRight。该属性的默认值为 ContentAlignment.MiddleLeft,即文字左对齐、居控件垂直方向中央
ThreeState	用来返回或设置复选框是否能表示 3 种状态。如果属性值为 true,则表示可以表示 3 种状态——选中、没选中和中间态(CheckState.Checked、CheckState.Unchecked 和 CheckState.Indeterminate);属性值为 false 时,只能表示两种状态——选中和没选中
Checked	用来设置或返回复选框是否被选中。值为 true 时,表示复选框被选中;值为 false 时,表示复选框没被选中。当 ThreeState 属性值为 true 时,中间态也表示选中

CheckBox 控件的事件一般只使用这个控件的一两个事件。注意,RadioButton 和 CheckBox 控件都有 CheckChanged 事件,但其结果是不同的,如表 4.3 所示。

表 4.3 CheckBox 控件的事件

名称	说明
CheckedChanged	当复选框的 Checked 属性发生改变时,就会引发该事件。注意,在复选框中,当 ThreeState 属性为 true 时,单击复选框不会改变 Checked 属性。在复选框从 Checked 变为 indeterminate 状态时,就会出现这种情况
CheckedStateChanged	当 CheckedState 属性改变时,将引发该事件。CheckedState 属性的值可以是 Checked 和 Unchecked。只要 Checked 属性改变了,就会引发该事件。另外,当状态从 Checked 变为 indeterminate 时,也会引发该事件

下面给出关于 CheckBox 控件的一个应用实例。创建窗体项目过程同上例。在 Visual C♯表单 form 上拖放一个 CheckBox 控件，在 Form 窗体上双击"添加如下设置"按钮。单击"启动调试"按钮，再单击"复选"按钮时，就会出现复选按钮的 3 种状态，如图 4.3 所示。

```
private void Form1_Load(object sender, EventArgs e)
{
    checkBox1.ThreeState = true;
}
```

图 4.3　复选按钮的 3 种状态

4.2.4　RadioButton 控件

最后一个派生自 ButtonBase 的控件是 RadioButton(单选按钮)。单选按钮一般用作一个组，它也称为选项按钮。单选按钮允许用户从几个选项中选择一个。当同一个容器中有多个 RadioButton 控件时，一次只能选择一个按钮。所以，如果有 3 个选项，如 Red、Green 和 Blue，当 Red 选项被选中时，用户再单击 Blue，则 Red 会自动取消选中。

RadioButton 控件的属性如表 4.4 所示。

表 4.4　RadioButton 控件的属性

名　　称	说　　明
Appearance	属性使用 Appearance 枚举值，即 Button 或 Normal。当选择 Normal 时，单选按钮看起来像一个小圆圈，在它的旁边有一个标签。选择按钮会填充圆圈，选择另一个按钮会取消对当前选中按钮的选择，使圆圈为空。当选中 Button 时，RadioButton 控件看起来像一个标准按钮，但其工作方式类似于开关。选中是指焦点在位置中，取消选中是指正常状态或焦点在位置外
CheckedAlign	确定圆圈与标签文本的相对位置。它可以在标签的顶部、左右两边或下方

只要 Checked 属性的值改变，就会引发 CheckedChanged 事件。这样就可以根据控件的新值执行其他动作。

下面给出关于 RadioButton 控件的一个应用实例。在下面的例子中，在 form 窗体上声明了 4 个 RadioButton 控件和一个按钮控件。可以选择页面上的 4 个复选按钮来做一项多项选择调查。实例步骤如下。

① 在 form 窗体上拖放 4 个 RadioButton 控件、一个 Button 控件和一个 Label 控件。并在页面上输入适当的文字。4 个 RadioButton 控件 Text 属性被设置为"A. 足球"、"B. 乒乓球"、"C. 篮球"和"D. 羽毛球"。同时 4 个 RadioButton 控件 Text 属性均设置为相同值：like。Button 控件 Text 属性设置为"确定"。页面布局如图 4.4 所示。

② 双击"确定"按钮,添加如下代码。

```
private void button1_Click(object sender, EventArgs e)
{
    if (radioButton1.Checked)
    { label1.Text = "足球."; }
    else if (radioButton2.Checked)
    { label1.Text = "乒乓球."; }
    else if (radioButton3.Checked)
    { label1.Text = "篮球."; }
    else if (radioButton4.Checked)
    { label1.Text = "羽毛球."; }
}
```

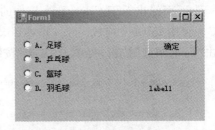

图 4.4　RadioButton 控件实例布局

③ 单击"启动调试"按钮。程序运行的结果如图 4.5 所示。可以在单选框中选择自己喜欢的球类。

④ 单击"确定"按钮,程序运行的结果如图 4.6 所示。图 4.6 显示出了所选的运动项目。

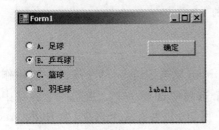 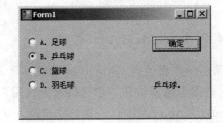

图 4.5　RadioButton 控件实例运行界面　　　图 4.6　RadioButton 控件实例运行结果

4.2.5　ComboBox 控件、ListBox 控件和 CheckedListBox 控件

ComboBox、ListBox 和 CheckedListBox 控件都派生于 ListControl 类。这个类提供了一些基本的列表管理功能。使用列表控件最重要的是,给列表添加数据和选择数据。使用哪个列表一般取决于列表的用法和列表中数据的类型。如果需要选择多个选项,或用户需要在任意时刻查看列表中的几个项,最好使用 ListBox 和 CheckedListBox。如果一次只选择一个选项,则可以使用 ComboBox。

在使用列表框之前,必须先添加数据。为此,应给 ListBox.ObjectCollection 添加对象。这个集合可以使用列表的 Items 属性访问。由于该集合存储了对象,因此,可以把任意有效的.NET 类型添加到列表中。要标识对象,需要设置两个重要的属性。第一个是 DisplayMember 属性,这个设置告诉列表控件在列表中显示对象的哪个属性。另一个是 ValueMember 属性,它要返回值的对象属性。如果在列表中添加了字符串,这两个属性就都默认使用字符串值。

下面给出关于 ComboBox 控件的一个应用实例。在下面的实例中,在 form 窗体上声明了一个 ComboBox 控件和一个按钮控件。实例步骤如下。

① 在 form 窗体上拖放一个 ComboBox 控件、一个 Button 控件和一个 Label 控件。Button 控件 Text 属性设置为"确定"。form 窗体布局如图 4.7 所示。

② 选中 form 窗体上的 Combox1 控件,单击属性上的 Items 属性,弹出对话框,在对话框中按图 4.8 所示输入内容。

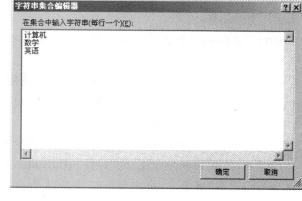

图 4.7　ComboBox 控件实例布局　　　　图 4.8　字符串集合编辑器

③ 双击"确定"按钮,添加如下代码。

```
private void button1_Click(object sender, EventArgs e)
{
    label1.Text = comboBox1.Text;
}
```

④ 单击"启动调试"按钮,程序运行结果如图 4.9 所示。

⑤ 单击"确定"按钮,程序运行结果如图 4.10 所示。图 4.10 显示出了所选的运行项目。

图 4.9　ComboBox 控件实例运行界面　　　图 4.10　ComboBox 控件实例运行结果

4.2.6　DateTimePicker 控件

DateTimePicker 允许用户在许多不同的格式中选择一个日期或时间值(或两者)。它可以以任何标准时间日期的格式显示基于 DateTime 的值。Format 属性使用 DateTimePickerFormat 枚举,它可以把格式设置为 Long、Short、Time 或 Custom。如果 Format 属性设置为 DateTimePicker Format.Custom,就可以把 CustomFormat 属性设置为表示格式的字符串。

DateTimePicker 还包含 Text 属性和 Value 属性。Text 属性返回 DateTime 值的文本表示,Value 属性返回 DateTime 对象。还可以用 MinDate 和 Maxdate 属性设置日期所允

许的最大值和最小值。

用户单击向下的箭头时,屏幕会显示一个日历,允许用户选择日历中的一个日期。DateTime Picker 还包含一些属性,这些属性可以用来设置标题、月份背景色和前景色,还可以改变日期的外观。

ShowUpDown 属性确定控件上是否显示 UpDown 箭头。单击向上或向下箭头就可以改变当前突出显示的值。

下面给出关于 DateTimePicker 控件的一个应用实例。在下面的实例中,在 form 窗体上声明了一个 DateTimePicker 控件和一个按钮控件。单击程序上的日历,选择日期,然后显示出选择的日期。实例步骤如下。

① 在 form 窗体上拖放一个 DateTimePicker 控件、一个 Button 控件和一个 Label 控件。Button 控件 Text 属性设置为"确定"。页面布局如图 4.11 所示。

② 双击"确定"按钮,添加如下代码。

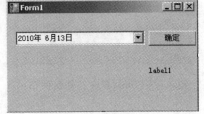

```
private void button1_Click(object sender, EventArgs e)
{
    label1.Text = dateTimePicker1.Text;
}
```

图 4.11 DateTimePicker 控件实例布局

③ 单击"启动调试"按钮,程序运行结果如图 4.12 所示。

④ 单击"确定"按钮,程序运行结果如图 4.13 所示。图 4.13 显示出了所选的运行项目。

图 4.12 DateTimePicker 控件实例运行界面

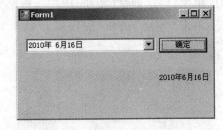

图 4.13 DateTimePicker 控件实例运行结果

4.2.7 ErrorProvider 组件

ErrorProvider 实际上并不是一个控件,而是一个组件。当把该组件拖放到设计器上时,它就会显示在设计器下方的组件栏中。当存在一个错误条件或验证失败时,ErrorProvider 可以在控件的旁边显示一个图标。假定有一个 TextBox 控件用于输入年龄,业务规则是年龄值不能小于 60。如果用户试图输入小于 60 的年龄,TextBox 控件就必须通知用户该年龄大于所允许的值,需要改变输入的值。有效值的检查,在文本框的 Validated 事件中进行。如果验证失败,就调用 SetError 方法,传送引起错误的控件和一个字符串,将该错误告知用户。

下面给出关于 ErrorProvider 组件的一个应用实例。实例步骤如下。

① 在 form 窗体上拖放一个 TextBox 控件、一个 ErrorProvider 组件和一个 Button 控件。Button 控件 Text 属性设置为"确定"。form 窗体布局如图 4.14 所示。

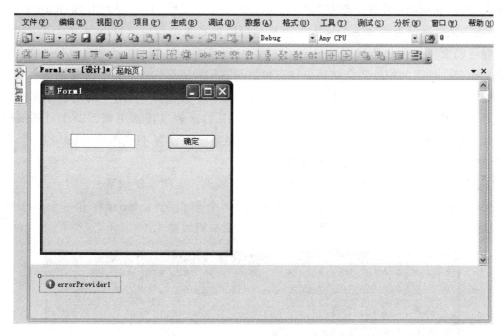

图 4.14　ErrorProvider 组件实例布局

② 选中 textBox1 控件，双击 Validate 事件，添加如下代码。

```
private void textBox1_Validated(object sender, EventArgs e)
{
    if (Convert.ToInt16(textBox1.Text) > 60)
    {
        errorProvider1.SetError(textBox1, "值必须小于等于60!");
    }
}
```

③ 单击"启动调试"按钮，程序运行结果如图 4.15 所示。

④ 单击"确定"按钮，鼠标放在红色"!"图标旁边，就会出现错误提示框。程序运行结果如图 4.16 所示。

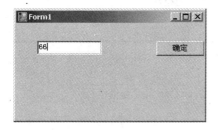
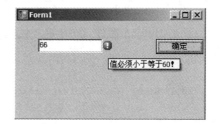

图 4.15　ErrorProviderr 组件实例运行界面　　图 4.16　ErrorProvider 组件实例运行结果

4.2.8　HelpProvider 组件

HelpProvider 类似于 ErrorProvider，它也是一个组件，而不是控件。HelpProvider 允

许挂起控件、显示帮助主题。要把控件与 HelpProvider 关联起来,应调用 SetShowHelp 方法,给该方法传送该控件和一个确定是否显示帮助的布尔值即可。HelpNamespace 属性允许设置帮助文件。在设置 HelpNamespace 属性时,只要按下 F1 键,就会显示帮助文件。用 HelpProvider 注册的控件还会获得焦点。可以用 SetHelpKeyword 方法为帮助文件设置一个关键字。SetHelpNavigator 带有一个 HelpNavigator 枚举值,它用于确定显示帮助文件中的哪个元素。可以把它设置为特定的主题、索引、目录表或搜索页面。SetHelpString 会把与帮助相关的文本字符串值关联到控件上。如果没有设置 HelpNamespace 属性,按下 F1 键就会在弹出的窗口中显示这个文本。

下面给出关于 HelpProvider 组件的一个应用实例。实例步骤如下。

① 在 form 窗体上拖放一个 TextBox 控件、一个 HelpProvider 组件和一个 Button 控件。Button 控件的 Text 属性设置为"确定"。页面布局如图 4.17 所示。

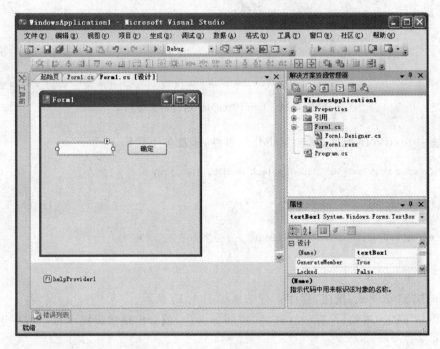

图 4.17　HelpProvider 组件实例布局

② 双击 Button 控件,添加如下代码。

```
private void button1_Click(object sender, EventArgs e)
{
    helpProvider1.SetHelpString(textBox1, "这是 HelpProvider 组件英语!");
}
```

③ 单击"启动调试"按钮,程序运行结果如图 4.18 所示。

④ 在文本框中输入数据,单击"确定"按钮。把光标放在文本框中,按 F1 键,则出现如图 4.19 所示的帮助信息。

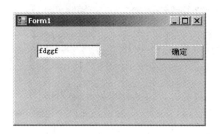

图 4.18 HelpProvider 组件实例运行界面

图 4.19 HelpProvider 组件实例运行结果

4.2.9 Label 控件

Label 控件一般用于给用户提供描述文本。文本可以与其他控件或当前系统状态相关。通常将标签和文本框一起使用。标签为用户提供了在文本框中输入的数据类型的描述。标签控件总是只读的,用户不能修改 Text 属性的字符串值。但是,用户可以在代码中修改 Text 属性。UseMnemonic 属性允许用户启用访问键功能。在 Text 属性中,给一个字符前面加上宏符号"&"时,标签控件中的该字母就会加上下划线。按下 Alt 键和带有下划线的字母,就会把焦点移动到 Tab 顺序的下一个控件上。如果 Text 属性的文本包含一个宏符号,就应添加第二个宏符号,其后的字母将不带下划线。例如,如果标签文本是"Nuts & Bolts",就应把属性设置为"Nuts && Bolts"。由于标签控件是只读的,所以不能获得焦点。这就是焦点会移动到下一个控件上的原因。因此要记住,如果启用 Mnemonic,就必须正确设置窗体上的 tab 顺序。

AutoSize 属性是一个布尔值,它指定是否根据标签的内容自动设置其大小。在多语言应用程序中,Text 属性的长度会根据当前语言的不同而变化。此时,就可以使用 AutoSize 属性。

下面给出关于 Label 控件的一个应用实例。实例步骤如下。

① 在 form 窗体上拖放一个 Button 控件和一个 Label 控件。Button 控件的 Text 属性设置为"确定"。页面布局如图 4.20 所示。

② 双击"确定"按钮,添加如下代码。

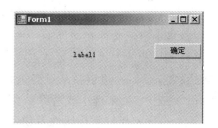

图 4.20 Label 控件实例布局

```
private void button1_Click(object sender, EventArgs e)
{
   label1.Text = "这是 Label 控件应用实例!";
}
```

③ 单击"启动调试"按钮,程序运行结果如图 4.21 所示。

④ 单击"确定"按钮,程序运行结果如图 4.22 所示。

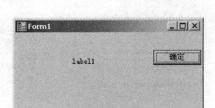
图 4.21 Label 控件实例运行界面

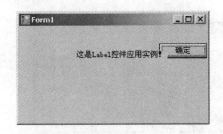
图 4.22 Label 控件实例运行结果

4.2.10 TreeView 控件和 ListView 控件

在 Windows 操作系统中经常会操作资源管理器,而资源管理器的窗口本身就涵盖两个基本对象:ListView 控件和 TreeView 控件,如图 4.23 所示。

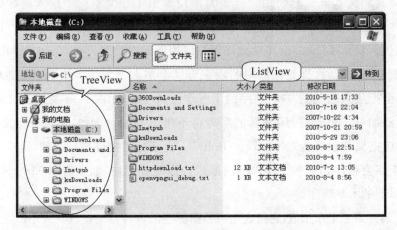
图 4.23 ListView 控件和 TreeView 控件的应用

TreeView 控件可为用户显示结点层次结构,这和在 Windows 操作系统的资源管理器的左窗格中显示文件和文件夹一样。树视图中的各个结点都可以包含其他结点。用户可以按展开或折叠的方式显示父结点或包含子结点的结点。另外,通过将树视图的 CheckBoxes 属性设置为 True,可以在结点旁边显示复选框,用户可以通过将结点的 Checked 属性设置为 True 或 False 来选中或清除结点。

TreeView 控件常用属性及说明如表 4.5 所示。

表 4.5 TreeView 控件常用属性及说明

属　　性	说　　明
ImageIndex	此属性可显示结点图像的索引
ImageList	表示可显示结点处的图像列表
Nodes	此属性可设置 TreeView 控件中的所有结点
SelectedNode	此属性表示 TreeView 控件中当前选中的结点
Showlines	此属性指定树视图的同级结点之间以及树结点和根结点之间是否有线
ShowPlusminus	指示是否在父结点旁边显示加减按钮

下面给出关于 TreeView 控件的一个应用实例。实例步骤如下。

① 从工具箱中拖放一个 TreeView 控件，单击控件右上角的小三角符号，如图 4.24 所示。

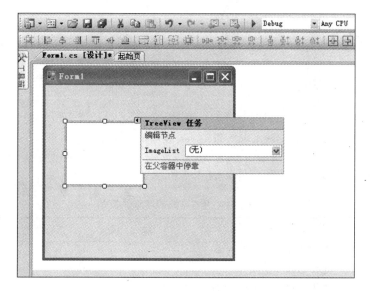

图 4.24　TreeView 控件

② 单击"编辑结点"按钮，弹出图 4.25 所示的 TreeNode 编辑器，单击"添加根"和"添加子级"按钮，并修改相应的 Text 属性，得到图 4.25 所示的结果。

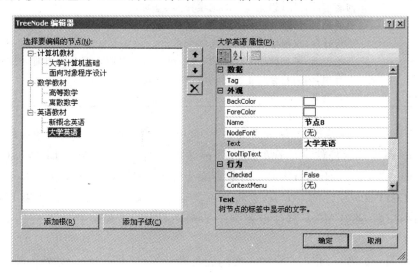

图 4.25　TreeNode 编辑器

③ 单击"确定"按钮，得到图 4.26 所示的布局。

一般而言，ListView 控件的主要应用可以包括创建与 Windows 资源管理器的右窗口相似的用户界面。该用户界面可以显示 4 种视图模式，即大图标、小图标、列表和详细资料。另外，ListView 控件还可以用于以特定样式或视图类型显示列表项。

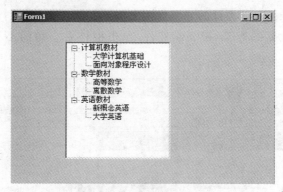

图 4.26 TreeView 控件布局结果

ListView 控件主要的属性和事件如表 4.6 所示。

表 4.6 ListView 控件的属性及方法

属 性	说 明
Items	ListView 中的具体内容
MultiSelect	允许选择多个项
SelectedItems	用户选择的 ListView 行
Sorting	指定进行排序的方式
column	详细视图中显示的列信息
事件与方法	说 明
Clear()	彻底清除视图,删除所有的选项和列
GetItemAt()	返回列表视图中位于指定位置的选项
Sort()	进行排序,仅限于字母数字类型
BeginUpdate	开始更新,直到调用 EmdUpdate 为止。当一次插入多个选项时,使用这个方法很有用,因为它会禁止视图闪烁,并可以大大提高速度
EndUpdate	结束更新

在 ListView 控件的设置中,最为重要的是 Column 集合和 Column 对象。ListView 控件的 Columns 属性表示控件中出现的所有列标题的集合,而列标题是 ListView 控件中包含标题文本的一个项。ColumnHeader 对象定义于控件的 View 属性设置为 Details 值的情况下。作为 ListView 控件的一部分,它将显示类似于表头一样的信息。如果 ListView 控件没有任何列标题,并且 View 属性设置为了 Details,则 ListView 控件不会显示任何项的信息。

设置完 Column 集合,相当于完成了表的表头设计工作(列设计)。另外一项重要的工作是,设置表的每一行信息(行设计)。ListView 控件的设置中与行配置有关的是 Items 项集合和 Items 项对象。ListView 控件的 Items 属性表示包含控件中所有行信息的集合,该集合又包含对每行键值的设置和非键值的设置。Items 属性返回 ListView.ListViewItemCollection,可以用于 ListView 中添加新项、删除项或计算可用项数。

下面给出关于 ListView 控件的一个应用实例。实例步骤如下:

① 从工具箱中拖放一个 ImageList 图片列表控件和一个 ListView 控件。首先在

ImageList 图片列表控件中加载若干图片信息,如图 4.27 所示。

② 选中 ListView 控件,配置其 LargeImageList 和 SmallImageList 的属性分别为 ImageList 控件对象,如图 4.28 所示。

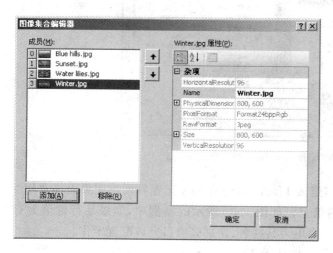

图 4.27 为 imageList 图片列表控件中加载若干图片信息　　图 4.28 设置当前 ListView 控件

③ 选中 ListView 控件,通过 Columns 属性或者编辑列,打开 Columnheader 集合编辑器,在集合编辑器之中设置图片列表内容和表头名称,如图 4.29 所示。

④ 选中 ListView 控件,设置其属性 View 为 Details,如图 4.30 所示。截至此步为止,ListView 控件的列信息便设置完毕了。下面开始设置行信息。

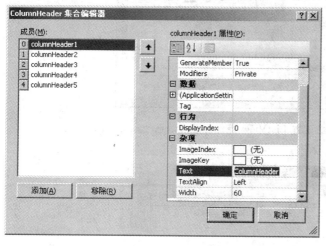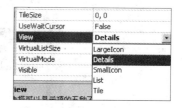

图 4.29 设置 ListView 控件表头信息　　图 4.30 设置其属性 View 为 Details

⑤ 选中 ListView 控件的 Items 属性,开始行信息的设置工作。在打开的 ListViewItem 集合编辑器中,连续添加若干项内容,并分别为每项填入 Text 属性值。需要注意的是,此处信息的填写可以理解为表的每行信息的"键"的概念。该行其他列信息的填写工作需要通过单击 SubItems 属性来继续配置,如图 4.31 所示。

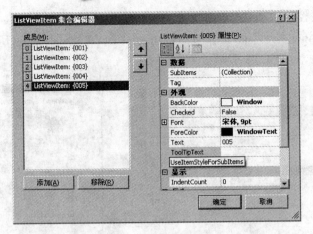

图 4.31　配置 ListView 控件行键值信息

⑥ 单击某行的 SubItems 属性，进入 ListViewSubItems 配置界面。该界面主要用于设置某行除"键"值信息以外其他列的信息。如图 4.32 所示的案例中，如果某行键值为 001，在展开的 ListViewSubItems 配置界面里为其姓名、性别等项目完成配置工作。

⑦ 配置完成后的运行界面如图 4.33 所示。

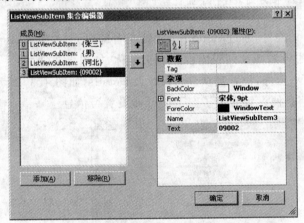

图 4.32　配置 ListView 控件行键值信息

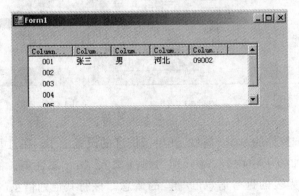

图 4.33　配置完成后的运行界面

4.2.11 PictureBox 控件

PictureBox 控件用于显示图像。图像可以是 BMP、JPEG、GIF、PNG、元文件或图标。SizeMode 属性使用 PictureBoxSizeMode 枚举确定图像在控件中的大小和位置。SizeMode 属性可以是 AutoSize、CenterImage、Normal 和 StretchImage。

设置 ClientSize 属性，可以改变 PictureBox 的显示区域大小。要加载 PictureBox，首先要创建一个基于 Iamge 的对象。

下面给出关于 PictureBox 控件的一个应用实例。实例步骤如下。

① 在 form 窗体上拖放一个 PictureBox 控件，单击右上角的小三角符号，结果如图 4.34 所示。

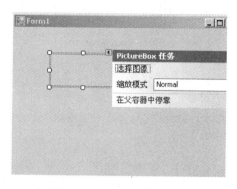

图 4.34 PictureBox 控件

② 单击"选择图形"按钮，得到"选择资源"对话框，选择"本地资源"→"导入"，选择自己的图片，如图 4.35 所示。

③ 单击"确定"按钮，得到如图 4.36 所示的布局。

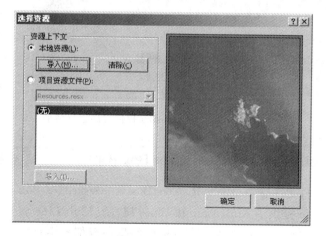

图 4.35 "选择资源"对话框

图 4.36 PictureBox 控件布局图

4.2.12 ProgressBar 控件

ProgressBar 控件通过在水平条中显示相应数目的矩形来指示操作的进度。操作完成时,进度栏被填满。进度栏通常用于帮助用户了解完成某一操作(如加载大文件等)所需的时间。

ProgressBar 控件常用属性及说明如表 4.7 所示。

表 4.7 ProgressBar 控件常用属性表

属 性	说 明	属 性	说 明
Value	表示操作过程中已完成的进度	Minimum	设置进度栏可以显示的最小值
Maximum	设置进度栏可以显示的最大值	Step	用于指定 Value 属性递增的值

下面给出关于 ProgressBar 控件的一个应用实例。实例步骤如下。

① 在 form 窗体上拖放一个 ProgressBar 控件和一个 Button 控件,结果如图 4.37 所示。

② 双击 button1 按钮,添加如下代码。

```
private void button1_Click(object sender, EventArgs e)
{
    progressBar1.Minimum = 0;
    progressBar1.Maximum = 5000;
    progressBar1.Step = 1;
    for (int i = 0; i <= 4999; i++)
    {
        progressBar1.PerformStep();
    }
}
```

③ 单击"启动调试"按钮,运行程序,再单击 button1 按钮,运行结果如图 4.38 所示。

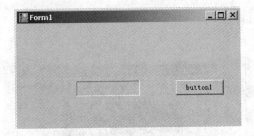
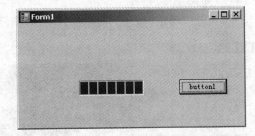

图 4.37　ProgressBar 控件布局　　　　图 4.38　ProgressBar 控件实例运行结果

4.2.13　TextBox 控件、RichTextBox 控件与 MaskedTextBox 控件

TextBox 控件是工具箱中最常用的控件之一。TextBox、RichTextBox 和 MaskedTextBox 控件都派生于 TextBoxBase。TextBoxBase 提供了 MultiLine 和 Lines 属性。MultiLine 属性是一个布尔值,它允许 TextBox 控件在多行中显示文本。文本框中的每一行都是字符串数组的一部分。这个数组通过 Lines 属性来访问。Text 属性把整个文本框内容返回为一个字符串。TextLength 是返回的文本字符串的总长。MaxLength 属性把文本的长度限制为指定的数字。

SelectedText、SelectionLength 和 SelectionStart 都用于处理文本框中当前选中的文

本。选中的文本是控件获得焦点时突出显示的文本。

TextBox 控件增加了几个有趣的属性,如表 4.8 所示。

表 4.8　TextBox 控件增加的属性

属　　性	说　　明
AcceptsReturn	属性是一个布尔值,它允许 TextBox 把回车键接收为一个换行符,或者激活窗体上的默认按钮。这个属性设置为 true 时,按下回车键,会在文本框中创建一个新行
CharactorCasing	确定文本框中文本的大小写。CharactorCasing 枚举包含 3 个值 Lower、Normal 和 Upper。Lower 会使所有的文本小写,Upper 则把所有的文本转变为大写,Normal 把文本显示为输入时的形式
PasswordChar	属性用一个字符表示用户在文本框中输入文本时要显示给用户的内容,这通常用于输入密码和 PIN。Text 属性返回输入的文本,只有显示的内容会受这个属性的影响

RichTextBox 是一个文本编辑控件,它可以处理特殊格式的文本。顾名思义,RichTextBox 控件使用 Rich Text Format(RTF)来处理特殊的格式。使用 Selection 属性 SelectionFont、SelectionColor、SelectionBullet 可以修改字体格式,使用 SelectionIndent、SelectionRightIndent、SelectionHangingIndent 可以修改段落的格式。所有 Selection 属性的工作方式都相同。如果有一个突出显示的文本段,对 Selection 属性的修改就会影响选中的文本。如果没有选中文本,这些修改只对当前插入点后面的文本起作用。

下面给出关于 TextBox 控件的一个应用实例。实例步骤如下。

① 在 form 窗体上拖放一个 TextBox 控件、一个 Label 控件和一个 Button 控件,单击 TextBox 控件右上角的小三角符号,勾选 Multiline 控件,结果如图 4.39 所示。

② 双击 button1 按钮,添加如下代码。

```
private void button1_Click(object sender, EventArgs e)
{
    label1.Text = textBox1.Text;
}
```

③ 单击"启动调试"按钮,运行程序。再单击 button1 按钮,在输入框中输入内容。单击 button1 按钮,运行结果如图 4.40 所示。

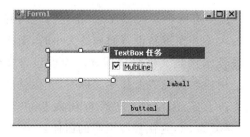

图 4.39　TextBox 控件布局

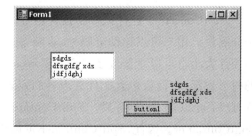

图 4.40　TextBox 控件实例运行结果

4.2.14 Panel 控件

Panel 控件就是包含其他控件的控件。把控件组合在一起,放在一个面板上,将更容易管理这些控件。例如,可以禁用面板,从而禁用该面板上的所有控件。Panel 控件派生于 ScrollableControl,所以还可以使用 AutoScroll 属性。如果可用区域上有过多的控件要显示,就可以把它们放在一个面板上,并把 AutoScroll 属性设置为 true,这样就可以滚动显示所有的控件了。

Panel 控件常用属性及说明如表 4.9 所示。

表 4.9 Panel 控件常用属性

属 性	说 明
AutoScroll	指示当控件内容大于它的可视区域时是否自动显示滚动条
BackColor	获取或设置控件的背景色
BackgroundImage	获取或设置在控件中显示的背景图像
BorderStyle	指示控件的边框样式

下面给出关于 Panel 控件的一个应用实例。实例步骤如下。

① 在 form 窗体上拖放一个 Panel 控件和 3 个 RadioButton 控件。RadioButton 控件的 Text 属性分别设置为"计算机"、"英语"和"数学",Panel 控件的 BoderStyle 属性设置为 FixedSingle。结果如图 4.41 所示。

② 单击"启动调试"按钮,运行程序,运行结果如图 4.42 所示。

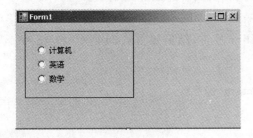

图 4.41 Panel 控件布局

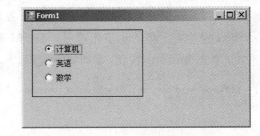

图 4.42 Panel 控件实例运行结果

4.2.15 SplitContainer 控件

SplitContainer 控件把 3 个控件组合在一起。其中有两个是面板控件,在它们之间有一个分隔栏。用户可以移动分隔栏,重新设置面板的大小。在重新设置面板的大小时,面板上的控件大小也可以重新设置。SplitContainer 的最佳示例是文件管理器。左面板包含文件的树形视图,右面板包含文件夹内容的列表视图。用户在分隔栏上移动鼠标时,光标就会改变,此时可以移动分隔栏。SplitContainer 可以包含任意控件,包括布局面板和其他 SplitContainer。因此,SplitContainer 可以创建非常复杂、专业化程度很高的窗体。

SplitContainer 控件常用属性及说明如表 4.10 所示。

表 4.10　SplitContainer 控件的常用属性

属　性	说　明
FixedPanel	确定调整 SplitContainer 控件大小后,哪个面板将保持原来的大小
IsSplitterFixed	确定是否可以使用键盘或鼠标来移动拆分器
Orientation	确定拆分器是垂直放置还是水平放置
SplitterDistance	确定从左边缘或上边缘到可移动拆分条的距离(以像素为单位)
SplitterIncrement	确定用户可以移动拆分器的最短距离(以像素为单位)
SplitterWidth	确定拆分器的厚度(以像素为单位)

下面给出关于 SplitContainer 控件的一个应用实例。实例步骤如下。

① 在 form 窗体上拖放一个 SplitContainer 控件和 5 个 RadioButton 控件。RadioButton 控件的 Text 属性分别设置为"计算机基础"、"面向对象"、"C♯程序设计"、"高等数学"和"离散数学"。布局结果如图 4.43 所示。

② 单击"启动调试"按钮,运行程序,运行结果如图 4.44 所示。

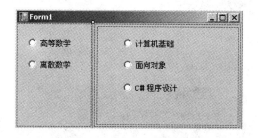

图 4.43　SplitContainer 控件布局

图 4.44　SplitContainer 控件实例运行结果

4.2.16　TabControl 控件和 TabPages 控件

TabControl 允许把相关的组件组合到一系列选项卡页面上。TabControl 管理 TabPages 集合。有几个属性可以控制 TabControl 的外观。Appearance 属性使用 TabAppearance 枚举来确定选项卡的外观,其值是 FlatButtons、Buttons 或 Normal。Multiline 属性的值是一个布尔值,它用于确定是否显示多行选项卡。如果 Multiline 属性设置为 false,而有多个选项卡不能一次显示出来,就提供一组箭头,允许用户滚动查看剩余的选项卡。

TabPage 的 Text 属性可以在选项卡上显示内容,也可以在重写的构造函数中用作参数。

一旦创建了 TabPage 控件,它基本上就是一个容器控件,用于放置其他控件。Visual Studio 2013 中的设计器使用集合编辑器,很容易给 TabControl 控件添加 TabPage 控件。在添加每个页面时都可以设置各种属性,接着把其他子控件拖放到每个 TabPage 控件上。

通过查看 SelectedTab 属性可以确定当前的选项卡。每次选择新选项卡时,都会引发 SelectedIndex 事件。通过监听 SelectedIndex 属性,再用 SelectedTab 属性确认当前选项卡,就可以对每个选项卡都进行特定的处理。

下面给出关于 TabPage 控件的一个应用实例。实例步骤如下。

① 在 form 窗体上拖放一个 TabPage 控件。选中该控件,单击 TabPages 属性,弹出 Tabpages 集合编辑器。单击"添加"按钮,然后在成员的 Text 属性上分别设置"计算机教

材"、"英语教材"和"数学教材",如图 4.45 所示。

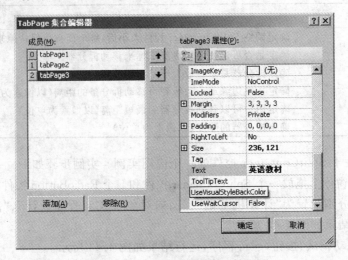

图 4.45　TabPages 集合编辑器

② 单击"确定"按钮,布局结果如图 4.46 所示。
③ 单击"启动调试"按钮,运行程序,运行结果如图 4.47 所示。

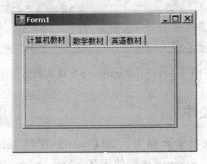 

　　图 4.46　TabPage 控件布局　　　　　　图 4.47　TabPage 控件实例运行结果

4.3　菜单、工具栏及状态栏

4.3.1　创建菜单

　　MenuStrip 控件是应用程序菜单结构的容器。MenuStrip 派生于 ToolStrip 类。在建立菜单系统时,要给 MenuStrip 添加 ToolStripMenu 对象。这一个操作可以在代码中完成,也可以在 Visual Studio 的设计器中进行。把一个 MenuStrip 控件拖放到设计器的一个窗体中,MenuStrip 允许直接在菜单项上输入菜单文本。
　　MenuStrip 控件只有两个额外的属性。GripStyle 使用 ToolStripGripStyle 枚举把栅格设置为可见或隐藏状态。
　　MdiWindowListItem 属性提取或返回 ToolStripMenuItem。这个 ToolStripMenuItem 是在 MDI 应用程序中显示所有已打开窗口的菜单。

下面给出关于自建菜单的一个应用实例。实例步骤如下。

① 在 Form 窗体上拖放一个 ToolStrip 控件和一个 Label 控件,并按图 4.48 所示添加菜单项。

② 单击"新建菜单"按钮,双击该菜单,添加事件处理程序如下。

```
private void 新建ToolStripMenuItem_Click(object sender, EventArgs e)
{
    label1.Text = "这是新建菜单";
}
```

③ 单击"启动调试"按钮,运行程序,然后单击"新建菜单"按钮。运行结果如图 4.49 所示。

图 4.48 菜单布局

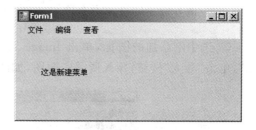

图 4.49 菜单实例运行结果

4.3.2 工具栏

用户通过菜单可以访问应用程序中的大多数功能,把一些菜单项放在工具栏中和放在菜单中有相同的作用。工具栏提供了单击访问程序中常用功能的方式,如 Open 和 Save。

工具栏上的按钮通常包含图片,不包含文本,但它可以既包含图片又包含文本。例如,Word 中的工具栏按钮就不包含文本。

ToolStrip 控件是一个用于创建工具栏、菜单结构和状态栏的容器控件。ToolStrip 直接用于工具栏,它还可以用作 MenuStrip 和 StatusStrip 控件的基类。

ToolStrip 控件在用于工具栏时,使用一组基于抽象类 ToolStripItem 的控件。ToolStripItem 可以添加公共显示和布局功能,并管理控件使用的大多数事件。ToolStripItem 派生于 System.ComponentModel.Component 类,而不是 Control 类。基于 ToolStripItem 的类必须包含在基于 ToolStrip 的容器中。

Image 和 Text 是要设置的最常见的属性。Image 可以用 Image 属性设置,也可以使用 ImageList 控件把它设置为 ToolStrip 控件的 ImageList 属性,然后就可以设置各个控件的 ImageIndex 属性。ToolStripItem 上文本的格式化用 Font、TextAlign 和 TextDirection 属性来处理。TextAlign 负责设置文本与控件的对齐方式,它可以是 ControlAlignment 枚举中的任一值,其默认为 MiddleRight。TextDirection 属性负责设置文本的方向,其值可以是 ToolStripTextDirection 枚举中的任一值,包括 Horizontal、Inherit、Vertical270 和 Vertical90。Vertical270 将把文本旋转 270°,Vertical90 将把文本旋转 90°。

DisplayStyle 属性负责控制在控件上是显示文本、图像、文本和图像,还是什么都不显示。AutoSize 设置为 true 时,ToolStripItem 会重新设置其大小,确保只使用最少量的空间。

下面给出关于自建工具栏的一个应用实例。实例步骤如下。

① 在 Form 窗体上拖放一个 ToolStrip 控件和一个 Label 控件,布局如图 4.50 所示。

② 选中控件,单击小三角符号的左侧,得到如图 4.51 所示的结果。

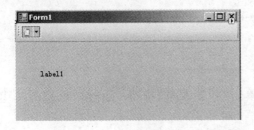
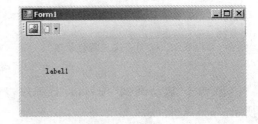

图 4.50　工具栏控件布局　　　　　　　　图 4.51　添加工具

③ 选中刚添加的图标,单击 Image 属性,打开"选择资源"对话框,然后选择"本地资源",单击"导入"按钮,导入所需资源图,如图 4.52 所示。

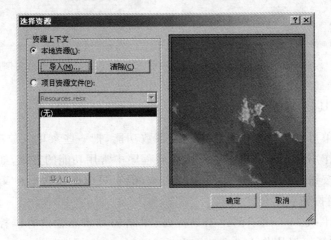

图 4.52　"选择资源"对话框

④ 单击"确定"按钮,得到如图 4.53 所示的结果。

⑤ 选中该图标,修改其 Text 属性为"绘图"。

⑥ 按同样的方式再添加两个图标,如图 4.54 所示。

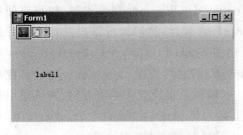
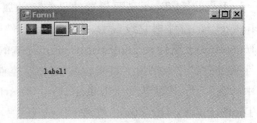

图 4.53　工具栏图标添加　　　　　　　　图 4.54　再添加两个图标

⑦ 选中第一个"绘图"图标,双击该图标,添加事件处理程序如下。

```
private void toolStripButton1_Click(object sender, EventArgs e)
{
    label1.Text = "这是绘图工具!";
```

⑧ 同样的道理,再添加其他两个工具的事件处理程序。

⑨ 单击"启动调试"按钮,运行程序,然后单击"绘图工具"按钮。运行结果如图 4.55 所示。

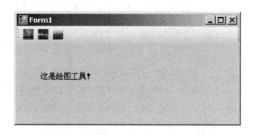

图 4.55　工具栏实例运行结果

4.3.3　状态栏

StatusStrip 控件在许多应用程序中都用来表示对话框底部的一栏。它通常用于显示应用程序当前状态的简短信息。例如,在 Word 中输入文本时,Word 会在状态栏中显示当前的页面、列、行等。

StatusStrip 派生于 ToolStrip。在把这个控件拖放到窗体上时,会出现读者很熟悉的视图。在 StatusStrip 中可以使用 3 个控件:ToolStripDropDownButton、ToolStripProgressBar 和 ToolStripSplitButton。还有一个控件是 StatusStrip 专用的,即 StatusStripStatusLabel,它也是一个默认的项。

StatusStripStatusLabel 使用文本和图像向用户显示应用程序当前状态的信息。标签是一个非常简单的控件,它没有太多属性,虽然表 4.11 中介绍的两个属性不是专门用于标签的,但它们确实十分有用。

表 4.11　标签控件属性

属　　性	值
AutoSize	AutoSize 在默认状态下是打开的。这不是非常直观,因为在改变状态栏上标签的文本时,不希望该标签来回移动。除非标签上的信息是静态的,否则应把这个属性改为 false
DoubleClickEnable	在这个属性中,可以指定是否引发 DoubleClick 事件。也就是说,用户可以在应用程序的另一个地方修改信息。例如,让用户双击包含 Bold 的面板,在文本中启用或禁用黑体格式

下面给出关于自建状态栏的一个应用实例。实例步骤如下。

① 在 Form 窗体上拖放一个 StatusStrip 控件和一个 Button 控件,并按图 4.56 所示添加菜单项。

② 选中 StatusStrip 控件,单击控件右侧小三角符号,弹出如图 4.57 所示的菜单。

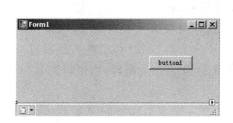

图 4.56　TabPages 集合编辑器

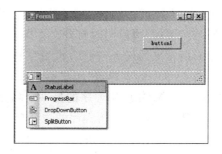

图 4.57　设置 StatusStrip 控件

③ 选择 StatusLabel。

④ 双击 Button 控件，添加事件处理程序如下。

```
private void button1_Click_1(object sender, EventArgs e)
{
    this.toolStripStatusLabel1.Text = System.
    DateTime.Now.ToString();//日期字符串
}
```

⑤ 单击"启动调试"按钮，运行程序，然后单击 button1 按钮，运行结果如图 4.58 所示。

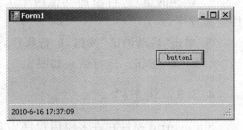

图 4.58　状态栏实例运行结果

4.4　多文档界面

传统上，可以为 Windows 编写以下 3 种应用程序。

- 基于对话框的应用程序：它们向用户显示一个对话框，该对话框提供了所有的功能。
- 单一文档界面（SDI）：这些应用程序向用户显示一个菜单、一个或多个工具栏和一个窗口，在该窗口中，用户可以执行任务。
- 多文档界面（MDI）：这些应用程序的执行方式与 SDI 相同，但它们可以同时打开多个窗口。

基于对话框的应用程序通常用途比较单一。它们可以完成用户输入量非常少的特定任务，或者专门处理某一类型的数据。本章前面所有的实例均为基于对话框的应用程序。

单一文档界面通常用于完成一个特定任务，因为它允许用户把要处理的单一文档加载到应用程序中。但这个任务通常涉及许多用户交互操作，用户也常常希望能保存或加载工作的结果。

但单一文档界面一次只能处理一个文档，所以如果用户要打开第二个文档，就必须打开一个新的 SDI 应用程序实例。它与第一个实例没有关系，对第一个实例的任何配置都不会影响到第二个实例的配置。例如，在 Paint 的第一个实例中，可以把绘图颜色设置为红色，如果打开 Paint 的第二个实例，绘图颜色仍是默认的黑色。

多文档界面非常类似于 SDI 应用程序，但它可以在任一时刻在不同的窗口中保存多个已打开的文档。MDI 的标识符包含在菜单栏右边的 Windows 菜单中，该菜单在 Help 菜单的前面。

本节主要讨论创建 MDI 应用程序所涉及的任务。任何 SDI 应用程序基本上可以看作 MDI 的一个子集。所以，如果能创建 MDI 应用程序，也就能创建 SDI。

创建 MDI 会涉及到什么问题，第一，用户希望能完成的任务应是需要一次打开多个文档的任务。例如，可以同时打开文本编辑器和文本查看器。第二，应在应用程序中提供工具栏来完成最常见的任务，例如，设置字体样式、加载和保存文档等。第三，应提供一个包含 Windows 菜单项的菜单，让用户可以重新定位打开的窗口（平铺和层叠），显示所有已打开窗口的列表。MDI 应用程序的另一个功能是，如果打开了一个窗口，该窗口包含一个菜单，则该菜单就应集成到应用程序的主菜单上。

MDI 应用程序至少要由两个不同的窗口组成。第一个窗口称为 MDI 容器（Container），可以在容器中显示的窗口称为 MDI 子窗口。MDI 容器既可以称为 MDI 容器，也可以称为主窗口。MDI 子容器既可以称为 MDI 子容器，也可以称为子窗口。

下面给出关于创建 MDI 的一个应用实例。实例步骤如下。

① 创建一个新的 Windows 应用程序，如图 4.59 所示。

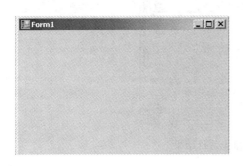
图 4.59　新建应用程序窗体 Form1

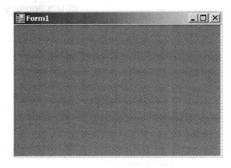
图 4.60　MDI 窗体界面

② 在窗体 Form1 上单击一下，选中其属性 IsMdiContainer，并将该窗体 IsMdiContainer 设定成 true。得到的结果如图 4.60 所示。

③ 从工具箱中拖放一个 MenuStrip 控件在该窗体上，并按图 4.61 所示添加菜单项。

④ 在解决方案中选择"添加新项"→"Windows 窗体"选项，得到如图 4.62 所示的子窗体 Form2。

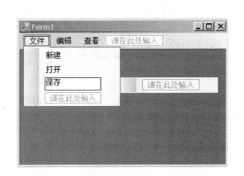
图 4.61　添加菜单的 MDI 窗体

图 4.62　子窗体

⑤ 回到 MDI，双击"新建菜单项"按钮，添加如下事件处理程序。

```
private void 新建ToolStripMenuItem_Click(object sender, EventArgs e)
{
    Form2 frmMdiChild = new Form2();
    frmMdiChild.MdiParent = this;
    frmMdiChild.Show();
}
```

⑥ 单击"启动调试"按钮，运行程序，选择"文件"→"新建"命令，运行的结果如图 4.63 所示。

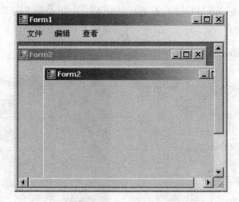

图 4.63 MDI 窗体运行结果

4.5 打印

在 C# 中使用 PrintDialog 可以很方便地实现程序的打印功能，其步骤如下。

① 创建一个 PrintDialog 的实例。例如：

```
System.Windows.Forms.PrintDialog PrintDialog1 = new PrintDialog ();
```

② 创建一个 PrintDocument 的实例。例如：

```
System.Drawing.Printing.PrintDocument docToPrint =
new System.Drawing.Printing.PrintDocument();
```

③ 设置打印机开始打印的事件来处理函数。函数的原型如下。

```
void docToPrint_PrintPage(object sender,
System.Drawing.Printing.PrintPageEventArgs e)
```

④ 将事件处理函数添加到 PrintDocument 的 PrintPage 事件中。例如：

```
docToPrint.PrintPage += new PrintPageEventHandler(docToPrint_PrintPage);
```

⑤ 设置 PrintDocument 的相关属性。例如：

```
PrintDialog1.AllowSomePages = true;
PrintDialog1.ShowHelp = true;
```

⑥ 把 PrintDialog 的 Document 属性设为上面配置好的 PrintDocument 的实例。例如：

```
PrintDialog1.Document = docToPrint;
```

⑦ 调用 PrintDialog 的 ShowDialog 函数，显示打印对话框。例如：

```
DialogResult result = PrintDialog1.ShowDialog();
```

⑧ 根据用户的选择，开始打印。例如：

```
if (result == DialogResult.OK)
{
```

```
    docToPrint.Print();
}
```

下面给出关于打印的一个应用实例,其步骤如下。

① 创建一个新的 Windows 应用程序,从工具箱中拖放一个 Button 控件到窗体上,并把 Button 控件的 Text 属性设置为"打印"。布局如图 4.64 所示。

② 双击"打印"按钮,添加如下打印处理程序。

```
private void button1_Click(object sender, EventArgs e)
{
    PrintDocument pd = new PrintDocument();
    //C#打印原理之设置边距
    Margins margin = new Margins(20, 20, 20, 20);
    pd.DefaultPageSettings.Margins = margin;   //C#打印原理之纸张设置默认
    //C#打印原理之打印事件设置
    pd.PrintPage += new PrintPageEventHandler(this.pd_PrintPage);
    try
    {
        pd.Print();
    }
    catch (Exception ex)
    {
        MessageBox.Show(ex.Message, "打印出错",    MessageBoxButtons.OK, MessageBoxIcon.Error);
        pd.PrintController.OnEndPrint(pd, new PrintEventArgs());
    }
}
private void pd_PrintPage(object sender, PrintPageEventArgs e)
{
    e.Graphics.FillRectangle(Brushes.White, this.ClientRectangle);
    Font f = new Font("Times New Roman", 24);
    e.Graphics.DrawString("Traslation", f, Brushes.Black, 0, 0);
    e.Graphics.TranslateTransform(150, 75);
    e.Graphics.DrawString("Traslation", f, Brushes.Black, 0, 0);
}
```

③ 单击"启动调试"按钮,运行程序,然后单击"打印"按钮,弹出如图 4.65 所示的打印对话框,并开始打印。

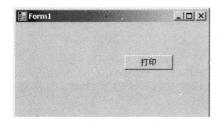

图 4.64　打印窗体布局

图 4.65　打印对话框

4.6 WinForm 程序开发案例

本案例将创建一个 MDI 文本编辑器。步骤如下。

① 新建一个 Windows 应用程序。在窗体 Form 上拖放一个 TextBox 控件、一个 MenuStrip 组件和一个 ToolStrip 组件。其中，MenStrip 组件的菜单项设置为：文件→新建→打开→保存，编辑→复制→粘贴，帮助。为 ToolStrip 组件添加 5 个图标，并把其 Text 属性分别设置为"新建"、"打开"、"保存"、"复制"、"粘贴"，其 Image 属性分别选择相应的图片，其 Name 属性分别设置为"新建"、"打开"、"复制"、"粘贴"。TextBox 的 Multiline 属性设置为 true。整个布局结果如图 4.66 所示。

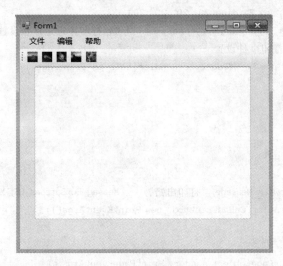

图 4.66　记事本布局

② 双击窗体 Form1，添加如下命名空间。

```
using System.IO;
using System.Text;
using System.Collections;
```

③ 双击窗体 Form1，在类 Form1 中添加如下全局变量。

```
private OpenFileDialog openFileDialog = new OpenFileDialog();
private SaveFileDialog saveFileDialog = new SaveFileDialog();
public string oldFileName = "";  //初始打开文件的路径及名称(为空)
```

④ 双击"新建"菜单，添加如下事件处理程序。

```
private void 新建ToolStripMenuItem_Click(object sender, EventArgs e){
    textBox1.Text = "这是新建立的文件,程序设计时可以有1MB的文件大小,请放心使用吧.";
}
```

⑤ 将"新建"工具栏与上面的"新建"菜单关联，也就是将"新建"工具栏的 click 事件设置为上面编制好的事件"新建 ToolStripMenuItem_Click"。

```
private void toolStripButton1_Click(object sender, EventArgs e)
{
    textBox1.Text = "这是新建立的文件,程序设计时可以有1MB的文件大小,请放心使用吧.";
}
```

⑥ 上述几步运行结果如图 4.67 所示。

图 4.67 "新建"菜单和工具栏

⑦ 双击"打开"菜单,添加如下事件处理程序。

```
private void 打开 ToolStripMenuItem_Click(object sender, EventArgs e)
{
    if (openFileDialog1.ShowDialog() == DialogResult.OK)
    {
        StreamReader sr = new StreamReader(openFileDialog.FileName, Encoding.Default);
        oldFileName = openFileDialog.FileName;
        textBox1.Text = sr.ReadToEnd();
        sr.Close();
    }
}
```

⑧ 将"打开"工具栏与上面的"打开"菜单关联,也就是将"打开"工具栏的 click 事件设置为上面编制好的事件"打开 ToolStripMenuItem_Click"。

⑨ 运行程序,单击"打开"菜单或"打开"工具,并打开一个文本文件后的运行结果如图 4.68 所示。

⑩ 双击"保存"菜单,添加如下事件处理程序。

```
private void 保存 ToolStripMenuItem_Click(object sender, EventArgs e)
{
    if (oldFileName == "")
            {
                //保存 ToolStripMenuItem_Click(sender, e);
                if (saveFileDialog.ShowDialog() == DialogResult.OK)
                {
```

```
                oldFileName = saveFileDialog.FileName;
            }
        }
    StreamWriter sw = new StreamWriter(oldFileName);
    sw.Write(textBox1.Text);
    sw.Close();
}
```

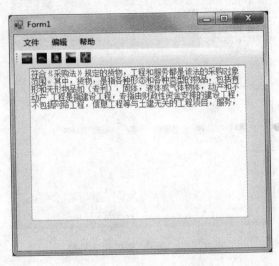

图4.68 "打开"菜单和工具栏

⑪ 将"保存"工具栏与上面的"保存"菜单关联,也就是将"保存"工具栏的click事件设置为上面编制好的事件"保存 ToolStripMenuItem_Click"。

⑫ 双击"复制"菜单,添加如下事件处理程序。

```
private void 复制ToolStripMenuItem_Click(object sender, EventArgs e)
{
    if (textBox1.SelectedText != "")
    {
        textBox1.Copy();
    }
}
```

⑬ 将"复制"工具栏与上面的"复制"菜单关联,也就是将"复制"工具栏的click事件设置为上面编制好的事件"复制 ToolStripMenuItem_Click"。

⑭ 双击"粘贴"菜单,添加如下事件处理程序。

```
private void 粘贴ToolStripMenuItem_Click(object sender, EventArgs e)
{
    if (Clipboard.GetDataObject().GetDataPresent(DataFormats.Text) == true)
    {
        textBox1.Paste();
    }
}
```

⑮ 将"粘贴"工具栏与上面的"粘贴"菜单关联,也就是将"粘贴"工具栏的 click 事件设置为上面编制好的事件"粘贴 ToolStripMenuItem_Click "。

```
private void toolStripButton5_Click(object sender, EventArgs e)
{
    if (Clipboard.GetDataObject().GetDataPresent(DataFormats.Text) == true)
    {
        textBox1.Paste();
    }
}
```

习题 4

1. 编程实现题图 4.1 所示的滚动字幕。单击"开始水平滚动"按钮,则字幕开始从左向右水平滚动;单击"暂停"按钮,则停止滚动;单击"开始垂直滚动"按钮,则字幕从下至上滚动;单击"退出"按钮,则退出该程序。

题图 4.1

2. 编程实现题图 4.2 所示的功能。
3. 编程实现题图 4.3 所示的功能。

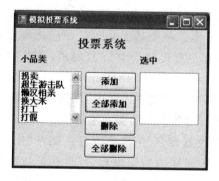

题图 4.2

题图 4.3

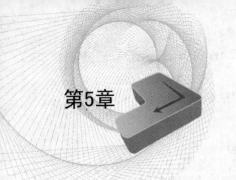

第5章 数据库应用开发技术

本章介绍数据库应用程序开发技术,包括 ADO.NET 数据库开发方式简介、数据库连接、Command 对象、DataReader 对象、DataAdapter 对象、DataSet 对象和数据绑定等数据库开发技术基础。学习本章的目的是使读者能够灵活运用该技术开发实用信息系统,实现以下目标。

- 了解 ADO.NET 数据库开发方式。
- 掌握 C#数据库操作常用对象的使用方法。
- 掌握 C#读取 XML 文档的基本方法。
- 理解 C#数据绑定基本方法。
- 通过实例了解 C#数据库程序开发过程。

5.1 数据库应用开发概述

应用程序大部分都要访问和保存数据,即访问数据库。常用的数据库有 SQL Server、Oracle、Microsoft Access 等,常用的数据库访问方法有 ADO.NET、ODBC、RDS、OLE DB 等。ODBC(Open Database Connectivity,开放式数据库互连)是 Microsoft 公司开放服务结构(WOSA,Windows Open Servers Architecture)中有关数据库的一个组成部分。它建立了一组规范,并提供了一组对数据库访问的 API(应用程序编程接口)。应用程序可以通过调用 ODBC 的接口函数来访问不同类型的数据库。一个基于 ODBC 的应用程序对数据库的操作不依赖任何 DBMS(数据库管理系统),它不直接与 DBMS 打交道,所有的数据库操作都由对应的 DBMS 的 ODBC 驱动程序完成。ADO(ActiveX Data Objects,ActiveX 数据对象)把绝大部分的数据库操作封装在 7 个对象中。可以在程序中调用这些对象,来执行相应的数据库操作。ADO 建立了基于 Web 方式访问数据库的脚本编写模型。它不仅支持所有大型数据库的核心功能,而且还支持许多数据库所专有的特性。RDS(Remote Data Services)在 IIS 4.0 中与 ADO 集成到一起,使用同样的编程模型,提供访问远程数据库的功能。OLE(Object Linking and Embedding,对象连接与嵌入)DB 建立于 ODBC 之上,而且它将此技术扩展为可提供更高级数据访问接口的组件结构,对企业中及 Internet 上的 SQL、非 SQL 和非结构化数据源提供一致的访问。

目前应用最多的是 ADO.NET 数据库访问技术。本章以数据库 SQL Server 为例,详细讨论 ADO.NET 数据库访问技术。

5.2 ADO.NET 数据库访问技术

5.2.1 ADO.NET 数据库访问技术概述

1. ADO.NET 的起源

ADO.NET 的名称起源于 ADO(ActiveX Data Objects),它是一个 COM 组件库,用于在以往的 Microsoft 技术中访问数据。1998 年起,因为 Web 应用程序的掘起,大大改变了许多应用程序的设计方式。传统的数据库连线保存设计法无法适用于此类应用程序,这让 ADO 应用程序遇到了很大的瓶颈,也让 Microsoft 公司开始思考让资料集(Resultset,在 ADO 中称为 Recordset)能够离线化的能力,以及能在用户端创建一个小型数据库的概念,这个概念就是 ADO.NET 中离线型资料模型(Disconnected Data Model)的基础。从 ADO 的使用情形来看,数据库连线以及资源耗用的情形较严重(例如 Recordset.Open 会保持连线状态),在 ADO.NET 中也改良了这些组件,实现了能够减少数据库连线和资源使用量的功能。XML 的使用也是这个版本的重要发展之一。2000 年,Microsoft 公司的 Microsoft.NET 计划开始成形,许多的 Microsoft 产品都冠上了.NET 的标签,ADO+也不例外,改名为 ADO.NET,并包装到.NET Framework 类别库中,成为.NET 平台中唯一的资料存取组件。

2. ADO.NET 简介

ADO.NET 是一组向.NET Framework 程序员公开数据访问服务的类。ADO.NET 为创建分布式数据共享应用程序提供了一组丰富的组件。它提供了对关系数据、XML 和应用程序数据的访问,因此,它是.NET Framework 中不可缺少的一部分。ADO.NET 支持多种开发需求,包括创建由应用程序、工具、语言或 Internet 浏览器使用的前端数据库客户端和中间层业务对象。

ADO.NET 提供对诸如 SQL Server 和 XML 这样的数据源以及通过 OLE DB 和 ODBC 公开的数据源的一致访问。共享数据的使用方应用程序可以使用 ADO.NET 连接到这些数据源,并可以检索、处理和更新其中包含的数据。

ADO.NET 通过数据处理将数据访问分解为多个可以单独使用或一前一后使用的不连续组件。ADO.NET 包含用于连接到数据库、执行命令和检索结果的.NET Framework 数据提供程序。这些结果或者被直接处理,放在 ADO.NET DataSet 对象中,以特别的方式向用户公开,并与来自多个源的数据组合;或者在层之间传递。DataSet 对象也可以独立于.NET Framework 数据提供程序,用于管理应用程序本地的数据或源自 XML 的数据。

3. ADO.NET 组成结构

ADO.NET 的核心组件由.NET Framework 数据提供程序和 DataSet 组成。.NET Framework 数据提供程序实现数据的连接、操作和对数据快速只进只读访问。DataSet 实现独立于数据源的数据访问、操作,有点类似于 ADO 的断开连接的静态数据集。

ADO.NET 的结构如图 5.1 所示,后面会详细介绍各个部分。

4. ADO.NET 数据库基本操作原理

对于 Insert,Update,Delete 等单向操作,其基本原理和实现过程如图 5.2 所示。

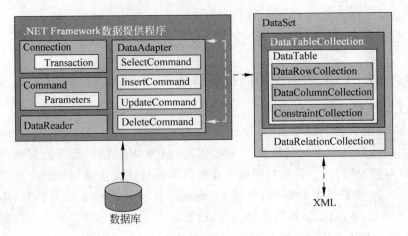

图 5.1　ADO.NET 结构

图 5.2　数据库操作模型－1

对于 Select 的双向操作，其基本原理和实现过程如图 5.3 所示。

图 5.3　数据库操作模型－2

5．ADO.NET 的优势

ADO.NET 解决了 Web 应用程序的松耦合特性以及在本质上互不关联的特性。在紧耦合方式中，数据库的连接在整个生命周期中始终保持打开，而不需要对状态进行特殊的处理，但是会由于系统连接的用户过多而降低系统的性能。在松耦合方式中，在运行过程中可以断开数据库连接，访问数据时无需进行连接，具有与数据库的奇交互功能，提高了系统的效率。

在运营状况起伏不定的环境下，必须有一个松耦合架构，以降低整体复杂性和依赖性。松耦合使应用程序对环境更加敏感，能更快地适应更改，并且降低风险。除此之外，系统维护也更方便。在 B2B 领域，由于要求业务实体之间独立交互，因此松耦合显得尤为重要。业务合作伙伴之间的关系变化莫测，联合关系时而建立，时而断绝，还需要在商业合作伙伴之间建立业务流程,以满足市场的需求。

5.2.2 .NET Framework 数据提供程序

.NET Framework 数据提供程序用于连接到数据库、执行命令和检索结果。可以直接处理检索到的结果,或将其放入 ADO.NET DataSet 对象,以便与来自多个源的数据或在层之间进行远程处理的数据组合在一起,以特殊方式向用户公开。

.NET Framework 提供了以下 4 个.NET Framework 数据提供程序。

- SQL Server .NET Framework 数据提供程序,该程序只能访问 MS SQL Server7.0 或更高版本,较早版本只能通过 OLE DB 数据提供程序访问。它的命名空间为 System.Data.SqlClient。
- OLE DB .NET Framework 数据提供程序,用于访问 OLE DB 数据提供程序,该程序不支持 OLE DB 2.5 版接口。它的命名空间为 System.Data.OleDb。
- ODBC .NET Framework 数据提供程序,用于访问 ODBC 数据提供程序。它的命名空间为 System.Data.Odbc。
- Oracle .NET Framework 数据提供程序,用于访问 Oracle 数据,该程序需要 Oracle 客户端软件 8.1.7 或更高版本的支持。它的命名空间为 System.Data.OracleClient。

通过对 IDbConnection 接口、IDbCommand 接口、IDataAdapter 接口、IDbDataAdapter 接口、IDataReader 接口、IDataParameter 接口、IDbTransaction 接口等的实现也可以编写自己的数据提供程序组。

.Net 数据提供程序通常包含以下 4 个核心对象。

- Connection 对象提供与数据源的连接。数据提供程序的 Connection 类是继承 System.Data.IDbConnection 接口的实现。
- Command 对象使您能够访问用于返回数据、修改数据、运行存储过程以及发送或检索参数信息的数据库命令。数据提供程序的 Command 类是继承 System.Data.IDbCommand 接口的实现。
- DataReader 从数据源中提供高性能的数据流。DataReader 的数据流是只进且只读的。数据提供程序的 DataReader 类是继承 System.Data.IDataReader 接口的实现。
- DataAdapter 提供连接 DataSet 对象和数据源的桥梁。DataAdapter 使用 Command 对象在数据源中执行 SQL 命令,以便将数据加载到 DataSet 中,并使对 DataSet 中数据的更改与数据源保持一致。数据提供程序的 DataAdapter 类是继承 System.Data.IDbDataAdapter 接口的实现。

.Net 数据提供程序还包括 Transaction 对象、Parameter 对象等。

5.2.3 .NET Framework DataSet

连接、命令、事务、数据读取作用于特定的提供程序,唯有数据集可以独立于特定的数据提供程序。在.NET Framework 中,数据集对象 DataSet 的命名空间位于 System.Data 中。

DataSet 对象是支持 ADO.NET 的断开式、分布式数据方案的核心对象。DataSet 是数据的内存驻留表示形式。无论数据源是什么,它都会提供一致的关系编程模型。它可以用于多个不同的数据源,可以用于 XML 数据,也可以用于管理应用程序本地的数据。DataSet 表示包括相关表、约束和表间关系在内的整个数据集。图 5.4 描述了 DataSet 对象模型。

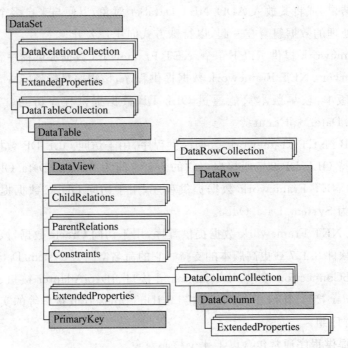

图 5.4 DataSet 对象模型

DataSet 包含以下 3 组集合。

- DataTableCollection。关系数据库当中最主要的对象就是 Table,在 DataSet 当中使用该集合来包含多个 DataTable 对象。DataTable 就是内存中的数据表。你可以通过唯一的名称来标识一个表。DataSet 的 DataTable 可存储的最大行数是 16 777 216。
- DataRelationCollection。在关系数据库当中,除了表之外,还有表示表和表之间的关系 Relation。该集合就是包含表关系对象的集合。
- ExtendedProperties。该集合是一组自定义信息,概念上有点类似于 ASP 的 Session。

5.3 Connection 对象

使用 Connection 对象连接数据库需要访问数据源的数据,首先要通过 Connection 对象连接到指定的数据源。FCL(Framework Class Library)数据提供程序的 Connection 类是一个通用接口 System.Data.IDBConnection 的实现。

Connection 对象常用的属性如表 5.1 所示,常用方法如表 5.2 所示。

表 5.1 Connection 对象的属性

属性	说明
ConnectionString	执行 Open 方法连接数据源的字符串
ConnectionTimeout	尝试建立连接的时间，超过该时间则产生异常
Database	将要打开的数据库的名称
DataSource	包含数据库的位置和文件
Provider	数据提供程序的名称
ServerVersion	数据提供程序提供的服务器版本
State	显示当前 Connection 对象的状态

表 5.2 SqlConnection 类的方法

方法	说明
BeginTransaction	开始一个数据库事务。允许指定事务的名称和隔离级
ChangeDatabase	改变当前连接的数据库。需要一个有效的数据库名称
Close	关闭数据库连接。使用该方法关闭一个打开的连接
CreateCommand	创建并返回一个与该连接关联的 SqlCommand 对象
Dispose	调用 Close
EnlistDistriutedTransaction	如果自动登记被禁用，则以指定的分布式企业服务（Enterprise Services）DTC 事务登记连接。.NET Framework 1.0 版本不支持该方法
EnlistTransaction	在指定的位置或分布式事务中登记该连接。ADO.NET 1.x 不支持该方法
GetSchema	检索指定范围（表、数据库）的模式信息。ADO.NET 1.x 不支持该方法
ResetStatistics	复位统计信息服务。ADO.NET 1.x 不支持该方法
RetrieveStatistics	获得一个用关于连接的信息（诸如传输的数据、用户详情、事务）进行填充的散列表。ADO.NET 1.x 不支持该方法
Open	打开一个数据库连接

Connection 的构造函数通常由一个连接字符串作为参数。连接字符串也可以使用 Connction.ConnectionString 属性来设置，它们所创建的连接语句的形式通常如下。

```
IDBConnection conn = new xxxConnection("connection string");
conn.Open();
```

完成数据库的连接之后，可以调用 Connection 对象的 Close() 方法关闭数据库连接。例如：

```
conn.Close();
```

1. 连接字符串的差异

对不同的数据提供程序，连接字符串也存在着差异。

（1）SqlConnection 的数据库连接字符串通常如下。

`"Server = mySQLServer;Database = myDatabase;User ID = sa;Password = mypwd;"`

（2）OleDbConnection 的数据库连接字符串如下。

`"Provider = SQLOLEDB;Data Source = mySqlServer;Initial Catalog = myDatabase;User ID = sa;`

```
Password = mypwd;"
```

（3）OdbcConnection 的数据库连接字符串如下。

```
"Driver = {SQL Server};Server = localhost;Database = myDatabase"
```

或者

```
"DSN = dsnname"
```

（4）OracleConnection 的数据库连接字符串如下。

```
"Data Source = Oracle8i;User ID = sa;pwd = mypwd"
```

2．数据库连接方式

可以使用两种方式连接数据库，即采用集成的 Windows 验证和使用 Sql Server 身份验证进行数据库的登录。

1）采用集成的 Windows 验证

采用集成的 Windows 验证方式时，不需要输入用户名和口令，只需把登录 Windows 时输入的用户名和口令传递到 Sql Server 即可。然后，Sql Server 会检查用户清单，检查其是否具有访问数据库的权限。数据库连接字符串是不区分大小写的。集成的 Windows 身份验证语法如下。

```
Data Source、Server、Address、Addr 或 Network Address(要连接的 SQL Server 实例的名称或网络地)=
服务器名; Initial Catalog 或 Database = 数据库名;integrated security = SSPI";
```

例如：

```
//注意：要添加引用 using System.Data.SqlClient;
String strConn = "Data Source = .;Initial Catalog = myDatabase;integrated security = SSPI";
SqlConnection conn = new SqlConnection(strConn);
try
{
    conn.Open();
    MessageBox.Show("打开数据库成功!");
    conn.Close();
}
catch
{
    MessageBox.Show("打开数据库失败!");
}
```

其中 Data Source 表示运行 Sql Server 的计算机名。由于在本书中的程序和数据库系统是位于同一台计算机的，所以可以用 localhost 或"."取代当前的计算机名。Initial Catalog（或 DataBase）表示所使用的数据库名，这里设置为 Sql Server 自带的一个示例数据库——myDatabase。由于希望采用集成的 Windows 验证方式，所以设置 integrated security 为 SSPI 即可。SSPI(Security Support Provider Interface，安全支持提供者接口）是一组用于 Microsoft Windows 平台接入安全服务的应用程序接口（API）。

2）采用 Sql Server 身份验证

采用 Sql Server 身份验证的语法如下。

```
Data Source、Server、Address、Addr 或 Network Address(要连接的 SQL Server 实例的名称或网络地) = 服务器名; Initial Catalog 或 Database = 数据库名;User ID = 用户名;Password 或 Pwd = 密码";
```

例如：

```
String strConn = "Data Source = wwh; Initial Catalog = myDatabase;uid = sa;pwd = sa";
SqlConnection conn = new SqlConnection(strConn);
try
{
    conn.Open();
    MessageBox.Show("打开数据库成功!");
    conn.Close();
}
catch
{
    MessageBox.Show("打开数据库失败!");
}
```

其中，uid 为指定的数据库用户名，pwd 为指定的用户口令。为安全起见，一般不要在代码中包括用户名和口令，可以采用集成的 Windows 验证方式或者对文件中的连接字符串加密的方式来提高程序的安全性。

3. 应用程序中连接字符串的存储

为了方便管理数据连接，通常数据连接字符串不写为硬码，而是存储在应用程序之外。连接字符串的存储可以采用下面 5 种方式：

- 应用程序配置文件，例如，用于 ASP.NET Web 应用程序的 Web.config 文件；
- 通用数据连接文件(UDL)（只为 OLE DB.NET 数据供应器所支持）；
- Windows 注册表；
- 定制文件；
- COM+ 目录，通过使用构造字符串（只用于服务组件）。

4. 连接池

连接池(Connection pooling)能让数据库中使用同一个账号的不同会话共享连接，从而避免频繁地打开和关闭连接。连接池可以大幅度提高程序的性能和效率，因为不必等待建立全新的数据库连接过程，而是直接利用现成的数据库连接。注意，利用 Close()方法关闭连接时，并不是实际关闭连接，而是将连接标为未用，放在连接池中，准备下一次复用。

使用 SQL Server 数据提供程序的连接池时需要注意的是，每当应用打开一个连接时，.NET Framework 就会创建连接池，每个连接池都和一个不同的连接字符串相关联。也就是说，如果新创建的一个连接使用的连接字符串和现有连接池中的连接相匹配，将创建新的连接池。注意：池化机制对名称—值对间的空格敏感。

下面的 3 个连接创建了 3 个不同的池。

```
SqlConnection conn = new SqlConnection("Integrated Security = SSPI;Initial Catalog = pubs");
conn.Open(); //创建池 A
```

```
SqlConnection conn = new SqlConnection ( " Integrated Security = SSPI; Initial Catalog =
myDatabase");
conn.Open(); //创建池 B,和前面的连接字符串不一样
SqlConnection conn = new SqlConnection ( " Integrated Security = SSPI ; Initial Catalog =
myDatabase");
conn.Open(); //创建池 C,SSPI 后多了一个空格
```

使用 SqlConnection 对象时,可以在连接字符串中指定 max pool size,表示连接池允许的最大连接数(默认为 100);也可以指定 min pool size,表示连接池允许的最小连接数(默认认为 0)。下面的代码创建了一个连接池,并且该连接池的最大连接数为 10,最小连接数为 5。

```
SqlConnection mySqlConnection = new SqlConnection("server = localhost;database = myDatab ase;
integrated security = SSPI;" + "max pool size = 10;min pool size = 5");
```

5.4 Command 对象

数据提供程序的 Command 类是 IDBCommand 接口的实现,可以通过 Command 来执行数据库命令。数据库数据的查询、更新、插入都是通过 Command 来实现的。Command 对象常用的属性如表 5.3 所示,常用的方法如表 5.4 所示。

表 5.3 Command 对象常用的属性

属 性	说 明
CommandType	获取或设置 Command 对象要执行的命令的类型
CommandText	获取或设置对数据源执行的 SQL 语句或存储过程名或表名
CommandTimeOut	获取或设置在终止对执行命令的尝试并生成错误之前的等待时间
Connection	获取或设置此 Command 对象使用的 Connection 对象的名称

表 5.4 Command 对象常用的方法及说明

方 法	说 明
ExecuteNonQuery	执行 SQL 语句,并返回受影响的行数
ExecuteScalar	执行查询,并返回查询所返回的结果集中第一行的第一列。忽略其他列和行
ExecuteReader	执行返回数据集的 SELECT 语句
Connection	获取或设置此 Command 对象使用的 Connection 对象的名称

Command 的构造函数通常有下面 3 种形式。

```
public xxxCommand();
public xxxCommand(string);
public xxxCommand(string,xxxConnection);
```

一般,创建 Command 对象都通过类似于下面的语句来实现。

```
xxxConnection conn = new xxxConnection("myString");
xxxCommand myCmd = new xxxCommand("select * from orders",conn);
```

构造函数的两个参数分别是 SQL 语句和 Connection 对象,它们创建了 Command 对象。

下面说明 Command 对象的执行,程序范例将采用 SqlClient 数据提供程序来访问一个 Sql Server 的数据库 myDatabase。

1. 设置连接和 SQL 命令

Command 类的属性 CommandText 用来设置命令语句,Connection 属性用来设置连接对象。设置命令对象的数据连接和命令语句除了可以在创建对象时通过构造函数来定义外,还可以在这两个属性设置和更改时定义。

```
SqlConnection conn = new SqlConnection("Server = localhost;Database = MyDatabase;uid = sa; pwd = sa");
conn.Open();
SqlCommand cmd = new SqlCommand("Select * from BaseInfrom",conn);
//或者执行以下语句
SqlCommand cmd = new SqlCommand();
cmd.Connection = conn;
cmd.CommandText = "delete from BaseInfrom where No = 2";
```

2. 执行命令

建立数据源的连接和设置命令之后,Command 对象执行 SQL 命令有 3 种方法:ExecuteNonQuery、ExecuteReader 和 ExecuteScalar。

1) ExecuteNonQuery

使用 ExecuteNonQuery 执行命令不会返回结果集,只会返回语句影响的记录行数。它适合执行插入、更新、删除之类不返回结果集的命令。如果命令是 SELECT 语句,那么返回的结果是-1;如果发生回滚,这个结果也是-1。下面的程序范例对 BaseInform 表执行了更新并做了查询。执行过程是,首先新建一个项目,然后在项目中添加一个按钮事件,如下所示。

```
private void btnDatabaseTest_Click(object sender, EventArgs e)
{
    String strConn = "Data Source = wwh; Initial Catalog = myDatabase;uid = sa;pwd = sa";
    //integrated security = true 也可以
    SqlConnection conn = new SqlConnection(strConn);
    try
    {
        int i1,i2;
        conn.Open();
        SqlCommand cmd = new SqlCommand();
        cmd.Connection = conn;
        cmd.CommandText = "update BaseInform set [Name] = 'myName' where [No] = 3";
        //更新数据
        i1 = cmd.ExecuteNonQuery();
        cmd.CommandText = "delete from BaseInform where No = 2";//删除一行数据
        i2 = cmd.ExecuteNonQuery();
        MessageBox.Show("更新后有:" + i1.ToString() + "行数据受到影响!\n" + "删除后有:" + i2.ToString() + "行数据受到影响!\n");   //返回结果是受影响的行数
        conn.Close();
```

```
        }
        catch(Exception ex)
        {
            MessageBox.Show(ex.Message.ToString()+"打开数据库失败!");
        }
}
```

执行结果如图 5.5 所示。

2) ExecuteReader

使用 ExecuteReader 方法执行的命令可以返回一个类型化的 DataReader 实例或者 IDataReader 接口的结果集。通过 DataReader 对象就能够获得数据的行集合。下面是关于 ExecuteReader 与 DataReader 的使用例子。

图 5.5 示例执行结果

```
private void btnDatabaseTest_Click(object sender, EventArgs e)
{
    String strConn = "Data Source = wwh; Initial Catalog = myDatabase;uid = sa;pwd = sa";
                                    //integrated security = true
```

或:

```
    SqlConnection conn = new SqlConnection(strConn);
    try
    {
        String strReult = "";
        conn.Open();
        SqlCommand cmd = new SqlCommand();
        cmd.Connection = conn;
        SqlDataReader reader;              //或者 IDataReader reader;
        cmd.Connection = conn;
        cmd.CommandText = "select * from BaseInform";
        reader = cmd.ExecuteReader();
        while (reader.Read())
        {
strReult = strReult + reader[0].ToString() + reader[1].ToString() + reader[2].ToString() + "\n";
        }
        MessageBox.Show(strReult);
        reader.Close();
        conn.Close();
    }
    catch(Exception ex)
    {
        MessageBox.Show(ex.Message.ToString()+"打开数据库失败!");
    }
}
```

执行结果如图 5.6 所示。

3) ExecuteScalar

ExecuteScalar 方法执行查询,并返回查询所返回的结果集中第

图 5.6 示例执行结果

一行的第一列,而忽略其他列和行,返回 object 类型。如果只想检索数据库信息中的一个值,而不需要返回表或数据流形式的数据库信息,例如,只需要返回 COUNT(*)、SUM(Price) 或 AVG(Quantity) 等聚合函数的结果,那么 Command 对象的 ExecuteScalar 方法将会很有用。如果在一个常规查询语句当中调用该方法,则只读取第一行第一列的值,而丢弃其他值。

例如,使用 SqlCommand 对象的 ExecuteScalar 方法来返回表中记录的数目(SELECT 语句使用 Transact-SQL COUNT 聚合函数返回指定表中的行数的单个值),代码如下。

```csharp
private void btnDatabaseTest_Click(object sender, EventArgs e)
{
    String strConn = "Data Source = .; Initial Catalog = myDatabase;uid = sa;pwd = sa";
    //integrated security = true 也可以
    SqlConnection conn = new SqlConnection(strConn);
    try
    {
        conn.Open();
        string sqlstr = "SELECT Count(*) From BaseInform";
        SqlCommand myCmd = new SqlCommand(sqlstr, conn);
        //将返回的记录数目强制转换成整型
        Int32 count = (Int32)myCmd.ExecuteScalar();
        conn.Close();
        MessageBox.Show(count.ToString());
        conn.Close();
    }
    catch(Exception ex)
    {
        MessageBox.Show(ex.Message.ToString() + "打开数据库失败!");
    }
}
```

图 5.7 示例执行结果

执行结果如图 5.7 所示。

ExecuteScalar 方法从数据库中检索单个值(如一个聚合值)。与使用 ExecuteReader 方法的操作相比,此操作需要的代码较少。

5.5 DataReader 对象

5.5.1 DataReader 对象概述

DataReader 对象只能对查询获得的数据集进行自上而下的访问,但其效率很高。如果仅仅是访问数据的话,可以使用 DataReader。但 DataReader 要求一直处于连接状态,它将结果的一小部分先放在内存中,读完后再从数据库中读取一部分,相当于一个缓存机制。对于查询结果是百万级的情况来说,它带来的好处是显而易见的。

DataReader 对象有如下几个特点。

- 快速访问数据。由于 DataReader 对象是只进和只读的,所以其开销相对较小,速度比 DataSet 快。

- 只进和只读。不能处理数据,只能显示数据。
- 自己管理连接。DataAdapter 对象可以自动地打开和关闭连接,DataReader 对象必须显式地打开和关闭连接。
- 使用较少的服务器资源。

DataReader 对象常用属性如表 5.5 所示,常见的方法如表 5.6 所示。

表 5.5　DataReader 对象常用属性及说明

属　性	说　明
Depth	设置阅读器浓度。对于 SqlDataReader 类,它总是返回 0
FieldCount	获取当前行的列数
Item	索引器属性,以原始格式获得一列的值
IsClose	获得一个表明数据阅读器有没有关闭的值
RecordsAffected	获取执行 SQL 语句所更改、添加或删除的行数

注意:IsClose 和 RecordsAffected 是仅有的两个可以在一个已经关闭的数据阅读器上调用的属性。

表 5.6　DataReader 对象常用方法及说明

方　法	说　明
Read	使 DataReader 对象前进到下一条记录(如果有)
Close	关闭 DataReader 对象。注意,关闭阅读器对象并不会自动关闭底层连接
Get	用来读取数据集的当前行的某一列的数据
NextResult	读取批处理 SQL 语句的结果时,使数据读取器前进到下一个结果

5.5.2　从 DataReader 读取数据

可以调用 Read 方法来访问 DataReader 对象中的每一个记录。因为 DataReader 对象中的默认位置在第一个记录的前面,所以必须在访问数据之前调用 Read 方法。当不再有可用记录时,Read 方法就会返回一个空值。

下面是调用 Read 方法的示例。

```
while (dr.Read())
{
    lbName.Text += dr["au_name"];
}
```

可以通过顺序位置、名字或者调用适当的 Get 方法来访问一个字段。Get 方法包括 GetDateTime、GetDouble、GetInt32、GetString 等。

下面是调用 Get 方法来访问数据的示例。

```
dr.Read();
lbName.Text = dr.GetString(1) + "," + dr.GetString(2);
```

下面是通过名字引用当前记录的数据字段的示例。

```
dr["au_fname"];
```

5.5.3 DataReader 对象的使用

使用 DataReader 对象的具体步骤如下。
① 创建和打开数据库连接。
② 创建一个 Command 对象。
③ 从 Command 对象中创建 DataReader。
④ 执行 ExecuteReader 对象。
⑤ 使用 DataReader 对象。
⑥ 关闭 DataReader 对象。
⑦ 关闭 Connection 对象。

DataReader 对象使用示例参见 5.5.2 节,以下是 DataReader 对象的另一个使用实例。

```
//打开 Connection 并创建 Command
SqlConnection conn = new SqlConnection("data source = localhost; integrated security = true;
initial catalog = pubs;");
conn.Open();
SqlCommand cmdAuthors = new SqlCommand("select * from Authors", conn);
//创建 DataReader 对象并读取数据
SqlDataReader dr;
dr = cmdAuthors.ExecuteReader();
while(dr.Read())
{
    ListBox.Items.Add(dr["au_lname"] + "," + dr["au_fname"]);
}
//关闭 DataReader 和 Connection
dr.Close();
conn.Close();
```

当使用 DataReader 对象进行连接时,需要使用 Try…Catch…Finally 语句,这样可以在某方面失败时,确保连接关闭。否则,连接将会无限期保持打开状态。例如:

```
try
{
    conn.Open();
    dr = cmdAuthors.ExecuteReader();
    //使用 DataReader 中返回的数据
}
catch
{
    //错误处理
}
finally
{
    dr.Close();
    conn.Close();
}
```

5.6 DataAdapter 对象与 DataSet 对象

5.6.1 ADO.NET 数据集工作原理

ADO.NET 数据集 DataSet 的工作原理如图 5.8 所示。

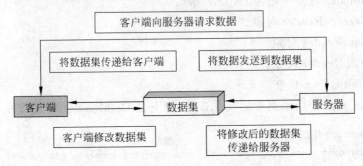

图 5.8 数据集工作原理

图 5.8 所示的原理就是 ADO.NET 数据集 DataSet 的工作原理。首先，客户端与数据库服务器端建立连接。然后，由客户端应用程序向数据库服务器发送数据请求。数据库服务器接到数据请求后，进行检索，选择出符合条件的数据，将这些数据发送给客户端的数据集。这时连接可以断开。接下来，数据集以数据绑定控件或直接引用等形式将数据传递给客户端应用程序。如果客户端应用程序在运行过程中有数据发生变化，它就会修改数据集里的数据。当应用程序运行到某一阶段时，比如，当应用程序需要保存数据时，就可以再次建立客户端到数据库服务器端的连接，将数据集里的被修改数据提交给服务器。最后，再次断开连接。

这种不需要实时连接数据库的工作过程被称为面向非连接的数据访问。在 DataSet 对象中处理数据时，客户端应用程序仅仅是在本地机器上的内存中使用数据的副本。这缓解了数据库服务器和网络的压力，因为只有在首次获取数据和编辑完数据并将其回传到数据库时，才能连接到数据库服务器。

虽然这种面向非连接的数据结构有优点，但也存在缺点。当处于断开环境时，客户端应用程序并不知道其他客户端应用程序对数据库中原数据所做的改动。这样，服务器很有可能得到过时的信息。

5.6.2 DataAdapter 对象

DataAdapter 对象主要用来承接 Connection 和 DataSet 对象。DataSet 对象只关心访问操作数据，而不关心自身包含的数据信息来自哪个 Connection 连接到的数据源，而 Connection 对象只负责数据库连接而不负责结果集的表示。所以，在 ASP.NET 的架构中是使用 DataAdapter 对象来连接 Connection 和 DataSet 对象的。另外，DataAdapter 对象能根据数据库里的表的字段结构动态地塑造 DataSet 对象的数据结构。

DataAdapter 对象的工作方式一般有两种。一种是通过 Command 对象执行 SQL 语句，将获得的结果集填充到 DataSet 对象中；另一种是将 DataSet 中更新数据的结果返回到数据库中。

DataAdapter 对象的常用属性形式为 XXXCommand，它用于描述和设置操作数据库。使用 DataAdapter 对象，可以读取、添加、更新和删除数据源中的记录。对于每种操作的执行方式，适配器都支持 4 个属性，如表 5.7 所示。这 4 个属性的类型都是 Command，它们分别用来管理数据操作的"增"、"删"、"改"、"查"。

表 5.7　DataAdapter 对象的常用属性

属 性	说 明	属 性	说 明
SelectCommand	用来从数据库中检索数据	DeleteCommand	用来删除数据库里的数据
InsertCommand	用来向数据库中插入数据	UpdateCommand	用来更新数据库里的数据

例如，以下代码能给 DataAdapter 对象的 SelectCommand 属性赋值。

```
//创建连接对象 conn 的语句
SqlConnection conn = new SqlConnection("data source = localhost; integrated security = true;
initial catalog = pubs;");
// 创建 DataAdapter 对象
SqlDataAdapter da = new SqlDataAdapter;
//给 DataAdapter 对象的 SelectCommand 属性赋值
Da.SelectCommand = new SqlCommand("select * from user", conn);
//后续代码
```

同样，也可以使用上述方式给其他的 InsertCommand、DeleteCommand 和 UpdateCommand 属性赋值。还可以直接通过构造函数创建并初始化 DataAdapter 对象。例如：

```
//创建连接对象 conn 的语句
SqlConnection conn = new SqlConnection("data source = localhost; integrated security = true;
initial catalog = pubs;");
//查询数据字符串
String strSql = "select * from user";
// 创建 DataAdapter 对象
SqlDataAdapter da = new SqlDataAdapter(strSql,conn);
//后续代码
```

SqlDataAdapter 的构造函数有以下 3 种。

- SqlDataAdapter da＝new SqlDataAdapter(strSql,strConn);
- SqlDataAdapter da＝new SqlDataAdapter(strSql,cn);
- SqlDataAdapter da＝new SqlDataAdapter(cmd)。

其中，strSql 是查询数据字符串，strConn 是数据库连接字符串，cmd 是 SqlCommand 对象，cn 是 SqlConnection 对象。

当在代码里使用 DataAdapter 对象的 SelectCommand 属性获得数据表的连接数据时，如果表中的数据有主键，就可以使用 CommandBuilder 对象来自动为这个 DataAdapter 对象隐式地生成其他 3 个 InsertCommand、DeleteCommand 和 UpdateCommand 属性。这样，在修改数据后，就可以直接调用 Update 方法，将修改后的数据更新到数据库中，而不必再使用 InsertCommand、DeleteCommand 和 UpdateCommand 这 3 个属性来执行更新操作。

5.6.3 DataSet 对象

DataSet 其实就是数据集。它就是把数据库中的数据映射到内存缓存中所构成的数据容器。对于任何数据源,它都提供一致的关系编程模型。DataSet 类的常用方法如表 5.8 所示,DataSet 类的常用属性如表 5.9 所示。

表 5.8 DataSet 对象常用方法及说明

方 法 名	返回类型	说 明
AcceptChanges	void	提交自从上次调用 AcceptChanges 或加载 DataSet 以来,对 DataSet 所做的改动
Clear	void	清除 DataSet 的所有数据
GetChanges	DataSet	返回 DataSet 的一个副本,它包含所有的加载之后的或 AcceptChanges 被调用之后的修改
GetXML	string	返回 DataSet 数据的 XML 表示
GetXMLSchema	string	返回 DataSet 数据的 XML 表示的 XSD Schema
Merge	void	将当前 DataSet 的数据和另一个 DataSet 合并。有重载
ReadXML	XmlReadMode	读取 XML Schema 和数据到 DataSet 中。有重载
ReadXMLSchema	void	读取 XML Schema 到 DataSet 中
RejectChanges	void	撤销自从创建 DataSet 以来或自从上次调用 AcceptChanges 以来对 DataSet 进行的改动
WriteXML	void	从 DataSet 读出 XML Schema 和数据。有重载
WriteXMLSchema	void	用 XML Schema 保存 DataSet 的结构。有重载
Clone		复制 DataSet 的结构(即 DataTable 模式、关系和约束条件),但是不复制任何数据
Copy		复制 DataSet 的结构和数据
Dispose		释放 MarshalByValueComponent 使用的资源(从 MarshalByValueComponent 继承而来)
Equals		判断一个 Object 实例是否等同于另一个(从 Object 继承而来)
Finalize		在垃圾收集器回收 Object 之前,使用这个方法去释放资源和清除操作。通常使用析构函数的语法表达这个方法
GetHashCode		特定类型的散列函数,用于散列与散列表相似的算法和数据结构(从 Object 继承而来)
GetService		返回 IServiceProvider 实现者(从 MarshalByValueComponent 继承而来)

表 5.9 DataSet 对象常用属性及说明

属性名称	类 型	说 明
DefaultViewManager	DefaultViewManager	返回 DataSet 中的数据视图,该 DataSet 允许过滤、搜索和导航
HasErrors	Boolean	如果任何一张表的任何移动行有错误就返回 true
Relations	DataRelationCollection	允许通过返回链接表的关系的集合,从父表导航到子表
Tables	DataTableCollection	返回 DataTable 对象集合

续表

属性名称	类型	说明
CaseSensitive	Boolean	获取或设置一个值,该值指出 DataTable 对象的字符串比较是否区分大小写
Container	IContainer	获取组建的容器(这个属性从 MarshalByValueComponent 继承而来)
DataSetName	String	获取或设置当前 DataSet 的名称
DesignMode	Boolean	返回一个值,用于说明组件当前是否处于设计模式下(这个属性从 MarshalByValueComponent 继承而来)
EnforceConstraints	Boolean	获取或设置一个值,在进行更新操作时,该值将指出是否应该遵循约束规则
Events	EventHandlerList	获取与组件相关的事件处理程序列表(这个属性从 MarshalByValueComponent 继承而来)
ExtendedProperties	PropertyCollection	返回一个由自定义用户信息所组成的集合
Locale	CultureInfo	获取或设置关于现场的信息,用于比较表中的字符串
Namespace	String	获取或设置 DataSet 的命名空间
Prefix	String	获取或设置 XML 前缀,该前缀将担当 DataSet 的命名空间的别名
Site	ISite	获取或设置 DataSet 的 System.ComponentModel.ISite

在 DataSet 中,既定义了数据表的约束关系以及数据表之间的关系,还实现了对数据表中的数据进行排序等功能。DataSet 对象创建方法如下。

```
DataSet 数据集对象 = new DataSet("数据集的名称字符串");
```

方法中的数据集的名称字符串可有可无。如果没有写参数,创建的数据集的名称则默认为 NewDataSet。例如:

```
DataSet myDataset = new DataSet();
DataSet myDataset = new DataSet("myDataBase");
```

DataSet 使用方法一般有以下 3 种。
- 用数据库中的数据通过 DataAdapter 对象填充 DataSet。
- 通过 DataAdapter 对象操作 DataSet 实现更新数据库。
- 把 XML 数据流或文本加载到 DataSet。

下面详细探讨 DataSet 使用方法的具体实现。

1. 通过 DataAdapter 对象填充 DataSet

DataAdapter 填充 DataSet 的过程分为以下两步。

① 首先,通过 DataAdapter 的 SelectCommand 属性从数据库中检索出需要的数据。SelectCommand 其实是一个 Command 对象。

② 然后,再通过 DataAdapter 的 Fill 方法把检索来的数据填充到 DataSet。

示例代码如下。

```
SqlDataAdapter da = new SqlDataAdapter(strSql,strConn);
```

```
DataSet ds = new DataSet();
da.Fill(ds);
```

执行以上代码后，DataSet 的实例对象 ds 会创建一个新的 DataTable。这个 DataTable 拥有 strSql 查询语句中所包括的字段，但 DataTable 对象的名称为默认的 Table，而不是查询语句中所查询的表的名称。

可以使用重载的 Fill 方法指定 DataTable。例如：

```
da.Fill(DataSet,"MyTableName");
// SqlDataAdapter 填充指定 DataSet 的特定表
da.Fill(DataTable);
// SqlDataAdapter 填充已经创建的 DataTable 对象
```

Fill 方法可以很轻松地实现分页显示，但其操作效率很低。例如：

```
da.Fill(DataSet,intStartRecord,intNumRecord,"TableName");
```

SqlDataAdapter 的 Fill 方法在调用前不需要有活动的 SqlConnection 对象，SqlDataAdapter 会自己打开 strConn 语句中的数据库，并且在获取查询结果后，关闭与数据库的连接。如果已经存在 SqlConnection 对象，无论数据库是否已经打开，SqlDataAdapter 执行完 Fill 方法后，均会将 SqlConnection 对象返回到原始状态。

如果 DataSet 中的数据需要更新，在调用 Fill 方法之前应该先清除 DataSet 或 DataTable 中的数据，这样可以确保 DataTable 中不会出现重复的数据行，也不会出现数据库中已经不存在的数据行。

以下是以 Microsoft SQL Server 中的 myDatabase 数据库为对象，使用 SqlDataAdapter 填充 DataSet 的具体实现方法。

```
private void btnDatabaseTest_Click(object sender, EventArgs e)
{
    //创建数据连接
    String strConn = "Data Source = .; Initial Catalog = myDatabase;uid = sa;pwd = sa";
    //integrated security = true
```

或：

```
    SqlConnection conn = new SqlConnection(strConn);
    try
    {
        conn.Open();
        //创建并初始化 SqlCommand 对象
        SqlCommand selectCmd = new SqlCommand("SELECT No , Name FROM BaseInform", conn);
        //创建 SqlDataAdapter 对象,并根据 SelectCommand 属性检索数据
        SqlDataAdapter da1 = new SqlDataAdapter();
        da1.SelectCommand = selectCmd;
        DataSet ds1 = new DataSet();
        //使用 SqlDataAdapter 的 Fill 方法填充 DataSet
        da1.Fill(ds1, "BaseInform");
        String strResult = "编号      姓名\n";
        foreach (DataRow row in ds1.Tables["BaseInform"].Rows)
```

```
        {
            strResult = strResult + row["No"].ToString() + row["Name"].ToString() + "\n";
        }
        MessageBox.Show(strResult);
        //关闭数据连接
        conn.Close();
    }
    catch(Exception ex)
    {
        MessageBox.Show(ex.Message.ToString() + "打开数据库失败!");
    }
}
```

执行结果如图 5.9 所示。

对于其他数据提供者的 DataAdapter，其具体的检索数据库中的数据并填充 DataSet 的实现方法类似于以上方法。

图 5.9　执行结果

2．通过 DataAdapter、DataSet 更新数据库

DataAdapter 是通过其 Update 方法实现以 DataSet 中的数据来更新数据库的。当 DataSet 实例中包含的数据发生更改后，调用 Update 方法。DataAdapter 将分析已做出的更改，并执行相应的命令（INSERT、UPDATE 或 DELETE），以此命令来更新数据库中的数据。如果 DataSet 中的 DataTable 是映射到单个数据库表或是从单个数据库表生成的，则可以利用 CommandBuilder 对象自动生成 DataAdapter 的 DeleteCommand、InsertCommand 和 UpdateCommand。例如，下面一段程序的功能就是删除数据表 BaseInform 中第一行数据。

```
private void btnDatabaseTest_Click(object sender, EventArgs e)
{
    //创建数据连接
    String strConn = "Data Source = .; Initial Catalog = myDatabase;uid = sa;pwd = sa";
    //integrated security = true 或
    SqlConnection conn = new SqlConnection(strConn);
    try
    {
        conn.Open();
        //创建并初始化 SqlCommand 对象
        SqlCommand selectCmd = new SqlCommand("SELECT No , Name FROM BaseInform", conn);
        //创建 SqlDataAdapter 对象,并根据 SelectCommand 属性检索数据
        SqlDataAdapter da1 = new SqlDataAdapter();
        da1.SelectCommand = selectCmd;
        DataSet ds1 = new DataSet();
        //使用 SqlDataAdapter 的 Fill 方法填充 DataSet
        da1.Fill(ds1, "BaseInform");
        //以 da1 为参数来初始化 SqlCommandBuilder 实例
        SqlCommandBuilder sqlCb1 = new SqlCommandBuilder(da1);
        //删除 DataSet 中数据表 BaseInform 中第一行数据
        ds1.Tables["BaseInform"].Rows[0].Delete();
        //调用 Update 方法,以 DataSet 中的数据更新数据库
        da1.Update(ds1, "BaseInform");
        ds1.Tables["BaseInform"].AcceptChanges();
        String strResult = "编号        姓名\n";
        foreach (DataRow row in ds1.Tables["BaseInform"].Rows)
```

```
        {
            strResult = strResult + row["No"].ToString() + row["Name"].ToString() + "\n";
        }
        MessageBox.Show(strResult);
        //关闭数据连接
        conn.Close();
    }
    catch(Exception ex)
    {
        MessageBox.Show(ex.Message.ToString() + "打开数据库失败!");
    }
}
```

执行结果如图 5.10 所示。

以下代码示例用于显示如何在 DataSet 中增加一行数据并更新数据库的值。

图 5.10 执行结果

```
//以 da1 为参数来初始化 SqlCommandBuilder 实例
SqlCommandBuilder sqlCb1 = new SqlCommandBuilder(da1);
//在 DataSet 数据表 BaseInform 中插入一行数据
DataRow newRow = ds1.Tables["BaseInform"].NewRow();
newRow["No"] = "1";
newRow["Name"] = "myName1";
//newRow["Sex"] = "true";
ds1.Tables["BaseInform"].Rows.Add(newRow);
//调用 Update 方法,以 DataSet 中的数据更新数据库
da1.Update(ds1, "BaseInform");
ds1.Tables["BaseInform"].AcceptChanges();
```

由于不了解 DataSet 结构和它与数据库的关系,很多初学者往往只是在更新了 DataSet 中的数据后,就认为数据库中的数据也随之更新了。所以,当打开数据库浏览时发现并没有更新数据,他们都会比较疑惑。通过上面的介绍,这样的疑惑应该能够消除了。

5.6.4 DataTable 对象

DataTable 对象的数据集中的数据是以 DataTable 对象的形式存储的。DataTable 类属于 System.Data 命名空间。DataTable 的常用属性、事件和方法分别如表 5.10、表 5.11 和表 5.12 所示。

表 5.10 DataTable 属性

属 性	说 明
Columns	表示列的集合或 DataTable 包含的 DataColumn
Constraints	表示特定 DataTable 的约束集合
DataSet	表示 DataTable 所属的数据集
PrimaryKey	表示作为 DataTable 主键的字段或 DataColumn
Rows	表示行的集合或 DataTable 包含的 DataRow
HasChanges	返回一个布尔值,指示数据集是否发生了更改

表 5.11　DataTable 事件

事件	说明	事件	说明
ColumnChanged	修改该列中的值时激发该事件	RowDeleted	成功删除行时激发该事件
RowChanged	成功编辑行后激发该事件		

表 5.12　DataTable 方法

方法	说明	方法	说明
AcceptChanges	提交对该表所做的所有修改	NewRow	添加新的 DataRow

以下代码演示出了如何使用多个 DataTabel 对象实例,并将其添加到 Tables 集合中。

```
DataSet studentDS = new DataSet();
DataTable objStudentTable = studentDS.Tables.Add("Students");
```

5.6.5　DataColumn 对象

DataColumn 对象用于定义 DataTable 的列,其属性如表 5.13 所示。

表 5.13　DataColumn 属性

属性	说明
AllowDBNull	表示一个值,指示对于该表中的行,此列是否允许 null 值
ColumnName	表示指定 DataColumn 的名称
DataType	表示指定 DataColumn 对象中存储的数据类型
DefaultValue	默认值
Table	表示 DataColumn 所属的 DataTable 的名称
Unique	表示 DataColumn 的值是否必须是唯一的

以下代码演示了如何使用多个 DataColumn 对象创建 DataTabel。

```
DataTable objStudentTable = new DataTable("Students");
DataColumn bjStuNumber = objStudentTable.Columns.Add (" StudentNo ",typeof(Int32));
objStuNumber.AllowDBNull = false;
objStuNumber.DefaultValue = 25;
objStudentTable. .Columns.Add(objStuNumber);
objStudentTable.Columns.Add("StudentName",typeof(Int32));
objStudentTable.Columns.Add("StudentMarks",typeof(Double));
```

5.6.6　DataRow 对象

DataRow 对象用于定义 DataTable 的行,其属性和方法分别如表 5.14 和表 5.15 所示。

表 5.14　DataRow 属性

属性	说明	属性	说明
Item	表示 DataRow 的指定列中存储的值	Table	表示用于创建 DataRow 的 DataTable 的名称
RowState	表示行的当前状态		

表 5.15 DataRow 方法

方 法	说 明
AcceptChanges	用于提交自上次调用了 AcceptChanges 之后对该行所做的所有修改
Delete	Deletes the DataRow 用于删除 DataRow
RejectChanges	用于拒绝自上次调用了 AcceptChanges 之后对 DataRow 所做的所有修改

以下代码演示了如何使用 DataTabel 对象创建新的 DataRow。

```csharp
//定义表结构,为 Students 表添加学号、姓名、分数 3 列
DataTable objStudentTable = new DataTable("Students");
DataColumn objStudentNumber = new DataColumn();
objStudentNumber.DataType = objStudentTable.Columns.Add (" StudentNo ",typeof (string));
objStudentNumber.AllowDBNull = false;
objStudentNumber.DefaultValue = 25;
objStudentTable.Columns.Add("StudentName",typeof(string));
objStudentTable.Columns.Add("StudentMarks",typeof(Double));//向表中填充数据
DataRow objStudentRow;
objStudentRow = objStudentTable.NewRow();
objStudentRow["StudentNo"] = 101;
objStudentRow["StudentName"] = "张三";
objStudentRow["StudentMarks"] = 55;
objStudentTable.Rows.Add(objStudentRow);
```

表中的主键用于对记录进行唯一标识。DataTable 的 PrimaryKey 属性接受含有一个或多个 DataColumn 对象的数组。

5.6.7 多表操作

数据集不但可以保存数据,还可以保存表间关系。换句话说,数据集可以在客户机的内存里创建一个简化的关系型数据库。从图 5.4 所示的 DataSet 对象模型可以看出,数据集包含两个集合:一个是表集合(DataTableCollection),另一个是关系集合(DataRelationCollection)。另外,表集合又包含行集合(DataRowCollection)、列集合(DataColumnCollection)和约束集合(ConstraintCollection)。下面的代码在数据集中建立了 myDatabase 数据库的 3 个表及表间关系。

```csharp
private void btnDatabaseTest_Click(object sender, EventArgs e)
{
    //创建数据连接
    String strConn = "Data Source = .; Initial Catalog = myDatabase;uid = sa;pwd = sa";
    SqlConnection conn = new SqlConnection(strConn);
    try
    {
        //打开数据库
        conn.Open();
        //创建数据集 dsMyDataBase
        DataSet dsMyDataBase = new DataSet();
        //将 myDatabase 数据库中的 BaseInform 表数据填充到数据集
        //dsMyDataBase 中的一个 DataTable 中,该 DataTable 命名为 BaseInform
```

```
            SqlDataAdapter daBaseInform = new SqlDataAdapter("Select * From BaseInform",conn);
            SqlCommandBuilder bdBaseInform = new SqlCommandBuilder(daBaseInform);
            daBaseInform.Fill(dsMyDataBase,"BaseInform");
            //将 myDatabase 数据库中的 Grade 表数据填充到数据集
            //dsMyDataBase 中的一个 DataTable 中,该 DataTable 命名为 Grade
            SqlDataAdapter daGrade = new SqlDataAdapter("Select * From Grade",conn);
            SqlCommandBuilder bdGrade = new SqlCommandBuilder(daGrade);
            daGrade.Fill(dsMyDataBase,"Grade");
            //将 myDatabase 数据库中的 Course 表数据填充到数据集
            //dsMyDataBase 中的一个 DataTable 中,该 DataTable 命名为 Course
            SqlDataAdapter daCourse = new SqlDataAdapter("Select * From Course",conn);
            SqlCommandBuilder bdCourse = new SqlCommandBuilder(daCourse);
            daCourse.Fill(dsMyDataBase,"Course");
            //创建一个 DataRelation 对象,并将其添加到 dsMyDataBase 对象的 Relations 集合中
dsMyDataBase.Relations.Add(dsMyDataBase.Tables["BaseInform"].Columns["No"],dsMyDataBase.
Tables["Grade"].Columns["No"]);
dsMyDataBase.Relations.Add(dsMyDataBase.Tables["Course"].Columns["CNo"],
    dsMyDataBase.Tables["Grade"].Columns["CNo"]);
            MessageBox.Show("关系创建成功!");
            //关闭数据连接
            conn.Close();
        }
        catch(Exception ex)
        {
            MessageBox.Show(ex.Message.ToString() + "打开数据库失败!");
        }
    }
```

该程序将创建一个 DataRelation 对象,并将其添加到 dsMyDataBase 对象的 Relations 集合中。其中,Add 方法的第一个参数用于指定父列(即主表的主键列),第二个参数用于指定子列(即从表的外键列)。上述代码在数据集中建立了 MyDataBase 数据库的内存映像,要想看到实际效果,可通过数据绑定机制在 DataGrid 控件上显示出来。

5.7 XML

当前,数据库技术的应用无所不在。近年来,软、硬件的不断发展,为新一代数据库技术的发展奠定了物质技术基础。尤为引人注目的是:光盘、磁盘组、高性能微处理器芯片、光纤、高速传输网、大规模并行处理技术、人工智能、逻辑程序设计、面向对象的程序设计、发放系统和标准化以及多媒体技术的发展和推广。这些新技术与数据库的广泛应用相结合,形成了当代数据库几个有代表性的新方向:分布式数据库系统、面向对象的数据库管理系统、演绎数据库和知识库、数据仓库和数据挖掘。这些方向引起了学术界和技术领域人员的广泛兴趣,有巨大的实用价值。W3C 制定的 XML 规范给计算机各个领域带来了很大的冲击,对于数据库领域也不例外。当今,XML 和数据库的联系紧密,在新版的 Oracle 以及 MicroSoft SQL Server 里都凸现出了 XML 技术的身影。随着网络化的发展,对于数据管理提出了新的要求,出现了许多新的技术,而这些新技术几乎都是与 XML 技术紧密结合的。下面详细介绍 XML 及其相关操作。

5.7.1 XML 简介

XML(Extensible Markup Language)即可扩展标记语言,它与 HTML 一样,都是 SGML(Standard Generalized Markup Language,标准通用标记语言)。XML 是 Internet 环境中跨平台的、依赖于内容的技术,它是当前处理结构化文档信息的有力工具。扩展标记语言 XML 是一种简单的数据存储语言,它使用一系列简单的标记来描述数据。这些标记可以用方便的方式建立。虽然 XML 占用的空间比二进制数据占用的空间更多,但 XML 极其简单,易于掌握和使用。例如,记录有关学生信息的 XML 文档如下。

```
< Student version = "1.0">
   < Inform >
      < Name >张三</Name >
      < Age > 20 </Age >
      < Hobby >唱歌</Hobby >
   </Inform >
   < Inform >
      < Name >李四</Name >
      < Age > 20 </Age >
      < Hobby >跳舞</Hobby >
   </Inform >
   < Inform >
      < Name >王五</Name >
      < Age > 20 </Age >
      < Hobby >游泳</Hobby >
   </Inform >
</Student >
```

XML 的简单使其易于在任何应用程序中读写数据,这使 XML 很快成为了数据交换的唯一公共语言。虽然不同的应用软件也支持其他的数据交换格式,但不久之后他们都将支持 XML。那就意味着,程序可以更容易地与 Windows、Mac OS、Linux 以及其他平台下产生的信息相结合,然后,可以很容易加载 XML 数据到程序中并对其进行分析,还可以以 XML 格式输出结果。

5.7.2 .NET 框架中与 XML 有关的命名空间

DataSet 中的数据可以从 XML 数据流或文档中创建,并且,.NET Framework 可以控制加载 XML 数据流或文档中的那些数据以及创建 DataSet 的关系结构的方式。加载 XML 数据流和文档到 DataSet 中,可以使用 DataSet 对象的 ReadXml 方法(注意:如果用 ReadXml 加载非常大的文件,则其性能会有所下降)。ReadXml 方法将从文件、流或 XmlReader 中读取,并将 XML 的源以及可选的 XmlReadMode 参数用作参数。该 ReadXml 方法读取 XML 流或文档中的内容,并将数据加载到 DataSet 中。根据所指定的 XmlReadMode 和关系架构是否已存在,它还将创建 DataSet 的关系架构。下面从相关类、XML 的读、写等方面进行介绍。

要对 XML 文件进行操作,需要声明命名空间,如 using System.Xml。System.Xml 包含了一些和 XML 文档的读写操作相关的类,它们分别是 XmlReader、XmlTextReader、

XmlValidatingReader、XmlNodeReader、XmlWriter、XmlTextWriter 以及 XmlNode（它的子类包括 XmlDocument、XmlDataDocument、XmlDocumentFragment）等类。

System.Xml.Schema 包含了和 XML 模式相关的类，这些类包括 XmlSchema、XmlSchemaAll、XmlSchemaXPath 以及 XmlSchemaType 等类。

System.Xml.Serialization 包含了和 XML 文档的序列化和反序列化操作相关的类。序列化就是将 XML 格式的数据转化为流格式的数据，并在网络中传输。反序列化则完成相反的操作，即将流格式的数据还原成 XML 格式的数据。

System.Xml.Xpath 包含了 XPathDocument、XPathExression、XPathNavigator 以及 XPathNodeIterator 等类，这些类能完成 XML 文档的导航功能（在 XPathDocument 类的协助下，XPathNavigator 类能完成快速的 XML 文档导航功能，该类为程序员提供了许多 Move 方法，以完成导航功能）。

System.Xml.Xsl 完成 XSLT 的转换功能。

5.7.3 写 XML 文件

用 XmlWriter 类可以实现写操作。该类包含了写 XML 文档所需的方法和属性，它是 XmlTextWriter 类和 XmlNodeWriter 类的基类。写操作的某些方法是成对出现的。例如，要写入一个元素，首先调用 WriteStartElement 方法，然后写入实际内容，最后调用 WriteEndElement 方法结束。下面通过其子类 XmlTextWriter 来说明如何写 XML 文档。

（1）首先创建 XmlTextWriter 对象。例如：

```
XmlTextWriter textWriter = New XmlTextWriter("C:\\myXmFile.xml", null);
```

（2）调用 WriteStartDocument 方法写 XML 文档。其写的过程如下。
① 调用 WriteComment 方法来添加说明。
② 通过调用 WriteString 方法来添加一个字符串。
③ 通过调用 WriteStartElement 和 WriteEndElement 方法对来添加一个元素。
④ 通过调用 WriteStartAttribute 和 WriteEndAttribute 方法对来添加一个属性。
⑤ 通过调用 WriteNode 方法来添加一个结点。

（3）调用 WriteEndDocument 结束写过程，并调用 Close 方法将其关闭。

其他的写的方法还包括 WriteProcessingInstruction 和 WriteDocType 等。下面的示例介绍了如何具体运用这些方法来完成 XML 文档的写工作。

```
using System;
using System.Collections.Generic;
using System.Linq;
using System.Text;
using System.Xml;
namespace _5_3
{
    class Program
    {
        static void Main(string[] args)
        {
```

```csharp
try
{
    //创建 XmlTextWriter 类的实例对象
    XmlTextWriter textWriter = new XmlTextWriter("test.xml", null);
    textWriter.Formatting = Formatting.Indented;
    //开始写过程,调用 WriteStartDocument 方法
    textWriter.WriteStartDocument();
    // 写入说明
    textWriter.WriteComment("First XmlTextWriter Sample Example");
    textWriter.WriteComment("w3sky.xml in root dir");
    //创建一个结点
    textWriter.WriteStartElement("Administrator");
    textWriter.WriteElementString("Name", "formble");
    textWriter.WriteElementString("site", "w3sky.com");
    textWriter.WriteEndElement();
    // 写文档结束,调用 WriteEndDocument 方法
    textWriter.WriteEndDocument();
    // 关闭 textWriter
    textWriter.Close();
}
catch (System.Exception e)
{
    Console.WriteLine(e.ToString());
}
```

程序执行后得到一个名为 test.xml 的文件,结果如图 5.11 所示。

图 5.11 写 XML 文件执行结果

5.7.4 读 XML 文件

用 XmlTextReader 类的对象可以读取该 XML 文档,只需在创建新对象的构造函数中指明 XML 文件的位置即可。例如:

```
XmlTextReader textReader = new XmlTextReader("C:\\books.xml");
```

从 XmlTextReader 类中的属性 NodeType 可以知道其结点的结点类型。通过与枚举类型 XmlNodeType 中的元素的比较，可以获取相应结点的结点类型，并对其完成相关的操作。XmlNodeType 中包含了诸如 XmlDeclaration、Attribute、CDATA、Element、Comment、Document、DocumentType、Entity、ProcessInstruction 以及 WhiteSpace 等 XML 项的类型。

给出一个 RefImform.xml 文件，如图 5.12 所示。下面的示例是通过读取 RefImform.xml 文件来创建对象的，然后通过该 XML 对象的 Name、BaseURI、Depth、LineNumber 等属性来获取相关信息，并显示在控制台中。执行结果如图 5.13 所示。

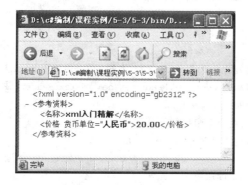

图 5.12 RefImform.xml

图 5.13 读取 RefImform.xml 文件执行结果

```csharp
using System;
using System.Collections.Generic;
using System.Linq;
using System.Text;
using System.Xml;
namespace _5_3
{
    class Program
    {
        static void Main(string[] args)
        {
            try
            {
                //创建一个 XmlTextReader 类的对象,并调用 Read 方法来读取 XML 文件
                XmlTextReader textReader = new XmlTextReader("RefImform.xml");
                textReader.Read();
                // 结点非空则执行循环体
                while (textReader.Read())
                {
                    // 读取第一个元素
                    //textReader.MoveToElement();
                    Console.WriteLine("XmlTextReader Properties Test");
                    Console.WriteLine(" ==================== ");
                    // 读取该元素的属性并显示在控制台中
                    Console.WriteLine("Name:" + textReader.Name);
                    Console.WriteLine("Base URI:" + textReader.BaseURI);
                    Console.WriteLine("Local Name:" + textReader.LocalName);
                    Console.WriteLine("AttributeCount:" + textReader.AttributeCount.ToString());
                    Console.WriteLine("Depth:" + textReader.Depth.ToString());
                    Console.WriteLine("Line Number:" + textReader.LineNumber.ToString());
                    Console.WriteLine("Node Type:" + textReader.NodeType.ToString());
                    Console.WriteLine("Attribute Count:" + textReader.Value.ToString());
                }
                Console.ReadLine();
            }
            catch (System.Exception e)
            {
                Console.WriteLine(e.ToString());
            }
        }
    }
}
```

5.7.5 XmlDocument 类

XmlDocument 类代表了 XML 文档,它能完成与整个 XML 文档相关的各类操作。同时,和其相关的 XmlDataDocument 类也是非常重要的,值得深入研究。该类包含了 Load、LoadXml 以及 Save 等重要的方法,如表 5.16 所示。

表 5.16 XmlDocument 的重要方法

方法	说明
Load	从一个字符串指定的 XML 文件或是一个流对象、一个 TextReader 对象、一个 XmlReader 对象中导入 XML 数据
LoadXml	从一个特定的 XML 文件导入 XML 数据
Save	将 XML 数据保存到一个 XML 文件中或是一个流对象、一个 TextWriter 对象、一个 XmlWriter 对象中

例如,Save 方法的使用如下。

```
// 保存到文件中
doc.Save("C:\\student.xml");
// 通过改变 Save 方法中的参数,将 XML 数据显示在控制台中
doc.Save(Console.Out);
```

在下面的示例中,用到了一个 XmlTextReader 对象,通过它可以读取 RefImform.xml 文件中的 XML 数据。然后创建一个 XmlDocument 对象并载入 XmlTextReader 对象,这样 XML 数据就被读到 XmlDocument 对象中了。最后,通过该对象的 Save 方法将 XML 数据显示在控制台中。执行结果如图 5.14 所示。

```
using System;
using System.Collections.Generic;
using System.Linq;
using System.Text;
using System.Xml;
namespace _5_3
{
    class Program
    {
        static void Main(string[] args)
        {
            try
            {
                XmlDocument doc = new XmlDocument();
                // 创建一个 XmlTextReader 对象,读取 XML 数据
                XmlTextReader reader = new XmlTextReader("RefImform.xml");
                reader.Read();
                // 载入 XmlTextReader 类的对象
                doc.Load(reader);
                // 将 XML 数据显示在控制台中
                doc.Save(Console.Out);
                Console.ReadLine();
            }
            catch (System.Exception e)
            {
                Console.WriteLine(e.ToString());
            }
        }
    }
}
```

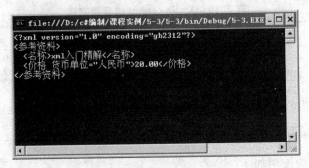

图 5.14 XmlDocument 类的应用实例

5.8 数据绑定

5.8.1 简单控件和复杂控件的数据绑定

数据绑定根据组件的不同可以分为两种,一种是简单型的数据绑定,另外一种就是复杂型的数据绑定。所谓简单型的数据绑定,就是绑定后组件显示出来的字段只是单个记录。这种绑定一般使用在显示单个值的组件上,如 TextBox 组件和 Label 组件。而复杂型的数据绑定就是绑定后的组件显示出来的字段是多个记录。这种绑定一般使用在显示多个值的组件上,如 ComBox 组件、ListBox 组件等。

在下边的实例中,数据库 SQL Server 2008 的数据库服务器名称为".",数据库名称为 myDatabase,登录的 ID 为 sa,口令为空 sa。在数据库也定义了一张 BaseInform 表,表的数据结构如图 5.15 所示。

列名	数据类型	允许空
No	char(10)	☐
Name	char(10)	☑
Sex	bit	☑
		☐

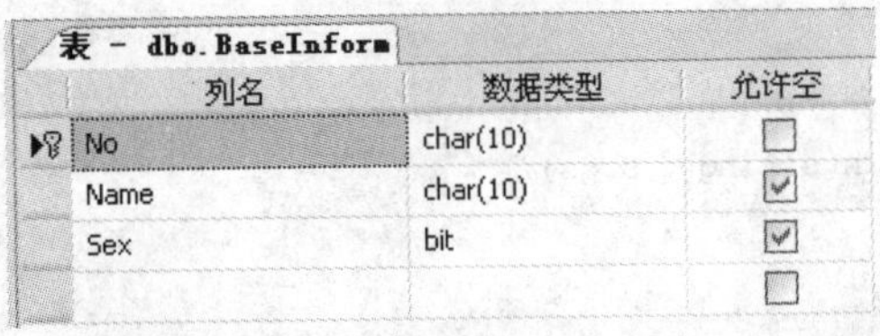

图 5.15 BaseInform 表结构

数据绑定一般分为以下两个步骤。

首先,无论是简单型的数据绑定,还是复杂型的数据绑定,要实现绑定的第一步就是要连接数据库,得到可以操作的 DataSet。

```
String strConn = "Data Source = .;Initial Catalog = myDatabase;uid = sa;pwd = sa";
SqlConnection conn = new SqlConnection(strConn);
//打开数据库
conn.Open();
//创建数据集 dsMyDataBase
DataSet dsMyDataBase = new DataSet();
//将 myDatabase 数据库中的 BaseInform 表数据填充到数据集
//dsMyDataBase 中的一个 DataTable 中,该 DataTable 命名为 BaseInform
SqlDataAdapter daBaseInform = new SqlDataAdapter("Select * From BaseInform",conn);
daBaseInform.Fill(dsMyDataBase,"BaseInform");
```

```
//关闭数据连接
conn.Close();
```

其次,不同的组件可以采用不同的数据绑定。

1. 简单型的数据绑定

下面介绍两种简单型的数据绑定。

1) TextBox 组件的数据绑定

通过下列语句就可以把数据集(即 dsMyDataBase)的 No 字段绑定到 TextBox 组件(textBox1 控件)的 Text 属性上面。

```
textBox1.DataBindings.Add("Text", dsMyDataBase.Tables["BaseInform"], "No");
```

2) Label 组件的数据绑定

在掌握了 TextBox 组件数据绑定以后,可以十分方便地得到 Label 组件的数据绑定方法,因为这二者实现的方法很相似。下列语句用于把得到数据集的 Name 字段绑定到 Label 组件(label1 控件)的 Text 属性上。

```
label1.DataBindings.Add ("Text", dsMyDataBase.Tables["BaseInform"], "Name");
```

2. 复杂型组件的数据绑定

通过上面的介绍,了解到对复杂型组件的数据绑定是通过设定组件的某些属性来完成的。下面介绍 ComboBox 组件和 ListBox 组件的数据绑定。

1) ComboBox 组件的数据绑定

在得到数据集后,只要设定好 ComboBox 组件的 3 个属性就可以完成数据绑定了。这 3 个属性是 DataSource、DisplayMember、ValueMember。其中,DataSource 是要显示的数据集,DisplayMember 是 ComboBox 组件显示的字段,ValueMember 是实际使用值。3 个属性的具体设置如下。

```
ComboBox1.DataSource = dsMyDataBase;
ComboBox1.DisplayMember = "Name" ;
ComboBox1.ValueMember = "Name" ;
```

由此得到 ComboBox 组件(ComboBox1 控件)数据绑定的源程序代码如下。执行结果如图 5.16 所示。

图 5.16 ComboBox 数据绑定结果

```
private void btnDatabaseTest _ Click ( object sender, EventArgs e)
{
    //创建数据连接
    String strConn = "Data Source = .; Initial Catalog = myDatabase;uid = sa;pwd = sa";
    SqlConnection conn = new SqlConnection(strConn);
    try
    {
        //打开数据库
        conn.Open();
        //创建数据集 dsMyDataBase
        DataSet dsMyDataBase = new DataSet();
        //将 myDatabase 数据库中的 BaseInform 表数据填充到数据集
```

```
            //dsMyDataBase 中的一个 DataTable 中,该 DataTable 命名为 BaseInform
            SqlDataAdapter daBaseInform = new SqlDataAdapter("Select * From BaseInform",conn);
            daBaseInform.Fill(dsMyDataBase,"BaseInform");
            //绑定数据
            comboBox1.DataSource = dsMyDataBase.Tables["BaseInform"];
            comboBox1.DisplayMember = "Name";
            comboBox1.ValueMember = "Name";
            //关闭数据连接
            conn.Close();
        }
        catch(Exception ex)
        {
            MessageBox.Show(ex.Message.ToString() + "打开数据库失败!");
        }
    }
```

2) ListBox 组件的数据绑定

ListBox 组件的数据绑定和 ComboBox 组件的数据绑定的方法大致相同,它也是通过设定 DisplayMember、ValueMember 和 DataSource 这 3 个属性来完成的,并且这 3 个属性在 ListBox 组件中代表的意思和在 ComboBox 组件中的意思基本一样。由此可以得到 ListBox 组件对本地数据库和远程数据库进行数据绑定的源程序。

5.8.2 DataGridView 数据库控件绑定

可以将数据集绑定到一个 DataGridView 控件上,这样就拥有了数据集的一个可视窗口。通过 DataGridView 控件,既可以看到数据集里的数据,也可以直接编辑数据集里的数据。下面举例说明 DataGridView 数据的绑定。在窗体中添加一个按钮控件 btnDatabaseTest 和一个 DataGridView1 控件,具体绑定代码如下,执行结果如图 5.17 所示。

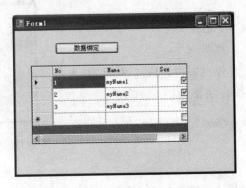

图 5.17 DataGridView 控件数据绑定

```
private void btnDatabaseTest_Click(object sender, EventArgs e)
{
    //创建数据连接
    String strConn = "Data Source = .; Initial Catalog = myDatabase;uid = sa;pwd = sa";
    SqlConnection conn = new SqlConnection(strConn);
    try
```

```
        {
            //打开数据库
            conn.Open();
            //创建数据集 dsMyDataBase
            DataSet dsMyDataBase = new DataSet();
            //将 myDatabase 数据库中的 BaseInform 表数据填充到数据集
            //dsMyDataBase 中的一个 DataTable 中,该 DataTable 命名为 BaseInform
            SqlDataAdapter daBaseInform = new SqlDataAdapter("Select * From BaseInform",conn);
            daBaseInform.Fill(dsMyDataBase,"BaseInform");
            //绑定数据
            dataGridView1.DataSource = dsMyDataBase.Tables["BaseInform"];
            //关闭数据连接
            conn.Close();
        }
        catch(Exception ex)
        {
            MessageBox.Show(ex.Message.ToString() + "打开数据库失败!");
        }
    }
```

5.9　数据库应用程序开发案例

下面以航空公司为例,详细介绍航空公司乘客信息管理功能。通过该程序的开发,目的是使读者能够进一步理解 C# 开发数据库技术。实现步骤如下。

① 启动 SQL,创建一个 myDatabase 数据库,并创建一个 ClientInfrom 表,其结构如图 5.18 所示。在其中输入几条数据记录,结果如图 5.19 所示。

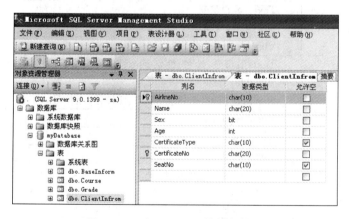

图 5.18　ClientInfrom 数据表结构

AirlineNo	Name	Sex	Age	CertificateType	CertificateNo	SeatNo
123	张三1	False	23	身份证	2225555222222...	1-2
123	张三1	True	38	军官证	223332	1-3
NULL	NULL	NULL	NULL	NULL	NULL	NULL

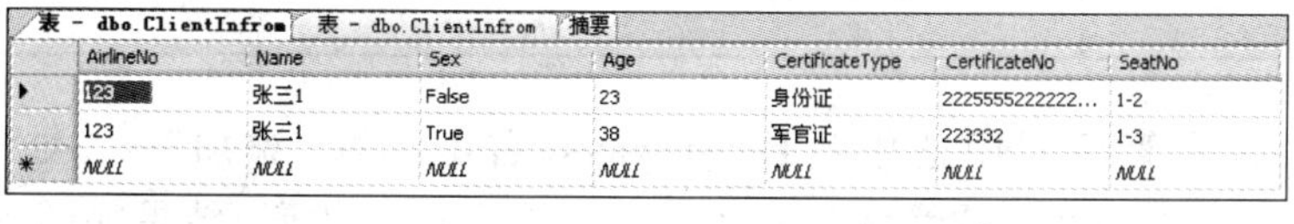

图 5.19　ClientInfrom 数据表初始记录

② 启动 Visual Studio 2013 创建一个 Windows 窗体应用程序，项目名称为 Airways，结果如图 5.20 所示。

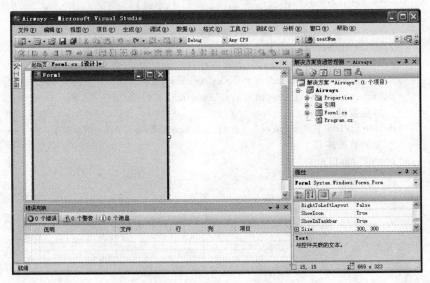

图 5.20 项目初始界面

③ 然后设计界面。在窗体中拖入几个控件，控件的名称及属性如表 5.17 所示。界面设计结果如图 5.21 所示。

表 5.17 控件的名称及属性

控　件	属　性
Form1	Text：客户信息
	Size：633，488
	Vlisuble：false
label1-8	Text：航班号、姓名、性别、年龄、证件类型、证件号、座位号
	Vlisuble：false
textBox1-6	分别对应航班号、姓名、年龄、证件号、座位号
	Vlisuble：false
comboBox1	Items：男、女
	Vlisuble：false
comboBox2	Items：身份证、军官证、学生证、工作证、其他证
	Vlisuble：false
Button1-5	Text：添加、修改、删除、取消、退出、确定
	Visuable：false
	添加、退出按钮的 Visuable 为 true
dataGridView1	

④ 在解决方案管理器中选中项目 Airways，右击选择"添加"→"类"→"输入类名 DBClass."选项，双击 DBCass，然后在 DBClass 中输入以下代码，结果如图 5.22 所示。注意：将类和类的成员都改为静态的。

第5章 数据库应用开发技术 169

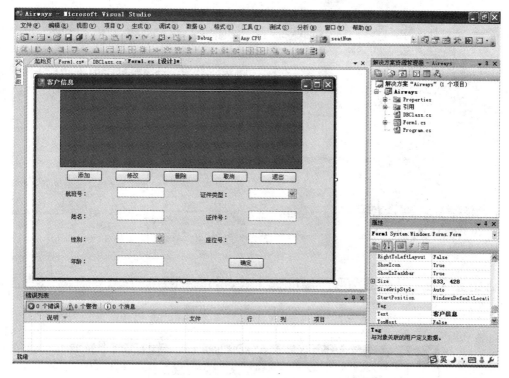

图 5.21 界面布局

```
using System;
using System.Collections.Generic;
using System.Linq;
using System.Text;
using System.Data.SqlClient;
namespace Airways
{
    public static class DBClass
    {
        //注意,在下面的代码中,对于不同的机器,密码和用户名不一样
        public static String strConn = "Data Source = .; Initial Catalog = myDatabase;uid = sa;pwd = sa";
        public static SqlConnection conn = new SqlConnection(strConn);
    }
}
```

⑤ 双击 Form1 控件,编辑 Form1 的代码如下,运行后的结果如图 5.23 所示。
首先添加引用为:

using System.Data.SqlClient;

其次添加 Load 事件代码为:

```
private void Form1_Load(object sender, EventArgs e)
{
    try
    {
```

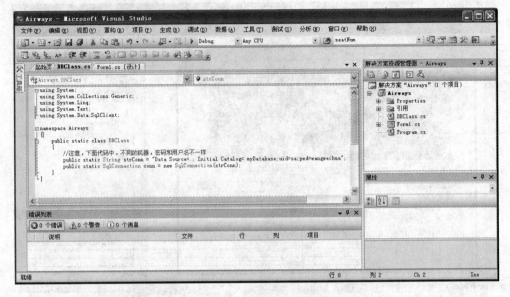

图 5.22　DBClass 类及代码

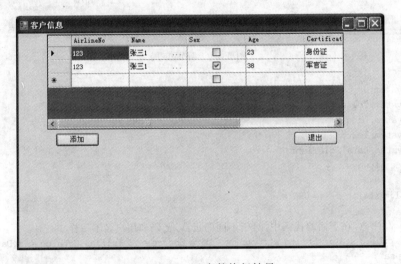

图 5.23　Load 事件执行结果

```
//打开数据库
DBClass.conn.Open();
//创建数据集 dsMyDataBase
DataSet dsMyDataBase = new DataSet();
//将 myDatabase 数据库中的 BaseInform 表数据填充到数据集
//dsMyDataBase 中的一个 DataTable 中,该 DataTable 命名为 BaseInform
 SqlDataAdapter daBaseInform = new SqlDataAdapter("Select * From ClientInfrom", DBClass.conn);
daBaseInform.Fill(dsMyDataBase, "BaseInform");
//绑定数据
dataGridView1.DataSource = dsMyDataBase.Tables["BaseInform"];
//关闭数据连接
```

```
            DBClass.conn.Close();
        }
        catch (Exception ex)
        {
            MessageBox.Show(ex.Message.ToString() + "打开数据库失败!");
        }
    }
```

⑥ 双击"退出"按钮，编辑如下代码。

```
private void button5_Click(object sender, EventArgs e)
{
    Application.Exit();                    //退出程序
}
```

⑦ 双击"添加"按钮，添加如下代码。

```
private void button1_Click(object sender, EventArgs e)
{
    //显示有关操作控件
    label1.Visible = true;
    label2.Visible = true;
    label3.Visible = true;
    label4.Visible = true;
    label5.Visible = true;
    label6.Visible = true;
    label7.Visible = true;
    textBox1.Visible = true;
    textBox2.Visible = true;
    textBox3.Visible = true;
    textBox4.Visible = true;
    textBox5.Visible = true;
    comboBox1.Visible = true;
    comboBox2.Visible = true;
    button6.Visible = true;
    button4.Visible = true;
}
```

执行后双击"确定"按钮，结果如图 5.24 所示。

⑧ 双击"确定"按钮，并添加如下代码，实现插入数据记录功能。注意，此代码没有包含各个字段的数据有效性校验。

```
private void button6_Click(object sender, EventArgs e)
{
    try
    {
        //int i1, i2;
        DBClass.conn.Open();
        SqlCommand cmd = new SqlCommand();
        cmd.Connection = DBClass.conn;
        //插入数据。注意,此处可以添加数据有效性校验代码
        cmd.CommandText = "Insert ClientInfrom(AirlineNo,Name,Sex,Age,CertificateType," +
```

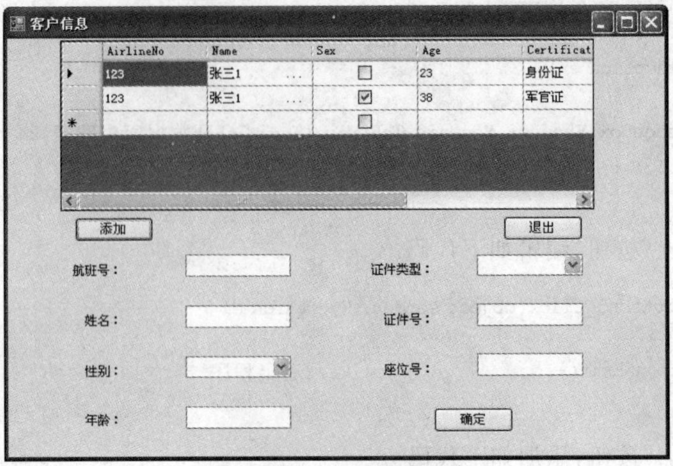

图 5.24 添加记录界面

```
            "CertificateNo,SeatNo)Values('" + txtAirlineNo.Text + "','" + txtName.Text + "','" +
            cmbSex.Text + "'," + int.Parse(txtAge.Text) + ",'" + cmbCertType.Text + "','" +
            txtCertNo.Text + "','" + txtSeat.Text + "')";
            cmd.ExecuteNonQuery();
            //更新显示结果
            DataSet dsMyDataBase = new DataSet();
            //将 myDatabase 数据库中的 BaseInform 表数据填充到数据集
            //dsMyDataBase 中的一个 DataTable 中,该 DataTable 命名为 BaseInform
              SqlDataAdapter daBaseInform = new SqlDataAdapter("Select * From ClientInfrom",
DBClass.conn);
            daBaseInform.Fill(dsMyDataBase, "BaseInform");
            //绑定数据
            dataGridView1.DataSource = dsMyDataBase.Tables["BaseInform"];
            MessageBox.Show("恭喜您,您已经成功添加记录!");
            DBClass.conn.Close();
        }
        catch (Exception ex)
        {
            MessageBox.Show(ex.Message.ToString() + "打开数据库失败!");
        }
    }
```

⑨ 双击"修改"按钮,并添加如下代码,实现修改数据记录功能。注意,同上面一样,此代码没有包含各个字段的数据有效性校验。

```
        private void button2_Click(object sender, EventArgs e)
        {
            try
            {
                DBClass.conn.Open();
                SqlCommand cmd = new SqlCommand();
                cmd.Connection = DBClass.conn;
                //更新数据。此处可以添加对输入数据的有效性校验代码
                cmd.CommandText = "update ClientInfrom set [AirlineNo] = '" +
```

```
            dataGridView1.CurrentRow.Cells[0].Value.ToString() + "'" +
            ",[Name] = '" + dataGridView1.CurrentRow.Cells[1].Value.ToString() + "'" +
            ",[Sex] = '" + dataGridView1.CurrentRow.Cells[2].Value.ToString() + "'" +
            ",[Age] = " + dataGridView1.CurrentRow.Cells[3].Value +
            ",[CertificateType] = '" + dataGridView1.CurrentRow.Cells[4].Value.ToString() + "'" +
            ",[CertificateNo] = '" + dataGridView1.CurrentRow.Cells[5].Value.ToString() + "'" +
            ",[SeatNo] = '" + dataGridView1.CurrentRow.Cells[6].Value.ToString() + "'" +
            " where [AirlineNo] = '" + airNO + "'";
            cmd.ExecuteNonQuery();
            //刷新显示结果
            DataSet dsMyDataBase = new DataSet();
             SqlDataAdapter daBaseInform = new SqlDataAdapter("Select * From ClientInfrom",
DBClass.conn);
            daBaseInform.Fill(dsMyDataBase, "ClientInfrom");
            //绑定数据
            dataGridView1.DataSource = dsMyDataBase.Tables["ClientInfrom"];
            MessageBox.Show("成功修改数据!");
            DBClass.conn.Close();
        }
        catch (Exception ex)
        {
            MessageBox.Show(ex.Message.ToString() + "打开数据库失败!");
        }
    }
```

⑩ 双击"删除"按钮,并添加如下代码,实现删除数据记录功能。

```
private void button3_Click(object sender, EventArgs e)
{
        try
        {
                DBClass.conn.Open();
                SqlCommand cmd = new SqlCommand();
                cmd.Connection = DBClass.conn;
                //删除数据
                cmd.CommandText = "delete from ClientInfrom where [AirlineNo] = '" + airNO + "'";
                cmd.ExecuteNonQuery();
                //刷新显示结果
                DataSet dsMyDataBase = new DataSet();
                SqlDataAdapter daBaseInform = new SqlDataAdapter("Select * From ClientInfrom",
DBClass.conn);
                daBaseInform.Fill(dsMyDataBase, "ClientInfrom");
                //绑定数据
                dataGridView1.DataSource = dsMyDataBase.Tables["ClientInfrom"];
                MessageBox.Show("成功删除数据!");
                DBClass.conn.Close();
        }
        catch (Exception ex)
        {
                MessageBox.Show(ex.Message.ToString() + "打开数据库失败!");
        }
}
```

⑪ 双击"取消"按钮，并添加如下代码。

```csharp
private void button4_Click(object sender, EventArgs e)
{
    //隐藏以下有关操作控件,恢复原始状态
    label1.Visible = false ;
    label2.Visible = false;
    label3.Visible = false;
    label4.Visible = false;
    label5.Visible = false;
    label6.Visible = false;
    label7.Visible = false;
    txtAirlineNo.Visible = false;
    txtName.Visible = false;
    txtAge.Visible = false;
    txtCertNo.Visible = false;
    txtSeat.Visible = false;
    cmbSex.Visible = false;
    cmbCertType.Visible = false;
    button6.Visible = false;
    button4.Visible = false;
}
```

习题 5

1. 说明 ADO.NET 由哪几部分构成，并简述各部分功能。
2. .NET Framework 提供了哪些数据提供程序？数据提供程序有哪些核心对象？
3. 给定一个数据库为 myDatabase，用户名与密码均为 sa 的 SQL 数据库，编程实现数据库的连接、打开与关闭。
4. 给定一个数据库为 myDatabase，用户名与密码均为 sa 的 SQL 数据库，数据库中有 3 个表。这 3 个表及其内容分别如题表 5.1～题表 5.3 所示。

题表 5.1 BaseInfo 表

No	Name	Sex
1	myName1	True
2	myName2	False
3	myName3	True

题表 5.2 Course 表

CNo	CName
1	数据结构
2	计算机组成原理
3	计算机网络

题表 5.3　Grade 表

No	CNo	Grade
1	1	78
2	1	67
3	2	98

根据这个数据库内容,完成以下程序。

(1) 在 Course 表中插入一门新的课程——英语及其课程编号。

(2) 删除 Grade 表中的第二条记录。

(3) 将 Grade 表中凡是小于 70 分的成绩都增加 5 分。

(4) 将学生 myName1 的所有课程的成绩都显示在 DataGrid 控件中。

5. 编程将下列 XML 文档的内容写入到一个 SQL 数据表中。

```
< Student version = "1.0">
  < Inform >
    < Name >张 三</Name >
    < Age > 20 </Age >
    < Hobby >唱歌</Hobby >
  </Inform >
  < Inform >
    < Name >李 四</Name >
    < Age > 20 </Age >
    < Hobby >跳 舞</Hobby >
  </Inform >
  < Inform >
    < Name >王 五</Name >
    < Age > 20 </Age >
    < Hobby >游泳</Hobby >
  </Inform >
</Student >
```

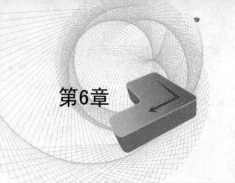

第6章 文件操作

本章介绍文件和目录的基本操作知识,包括文件和流的基本概念、文件和文件夹操作及相应的类、文件的读写类对象以及异步读取文件方式。学习本章的目的是使读者掌握文件及目录相关类对象的基本使用及文件信息的基本读写,以实现以下目标。

- 掌握文件和流的概念。
- 掌握文件及目录相关类对象的基本使用方法。
- 掌握文件的基本读写方法。

6.1 概述

6.1.1 文件和流

文件是外存数据的组织单位。一个文件对应一批存放在外存(如硬盘、软盘、U 盘)中的数据,计算机以及计算机的使用者通过文件名实现对文件的操作(如复制、删除、内容修改)。一般可将文件分为两种类型:文本文件(ASCII 码文件)和二进制文件。文本文件中每个字节的内容都是 ASCII 码(0~127),它便于阅读和编辑,文件名通常以.txt 为后缀;二进制文件中每个字节的内容不限(8 个二进制位的任意 0/1 组合),它无法阅读和编辑,文件名通常以.dat 为后缀。

流是字节序列的抽象概念,或者说是计算机在处理文件或数据时产生的二进制序列。例如文件、输入/输出设备、内部进程通信管道或者 TCP/IP 套接字。流其实是一种信息的转换。它是一种有序流,因此相对于某一对象,通常我们把对象接收外界的信息称为输入流,相应地从对象向外输出信息为输出流,合称为输入/输出流。对象间进行信息或数据交换时总是先将对象或数据转换为某种形式的流,再通过流的传输,到达目的对象后再将流转换为对象数据。所以,可以把流看作是一种数据的载体,通过它实现数据交换和传输。在.NET 中,Stream 是所有流的抽象基类。Stream 类及其派生类提供这些不同类型的输入和输出的一般视图,使程序员不必了解操作系统和基础设备的具体细节。简单地说,流提供了不同介质之间的数据交互功能。

文件(FileStream)是流(Stream)的一种,或者说文件是流的派生。它主要指存放于硬存储器的二进制序列。其他类型的流有以下几种。

- 内存流(MemoryStream):存放于内存中的二进制序列。
- 网络流(NetworkStream):用于网络交互的文本序列。

- 声卡缓冲(SecondaryBuffer)：音频数据。
- 显卡缓冲(VertexBuffer)：三维顶点数据。

6.1.2 相关类简介

有关文件操作的系统功能主要集中在 System.IO 命名空间，其中包含允许文件对数据流和文件进行同步、异步读写操作。这些系统功能可以实现文件和目录的创建、复制、删除、移动和打开，完成各种格式数据的加载和卸载，正确处理运行过程中出现的各类异常情况。C♯中流类要处理两个实体：文件和流类型。

文件按信息在外部存储器上编码方式可以分为文本文件和二进制文件。文本文件中字节单元的内容为字符的代码。在二进制文件中文件内容是数据的内部表示，它是从内存中直接复制过来的。对于字符信息，数据的内部表示和字符代码没有差别。对于数值信息，数据的内部表示和字符代码则截然不同。二进制文件中的数据不需要转换，而文本文件中的数据则需要转换。

C♯中 System.IO 命名空间基本包含了与 I/O 操作有关的 30 个类。其中，常用的涉及文件读写操作的主要类如表 6.1 所示。

表 6.1 文件读写操作的主要类

类 名	说 明
MarshalByRefObject	允许在支持远程处理的应用程序中跨应用程序域边界访问对象
BinaryReader	用特定的编码将基元数据类型读作二进制值
BinaryWriter	以二进制形式将基元类型写入流,并支持用特定的编码写入字符串
Stream	提供字节序列的一般视图
FileStream	公开以文件为主的 Stream,既支持同步读写操作,也支持异步读写操作
MemoryStream	创建其支持存储区为内存的流
BufferedStream	给另一流上的读写操作添加一个缓冲层
TextReader	表示可读取连续字符系列的阅读器
TextWriter	表示可以编写一个有序字符系列的编写器
StreamReader	实现一个 TextReader,使其以一种特定的编码方式从字节流中读取字符
StreamWriter	实现一个 TextWriter,使其以一种特定的编码方式向流中写入字符
StringReader	实现从字符串读取的 TextReader
StringWriter	实现一个用于将信息写入字符串的 TextWriter。该信息存储在基础 StringBuilder 中

在使用这些类之前最好能了解它们的继承关系，这样有助于做出最合适的选择。下面详细介绍常用的文件及目录操作类。

6.2 文件和文件夹

.NET Framework 类库提供了 DirectoryInfo 类，用于对文件夹进行操作，移动和删除文件夹可以使用它提供的 MoveTo()和 Delete()方法来完成。.NET Framework 类库还提供了 File 类，用于对文件的操作。File 类和 Directory 类一样，也有两个方法可以用于文件的移动和删除，分别是 Move()和 Delete()方法。本节将介绍文件和文件夹的移动、复制和删除。

6.2.1 DirectoryInfo 类

DirectoryInfo 类包含一组用来创建、移动、删除和枚举所有目录/子目录的成员。表 6.2 列举了除了它的基类(FileSystemInfo)之外的一些成员。

表 6.2　DirectoryInfo 类的主要成员

成 员	作 用
Create()	按照路径名建立一个目录(或者一组子目录)
CreateSubdirectory()	创建当前对象对应的目录的子目录
Delete()	删除一个目录和它的所有内容
GetDirectories()	返回一个表示当前目录中所有子目录的字符串数组
GetFiles()	返回 FileInfo 类型的数组,表示指定目录下的一组文件
MoveTo()	将一个目录及其内容移动到一个新的路径
Parent	获取指定路径的父目录
Root	获取路径的根部分

下面详细介绍 DirectoryInfo 类的有关使用。

1. DirectoryInfo 绑定目录

首先指定一个特别的目录路径作为构造函数的参数。如果需要访问当前应用程序目录(比如执行的应用程序的目录),则可以使用"."符号。下面是一些例子。

```
// 绑定到当前的应用程序目录
DirectoryInfo dir1 = new DirectoryInfo(".");
// 使用字符串绑定到 C:\Windows
DirectoryInfo dir2 = new DirectoryInfo(@"C:\Windows");
```

在第二个例子中,必须确保传入构造函数的路径(C:\Windows)是在物理计算机上存在的。如果试图使用一个不存在的目录,则系统会抛出 System.IO.DirectoryNotFoundException 异常。因此,如果指定了一个尚未创建的目录,则在对目录进行操作前,需要调用 Create() 方法。

```
// 绑定到一个不存在的目录,然后创建它
DirectoryInfo dir3 = new DirectoryInfo(@"C:\Windows\Testing");
dir3.Create();
```

创建了 DirectoryInfo 对象后,就能使用任何一个派生自 FileSystemInfo 的属性来获取基层目录的内容了。例如,下面这个类创建了一个新的 DirectoryInfo 对象并且映射到了 C:\Windows(如果需要的话,可以调整路径),然后显示许多相关的统计信息(输出结果如图 6.1 所示)。

```
using System;
using System.Collections.Generic;
using System.Linq;
using System.Text;
using System.IO;
namespace _6_2
```

图 6.1　Windows 目录的信息

```
{
    class Program
    {
        static void Main(string[] args)
        {
            Console.WriteLine(" ***** Fun with Directory(Info) ***** \n");
            // 绑定到指定目录
            DirectoryInfo dir = new DirectoryInfo(@"d:\Windows\testing");
            // 创建目录
            dir.Create();
            // 打印目录信息
            Console.WriteLine(" ***** Directory Info ***** ");
            Console.WriteLine("FullName: {0} ", dir.FullName);
            Console.WriteLine("Name: {0} ", dir.Name);
            Console.WriteLine("Parent: {0} ", dir.Parent);
            Console.WriteLine("Creation: {0} ", dir.CreationTime);
            Console.WriteLine("Attributes: {0} ", dir.Attributes);
            Console.WriteLine("Root: {0} ", dir.Root);
            Console.WriteLine(" ************************** \n");
            Console.ReadLine();
        }
    }
}
```

2．使用 DirectoryInfo 类列出文件

除了获取已存在目录的基本信息外，还能使用 DirectoryInfo 类的一些方法来扩展当前的例子。可以使用 GetFiles() 方法来获取 D:\Test 目录下的所有 *.doc 文件。这个方法将返回 FileInfo 类型的数组，每个 FileInfo 类型都包含了一个文件的细节（有关 FileInfo 类型的详细内容将在本章的后面讨论）。

```
class Program
{
    static void Main(string[] args)
    {
        Console.WriteLine(" ***** Fun with Directory(Info) ***** \n");
        DirectoryInfo dir = new DirectoryInfo(@"D:\Test");
```

```
        // 获取所有.doc 扩展名的文件
        FileInfo[] docFiles = dir.GetFiles("*.doc");
        // 我们找到多少文件
        Console.WriteLine("Found {0} Word files\n", docFiles.Length);
        // 输出每个文件的信息
        foreach (FileInfo f in docFiles)
        {
            Console.WriteLine(" *************************** \n");
            Console.WriteLine("File name: {0} ", f.Name);
            Console.WriteLine("File size: {0} ", f.Length);
            Console.WriteLine("Creation: {0} ", f.CreationTime);
            Console.WriteLine("Attributes: {0} ", f.Attributes);
            Console.WriteLine(" *************************** \n");
        }
        Console.ReadLine();
    }
}
```

运行程序后,会发现程序的结果和图 6.2 所示的结果类似(读者的这些文件可能会不同)。

图 6.2 文件详细信息

3. 使用 DirectoryInfo 类创建子目录

可以使用 DirectoryInfo.CreateSubdirectory()方法以编程方式扩展目录结构。使用这个方法可以建立一个子目录,也可以一次性建立多个嵌套子目录。例如,下面这段代码通过建立一些自定义子目录来扩展 D:\Test 的目录结构。

```
static void Main(string[] args)
{
    DirectoryInfo dir = new DirectoryInfo(@"D:\Test");
    // 在初始目录下创建\MySubTestDirectory1 子目录
    dir.CreateSubdirectory("MySubTestDirectory1");
    // 在初始目录下创建\MySubTestDirectory2 子目录
```

```
    dir.CreateSubdirectory("MySubTestDirectory2");
}
```

如果使用 Windows Explorer(Windows 资源管理器)来检查 Windows 目录,则会发现,这些子目录已被成功创建,如图 6.3 所示。

图 6.3　创建子目录

虽然不一定要去捕获 CreateSubdirectory()方法的返回值,但需要知道的是,如果执行成功,它会返回表示新建项的 DirectoryInfo 对象。

6.2.2　Directory 类

Directory 的成员实现了由 DirectoryInfo 定义的实例级成员实现的大部分功能。Directory 成员返回的是字符串类型而不是强类型的 FileInfo 和 DirectoryInfo。

为了演示 Directory 类型的一些功能,下面这个例子的最后一次迭代显示了所有映射到当前计算机的驱动器(通过 Directory.GetLogicalDrivers()实现),然后使用 Directory.Delete()静态方法移除前面建立的 D:\Test\ MySubTestDirectory1 和\ MySubTestDirectory2 子目录。

```
class Program
{
    static void Main(string[] args)
    {
        //列出当前电脑的所有驱动器
        string[] hostDrives = Directory.GetLogicalDrives();
        Console.WriteLine("您主机上的逻辑盘有：");
        foreach (string drive in hostDrives)
        {
            Console.WriteLine("逻辑盘符-->{0}", drive);
        }
        // 删除前面建立的目录
        try
        {
            Directory.Delete(@"D:\Test\MySubTestDirectory1");
            //第二个参数指定是否希望删除任何下属子目录
            Directory.Delete(@"d:\Test\MySubTestDirectory2", true);
        }
        catch (IOException ex)
        {
            Console.WriteLine(ex.Message);
```

```
        }
        Console.ReadLine();
    }
}
```

程序执行结果如图6.4所示,同时删除了上边创建的子目录。

6.2.3 FileInfo类

FileInfo类可获取文件的详细信息(如创建时间、大小、文件特性等),并可以创建、复制、移动和删除文件。除了从FileSystemInfo继承的一些功能外,FileInfo类的核心成员也有自己的作用,如表6.3所示。

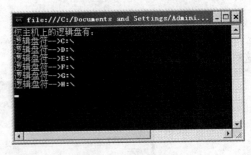

图6.4 显示逻辑盘

表6.3 FileInfo核心成员

成员	作 用
AppendText()	创建一个StreamWriter类型(后面会讨论),用来向文件追加文本
CopyTo()	将现有文件复制到新文件
Create()	创建一个新的文件,并且返回一个FileStream类型(后面会讨论),通过它和新创建的文件进行交互
CreateText()	创建一个写入新文本文件的StreamWriter类型
Delete()	删除FileInfo实例绑定的文件
Directory	获取父目录的实例
DirectoryName	获取父目录的完整路径
Length	获取当前文件或目录的大小
MoveTo()	将指定文件移到新位置,并提供指定新文件名的选项
Name	获取文件名
Open()	用各种读/写访问权限和共享特权打开文件
OpenRead()	创建只读FileStream
OpenText()	创建从现有文本文件中读取数据的StreamReader(后面会讨论)
OpenWrite()	创建只写FileStream类型

FileInfo类的成员返回一个I/O相关的特定对象(FileStream、StreamWriter等)。可以不同格式从关联文件读或向关联文件写数据。首先讨论使用FileInfo类获取一个文件句柄的各种方法。

1. FileInfo.Create()方法

第一种建立文件句柄的方法是FileInfo.Create()。该方法返回一个FileStream类对象。FileStream对象能对基层的文件进行同步/异步的读写操作。另外FileInfo.Create()返回的FileStream对象给所有的用户授予完全读写操作权限。下面是FileInfo.Create()方法的使用实例。

```
// 在 D:\Test\目录下新建一个文件 Test.dat
FileInfo f = new FileInfo(@"D:\Test\Test.dat");
FileStream fs = f.Create();
```

```
// 使用 FileStream 对象
// 关闭文件流
fs.Close();
```

2. FileInfo.Open()方法

使用 FileInfo.Open()方法可以打开现有文件，也可以创建新文件。它比 FileInfo.Create()多了很多细节。一旦调用 Open()完成后，它将返回一个 FileStream 对象。请看下面的代码。

```
// 在 D:\Test\目录下新建一个文件 Test.dat
FileInfo f = new FileInfo(@"D:\Test\Test2.dat");
FileStream fs = f.Open(FileMode.OpenOrCreate,FileAccess.ReadWrite, FileShare.None);
// 使用 FileStream 对象
// 关闭文件流
fs.Close();
```

上面的重载 Open()方法需要 3 个参数。第一个参数指定 I/O 请求的基本方式（如新建文件、打开现有文件和追加文件等），它的值由 FileMode 枚举指定。例如：

```
public enum FileMode
{
  // 指定操作系统创建新文件。如果文件已存在,则将引发 System.IO.IOException 异常
  CreateNew,
  // 指定操作系统创建新文件。如果文件已存在,它将被改写
  Create,
  Open,
  // 指定操作系统打开文件(如果文件存在)。如果文件不存在,则创建新文件
  OpenOrCreate,
  Truncate,
  Append
}
```

第二个参数的值由 FileAccess 枚举定义，用来决定基层流的读写行为。例如：

```
public enum FileAccess
{
  Read, Write, ReadWrite
}
```

第三个参数 FileShare 指定了文件在其他的文件处理程序中的共享方式。下面是一些主要成员。

```
public enum FileShare
{
  None, Read, Write, ReadWrite
}
```

3. FileInfo.OpenRead()和 FileInfo.OpenWrite()方法

FileInfo.Open()方法可以用非常灵活的方式获取文件句柄。FileInfo 类还提供了 OpenRead()和 OpenWrite()成员。读者可能也想到了,这些方法不需要提供各种枚举值就能返回一个正确配置的只读或只写的 FileStream 对象。和 FileInfo.Create()、FileInfo.Open()方

法一样,FileInfo.OpenRead()和FileInfo.OpenWrite()也都返回一个FileStream对象。下面举例说明FileInfo.OpenRead()和FileInfo.OpenWrite()方法的使用。

```csharp
static void Main(string[] args)
{
    // 得到一个只读的 FileStream 对象
    FileInfo f = new FileInfo(@"D:\Test\Test2.dat");
    FileStream readOnlyStream = f.OpenRead();
    // 使用 FileStream 对象
    // 关闭文件流
    readOnlyStream.Close();
    // 得到一个只写的 FileStream 对象
    FileInfo f1 = new FileInfo(@"D:\Test\Test3.dat");
    FileStream writeOnlyStream = f1.OpenWrite();
    // 使用 FileStream 对象
    // 关闭文件流
    writeOnlyStream.Close();
}
```

4．FileInfo.OpenText()方法

OpenText()方法同Create()、Open()、OpenRead()、OpenWrite()等方法不同,OpenText()方法返回的是一个StreamReader类对象,而不是一个FileStream类对象。例如:

```csharp
static void Main(string[] args)
{
    // 得到一个 StreamReader 对象
    FileInfo f = new FileInfo(@"D:\Test\Test3.dat");
    StreamReader sReader = f.OpenText();
    Console.ReadLine();
}
```

StreamReader类型提供了从基层文件读取字符数据的方法。详细内容后面再做介绍。

5．FileInfo.CreateText()和FileInfo.AppendText()方法

最后需要指出的两个方法是CreateText()和AppendText(),它们都返回一个StreamWriter对象。例如:

```csharp
static void Main(string[] args)
{
    // 得到一个 StreamWriter 对象
    FileInfo f = new FileInfo(@"D:\Test\Test.dat");
    StreamWriter sWriter = f.CreateText();
    FileInfo f2 = new FileInfo(@"D:\Test\Test2.dat");
    StreamWriter sWriterAppend = f2.AppendText();
    sWriter.Close();
    sWriterAppend.Close();
    Console.ReadLine();
}
```

另外,FileInfo类可用来获取文件的基本信息,如创建时间、文件大小等。如要获取一个文件的基本信息,首先需实例化一个FileInfo类的对象来映射该文件。例如:

```
FileInfo aFile = new FileInfo("C:\\hoan.txt");    //实例化一个对象
aFile.CreationTime;                               //获取创建时间
aFile.Extension;                                  //获取扩展名
aFile.Length;                                     //获取大小
```

6.2.4 File 类

File 类的静态成员提供了和 FileInfo 类型差不多的功能。与 FileInfo 类似，File 类提供了 AppendText()、Create()、CreateText()、Open()、OpenRead()、OpenWrite() 和 OpenText() 方法。其实，在大多数情况下，File 和 FileInfo 类型能互换使用。例如，前面每一个 FileStream 示例都可以用 File 类型来简化。

```
static void Main(string[] args)
{
    // 通过 File.Create() 获取 FileStream 对象
    FileStream fs = File.Create(@"D:\Test\Test.dat");
    fs.Close();
    // 通过 File.Open() 获取 FileStream 对象
    FileStream fs2 = File.Open(@"D:\TestTest2.dat", FileMode.OpenOrCreate, FileAccess.ReadWrite, FileShare.None);
    fs2.Close();
    // 得到一个只读权限的 FileStream 对象
    FileStream readOnlyStream = File.OpenRead(@"D:\Test\Test3.dat");
    readOnlyStream.Close();
    // 得到一个只写权限的 FileStream 对象
    FileStream writeOnlyStream = File.OpenWrite(@"D:\Test\Test4.dat");
    writeOnlyStream.Close();
    // 得到一个 StreamReader 对象
    StreamReader sreader = File.OpenText(@"D:\Test\boot.ini");
    sreader.Close();
    // 得到一些 StreamWriter 对象
    StreamWriter swriter = File.CreateText(@"D:\Test\Test3.txt");
    swriter.Close();
    StreamWriter swriterAppend = File.AppendText(@"D:\Test\FinalTest.txt");
    swriterAppend.Close();
    Console.ReadLine();
}
```

与 FileInfo 不同的是，File 类型提供了一些独有的成员（从 .NET 2.0 开始），表 6.4 列举了其中的一些成员，这些成员可以极大地简化读写文本数据的过程。

表 6.4 File 类型的方法

方 法	作 用
ReadAllBytes()	打开指定文件，以字节数组形式返回二进制数据，然后关闭文件
ReadAllLines()	打开指定文件，以字符串数组形式返回字符数据，然后关闭文件
ReadAllText()	打开指定文件，以 System.String 形式返回字符数据，然后关闭文件
WriteAllBytes()	打开指定文件，写入字节数组，然后关闭文件
WriteAllLines()	打开指定文件，写入字符串数组，然后关闭文件
WriteAllText()	打开指定文件，写入字符数据，然后关闭文件

使用File类型的这些新方法,只用几行代码就可以批量读写数据。更好的是,每一个成员都可以自动关闭基层文件句柄。下列程序实现了对批量数据的读写,程序执行结果如图6.5所示。

```
static void Main(string[] args)
{
    string[] myData = {"第一行","第二行","第三行","第四行","第五行"};
    // 向文件写入数据
    File.WriteAllLines(@"D:Test\test.txt", myData);
    // 重新读取然后输出
    foreach (string strdata in File.ReadAllLines(@"D:Test\test.txt"))
    {
        Console.WriteLine("输出数据:{0}", strdata);
    }
    Console.ReadLine();
}
```

很明显,使用File类型能节省很多代码,从而可以快速获取文件句柄。而使用前面提到的FileInfo对象的好处是,能从FileSystemInfo抽象基类定义的成员中获取文件属性。下列程序实现了文件的属性操作,执行结果如图6.6所示。

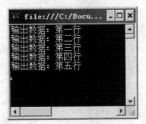
图6.5　批量数据的读写

图6.6　文件属性的使用

```
static void Main(string[] args)
{
    // 显示boot.ini的信息,然后以只读形式进行访问
    FileInfo bootFile = new FileInfo(@"D:Test\boot.ini");
    Console.WriteLine("创建时间: " + bootFile.CreationTime);
    Console.WriteLine("文件长度: " + bootFile.Length);
    Console.WriteLine("最后访问: " + bootFile.LastAccessTime);
    FileStream readOnlyStream = bootFile.OpenRead();
    readOnlyStream.Close();
    Console.ReadLine();
}
```

使用File类的Move()方法可以将指定的文件移动到新的位置,并且可以重新为它命名。它有两个参数。第一个参数是要移动的文件路径和名称,第二个参数是文件的新路径。例如:

```
File.Move("C:\\hoan.txt","D:\\hoan.txt");
```

使用File类的Copy()方法可以将指定的文件复制到新的位置。它也有两个参数,第一

个参数是要移动的文件的路径和名称,第二个参数是文件的新路径。例如:

```
File.Copy("C:\\hoan.txt","D:\\hoan.txt");
```

注意:Copy()方法的第二个参数不能是一个已经存在的目录或文件,否则在程序运行时会有异常。另外,在进行程序设计时,这个部分的代码最好包含在 try 块中。

使用 File 类的 Delete()方法可以将文件删除。它有一个参数,表示要删除的文件路径。此路径可以是相对路径,也可以是绝对路径。例如:

```
File.Delete("D:\\hoan.txt");
```

使用 File 类的 Exists 可以检查文件是否存在,检查文件存在与否是对文件进行操作之前必须进行的工作。该方法的格式如下。

```
File.Exists(path);
```

其中只有一个参数用于描述文件的路径,它可以使用绝对路径,也可以使用相对路径。

6.3 读写文件

6.3.1 StreamReader

StreamReader 是专门用来读取文本文件的类。StreamReader 可以从底层 Stream 对象创建 StreamReader 对象的实例,也可以指定编码规范参数。创建 StreamReader 对象后,它提供了许多用于读取和浏览字符数据的方法。

下面对 StreamReader 类中比较重要的方法进行详细介绍。

(1) Close()方法。该方法用于关闭 StreamReader 对象和基础流,并释放与读取器相关联的所有系统资源。在创建和使用完一个 StreamReader 后,一定要将其及时关闭。

(2) Read()方法。该方法用于从文件中读取数据,再把数据写入一个字节数组。它有 3 个参数。第一个参数是传输进来的字节数组,用以接收 StreamReader 对象中的数据。第二个参数是字节数组中开始写入数据的位置,它通常是 0,表示从数组开端向文件中写入数据。最后一个参数用于指定从文件中读出多少字节。例如:

```
// 得到一个 StreamReader 对象
FileInfo f = new FileInfo(@"D:\Test\boot.ini");
StreamReader sReader = f.OpenText();
//读取数据
char[] s = new char[20];
int x;
x = sReader.Read(s, 0, 5);
Console.WriteLine(s);
Console.WriteLine("x = {0}", x);
sReader.Close();
```

图 6.7 Read()读取文件

程序执行结果如图 6.7 所示。

(3) ReadLine()方法。该方法用于从当前流中读取一行字符,并将数据作为字符串返回。语法如下:

```
public override string ReadLine()
```

该方法的返回值是输入流中的下一行。如果到达了输入流的末尾,则返回空引用。

StreamReader 类对象在使用完毕同样需要及时调用 Close()方法将其关闭。使用 using 语句可以使对象在使用完毕自动释放。

6.3.2 StreamWriter

StreamWriter 专门用于向文件中写入数据。它和 StreamReader 类似,只是一个负责从文件中写数据,一个负责从文件中读数据而已。创建 StreamWriter 有很多方法,如:

```
FileStream aFile = new FileStream("Log.txt",FileMode.CreatcNew);
StreamWriter sw = new StreamWriter(aFile);
```

StreamWriter 也可直接从文件中创建 StreamWriter 对象。例如:

```
StreamWriter sw = new StreamWriter("Log.txt",true);
```

后面这个布尔值将规定是附加文件还是创建新文件。如果此值为 false,则创建一个新文件,或者截取现有文件并打开它;如果此值为 true,则打开文件,保留原来的数据,如果找不到文件,则创建一个新文件。例如:

```
static void Main(string[] args)
{
    try
    {
        //建立一个 FileStream 对象
        FileStream aFile = new FileStream(@"D:\Test\Test.txt", FileMode.OpenOrCreate);
        //用 FileStream 对象实例创建一个 StreamWriter 对象
        StreamWriter sw = new StreamWriter(aFile);
        sw.Write("first.");
        //写入字符串,方法 WriteLine 写入时后面跟一个换行符
        sw.WriteLine("hello world!!!");
        sw.Write("This is a");              //写入字符串,方法 Write 写入时没有换行符
        sw.Write("string of characters.");
        sw.Close();                          //用完后必须关闭对象
        aFile.Close();
    }
    catch (IOException e)
    {
        Console.WriteLine(e.ToString());
    }
}
```

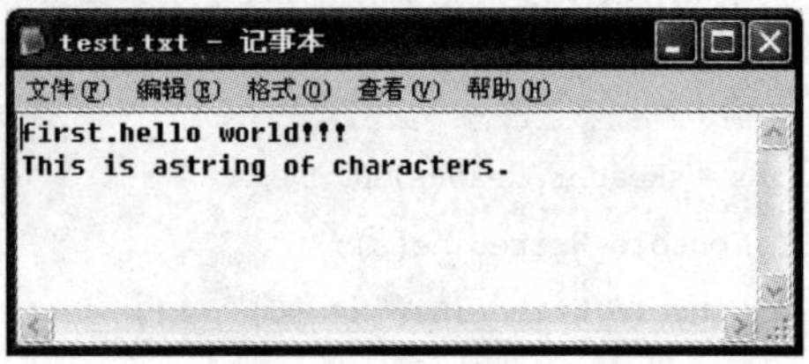

程序执行结果如图 6.8 所示。

图 6.8 写入文件数据

6.3.3 FileStream 对象

FileStream 对象表示在磁盘或网络路径上指向文件的流。使用 FileStream 类读取数据不像使用 StreamReader 类读取数据那样容易，这是因为 FileStream 类只能处理原始字节（raw byte）。处理原始字节的功能使 FileStream 类可以用于任何数据文件，而不仅仅是文本文件。通过读取字节数据，FileStream 对象可以用于读取图像和声音的文件。这种灵活性的代价是，不能使用 FileStream 类将数据直接读入字符串，而使用 StreamReader 类却可以这样处理。有几种转换类可以很容易地将字节数组转换为字符数组，也可以进行相反的操作，稍后将对此进行介绍。

1. 创建 FileStream 对象

有几种方法可以用于创建 FileStream 对象。构造函数具有许多不同的重载版本，最简单的构造函数仅仅带有两个参数，即文件名和 FileMode 枚举值。例如：

```
FileStream aFile = new FileStream(filename, FileMode.Member);
```

另一个常用的构造函数如下。

```
FileStream aFile = new FileStream(filename, FileMode.Member, FileAccess.Member);
```

FileMode 枚举有几个成员，这些成员规定了如何打开或创建文件。FileMode 枚举成员如表 6.5 所示。使用每个值会发生什么，这取决于指定的文件名是否表示已有的文件。注意，这个表中的项表示创建流时该流所指向的文件中的位置，下一节将详细讨论这个问题。除非特别说明，否则流就指向文件的开头。

表 6.5 FileMode 成员

成　　员	文 件 存 在	文 件 不 存 在
Append	打开文件，流指向文件的末尾，只能与枚举 FileAccess.Write 联合使用	创建一个新文件。只能与枚举 FileAccess.Write 联合使用
Create	删除该文件，然后创建新文件	创建新文件
CreateNew	抛出异常	创建新文件
Open	打开现有的文件，流指向文件的开头	抛出异常
OpenOrCreate	打开文件，流指向文件的开头	创建新文件
Truncate	打开现有文件，清除其内容。流指向文件的开头，保留文件的初始创建日期	产生异常

第三个参数是 FileAccess 枚举的一个成员，它指定了流的作用。FileAccess 枚举的成员如表 6.6 所示。

表 6.6 FileAccess 成员

成　　员	说　　明
Read	打开文件，用于只读
Write	打开文件，用于只写
ReadWrite	打开文件，用于读写

在 FileStream 构造函数不使用 FileAccess 枚举参数的版本中，使用的是默认值 FileAccess 的 ReadWrite。还可以使用 File/FileInfo 的 OpenRead()或 OpenWrite()方法来创建 FileStream 对象。例如：

```
FileStream aFile = File.OpenRead(@"D:\Test\boot.ini");
```

或者

```
FileInfo aFileInfo = new FileInfo(@"D:\Test\boot.ini");
FileStream aFile = aFileInfo.OpenRead();
```

2. 文件定位

FileStream 访问文件指定位置时使用 Seek()方法。该方法有两个参数，第一个参数是偏移量，第二个参数是起始位置，用 SeekOrigin 枚举表示，即 Begin、Current、End。例如：

```
aFile.Seek(8, SeekOrigin.Begin);          //指向文件的第 8 个字节
aFile.Seek(2, SeekOrigin.Current);
//从当前位置向后移动 2 个字节，即指向文件的第 10 个字节
aFile.Seek(-5, SeekOrigin.End);           //指向文件的倒数第 5 个字节
```

注意：StreamReader 和 StreamWriter 只能连续地访问文件，不能这样随机访问。

FileStream 读取文件时，由于 FileStream 读取的是原始字节（raw byte），因此它可用于读取任何文件，而不仅是文本文件。而 StreamReader 则可以直接读取字符串。当然，有一些转换类可以实现字节数组与字符数组之间的转换。

3. FileStream 读取文件

FileStream 读取文件时用 FileStream.Read()方法。该方法有 3 个参数，第 1 个参数是目标字节数组，第 2 个参数是目标字节数组的起始写入位置（通常是 0），第 3 个参数表示从文件中读取多少字节。例如：

```csharp
static void Main(string[] args)
{
    byte[] byData = new byte[100];         //字节数组
    char[] charData = new Char[100];       //字符数组
    try
    {
        FileStream aFile = new FileStream(@"D:\Test\boot.ini", FileMode.Open);
        aFile.Seek(2, SeekOrigin.Begin);   //定位到第 2 个字节
        aFile.Read(byData, 0, 3);          //读取 3 个字节
        //解码器，位于 System.Text 命名空间
        Decoder d = Encoding.UTF8.GetDecoder();
        //通过 GetChars 方法来解码，第 1 个参数表示源字节数组
        //第 2 个参数表示起始位置，第 3 个参数表示解码的数量
        //第 4 个参数表示目标字符数组，第 5 个参数表示起始位置
        d.GetChars(byData, 0, byData.Length, charData, 0);
        //显示读出的字符
        Console.WriteLine(charData);
        Console.ReadLine();
    }
    catch (IOException e)
```

```
        {
            Console.WriteLine(e.Message);
        }
}
```

4. FileStream 写入文件

写文件与读取文件非常类似,见示例:

```
static void Main(string[] args)
{
    byte[] byData;                          //字节数组
    char[] charData;                        //字符数组
    try
    {
        FileStream aFile = new FileStream(@"D:\Test\test.txt", FileMode.Create);
        //在一个字符串常量上,也能调用 String 类的静态方法
        charData = "Hello world from FileStream.".ToCharArray();
        byData = new byte[charData.Length];
        Encoder d = Encoding.UTF8.GetEncoder();
        d.GetBytes(charData,0, charData.Length,byData,0,true);
        aFile.Seek(0, SeekOrigin.Begin);              //定位
        aFile.Write(byData, 0, byData.Length);        //写入数据
        Console.WriteLine(charData);
        aFile.Close();
        Console.ReadLine();
    }
    catch (IOException e)
    {
        Console.WriteLine(e.Message);
    }
}
```

程序执行结果是,得到包含图 6.9 所示内容的 test.txt 文件。

图 6.9　test.txt 文件

6.4　文件异步模式操作

异步模式是在处理流类型时经常采用的一种方式。其应用的领域相当广泛,包括读写文件、网络传输、读写数据库,甚至可以采用异步模式来做任何计算工作。相对于手动编写线程代码(关于线程编码,参见下一章)而言,异步模式是一个高效的编程模式。

所谓的异步模式,是指在启动一个操作之后可以继续执行其他工作,而不必等待操作的结束。以读取文件为例,在同步模式下,当程序执行到 Read 方法时,需要等到读取动作结束后才能继续往下执行。而在异步模式下,则可以在开始读取任务之后,继续执行其他的操作。异步模式的优点在于,不需要使当前线程等待,从而可以充分地利用 CPU 时间。

FileStream 提供了对异步操作的基本支持,即 BeginRead 和 EndRead 方法。使用这些方法,可以在 .NET Framework 线程池提供的线程中读取一个数据块,而无需与 System.

Threading 命名空间中的线程类打交道。采用异步方式读取文件时,可以选择每次读取的数据的大小。在不同的情况下,可能是每次读取很小的数据(比如要将数据逐块复制到另一个文件),也可能是读取相对较大的数据(比如在程序逻辑开始之前需要一定数量的数据)。在调用 BeginRead 时,将指定要读取数据块的大小,同时传入一个缓冲区(buffer)以存放数据。因为 BeginRead 和 EndRead 需要访问很多相同的信息,如 FileStream、buffer、数据块大小等,因此将这些内容封装在一个单独的类当中会是一个好主意。

下面这个类就是一个简单的示例。AsyncProcessor 类提供了 StartProcess 方法,调用它开始读取。每次读取操作结束时,OnCompletedRead 回调函数会被触发。此时可以处理数据。如果还有剩余数据,则开始一个新的读取操作。在默认情况下,AsyncProcessor 类每次读取 2KB 数据。程序步骤如下。

首先,创建一个控制台程序项目。

在项目中添加一个 AsyncProcessor 类,程序如下。

```csharp
using System;
using System.Collections.Generic;
using System.Linq;
using System.Text;
using System.IO;
using System.Diagnostics;
using System.Threading;
namespace _6_2
{
    class AsyncProcessor
    {
        private Stream inputStream;
        // 每次读取块的大小
        private int bufferSize = 2048;
        public int BufferSize
        {
            get { return bufferSize; }
            set { bufferSize = value; }
        }
        // 容纳接收数据的缓存
        private byte[] buffer;
        public AsyncProcessor(string fileName)
        {
            buffer = new byte[bufferSize];
            // 打开文件,指定参数为 true,以提供对异步操作的支持
            inputStream = new FileStream(fileName, FileMode.Open, FileAccess.Read, FileShare.Read, bufferSize, true);
        }
        public void StartProcess()
        {
            // 开始异步读取文件,填充缓存区
            inputStream.BeginRead(buffer, 0, buffer.Length, OnCompletedRead, null);
        }
        private void OnCompletedRead(IAsyncResult asyncResult)
```

```csharp
        {
            // 已经异步读取一个块,接收数据
            int bytesRead = inputStream.EndRead(asyncResult);
            // 如果没有读取任何字节,则说明流已达文件结尾
            if (bytesRead > 0)
            {
                // 暂停,以模拟对数据块的处理
                Console.WriteLine("异步线程:已读取一块");
                Thread.Sleep(TimeSpan.FromMilliseconds(20));
                // 开始读取下一块
                inputStream.BeginRead(buffer, 0, buffer.Length, OnCompletedRead, null);
            }
            else
            {
                // 结束操作
                Console.WriteLine("异步线程:读取文件结束");
                inputStream.Close();
            }
        }
    }
}
```

为了使用该类,可以在 main 函数中添加如下代码。

```csharp
using System;
using System.Collections.Generic;
using System.Linq;
using System.Text;
using System.IO;
using System.Diagnostics;
using System.Threading;
namespace _6_2
{
    class Program
    {
        static void Main(string[] args)
        {
            AsyncProcessor asyncIO = new AsyncProcessor("test.txt");
            asyncIO.StartProcess();
            // 在主程序中,做其他事情,这里简单地循环 10s
            DateTime startTime = DateTime.Now;
            while (DateTime.Now.Subtract(startTime).TotalSeconds < 10)
            {
                Console.WriteLine("主程序:正在进行");
                // 暂停线程,以模拟耗时的操作
                Thread.Sleep(TimeSpan.FromMilliseconds(1000));
            }
            Console.WriteLine("主程序:已完成");
            Console.Read();
        }
    }
}
```

程序执行结果如图 6.10 所示。

图 6.10　异步读取文件

6.5　文件操作案例

下面是文件操作的综合案例，用于实现文本文件的读写、二进制文件读取以及文件属性的读取。通过该案例，读者可以进一步领会文件操作的基本知识。程序如下，程序执行结果如图 6.11 所示。

```
using System;
using System.Collections.Generic;
using System.Linq;
using System.Text;
using System.IO;
namespace _6_2
{
    class Program
    {
        public static void Main()
        {
            // 在当前目录创建一个文件 myfile.txt,对该文件具有读写权限
            FileStream fsMyfile = new FileStream("myfile.txt",FileMode.Create,FileAccess.ReadWrite);
            // 创建一个数据流写入器,和打开的文件相关联
            StreamWriter swMyfile = new StreamWriter(fsMyfile);
            // 以文本方式写入一个文件
            swMyfile.WriteLine("Hello, World");
            swMyfile.WriteLine("abcdefghijklmnopqrstuvwxyz");
            swMyfile.WriteLine("ABCDEFGHIJKLMNOPQRSTUVWXYZ");
            swMyfile.WriteLine("0123456789");
            // 冲刷数据(把数据真正写到文件中去)
            // 注释该句试试看,程序将报错
            swMyfile.Flush();
            // 以文本方式读文件
            // 创建一个数据流读入器,和打开的文件相关联
```

```
StreamReader srMyfile = new StreamReader(fsMyfile);
// 把文件指针重新定位到文件的开始
srMyfile.BaseStream.Seek(0, SeekOrigin.Begin);
// 打印提示信息
Console.WriteLine(" ********** 以文本方式读文件 ************* ");
// 打印文件文本内容
string s1;
while ((s1 = srMyfile.ReadLine()) != null)
{
    Console.WriteLine(s1);
}
Console.WriteLine();
// 以文本方式读文件结束
// 以二进制方式读文件
// 创建一个二进制数据流读入器,和打开的文件相关联
BinaryReader brMyfile = new BinaryReader(fsMyfile);
// 把文件指针重新定位到文件的开始
brMyfile.BaseStream.Seek(0, SeekOrigin.Begin);
// 打印提示信息
Console.WriteLine(" ********** 以二进制方式读文件 ************* ");
// 打印文件文本内容
Byte b1;
while (brMyfile.PeekChar() > -1)
{
    b1 = brMyfile.ReadByte();
    // 13 为"\n",表示回车; 10 为"\r",表示换行
    if (b1 != 13 && b1 != 10)
    {
        Console.Write("{0}", b1.ToString());
        Console.Write(".");
    }
    else
    {
        Console.WriteLine();
    }
}
Console.WriteLine("\n");
// 以二进制方式读文件结束
// 关闭以上 new 的各个对象
swMyfile.Close();
brMyfile.Close();
srMyfile.Close();
fsMyfile.Close();
// 读取文件属性
// 打印提示信息
Console.WriteLine(" ******** 读取文件属性 ************ ");
FileInfo fiMyfile = new FileInfo("myfile.txt");
```

```
            Console.WriteLine("文件名 : {0}", fiMyfile.Name);
            Console.WriteLine("文件名(含路径) : {0}", fiMyfile.FullName);
            Console.WriteLine("文件大小(bytes) : {0}", fiMyfile.Length);
            Console.WriteLine("文件创建时间 : {0}", fiMyfile.CreationTime);
            Console.ReadLine();
        }
    }
}
```

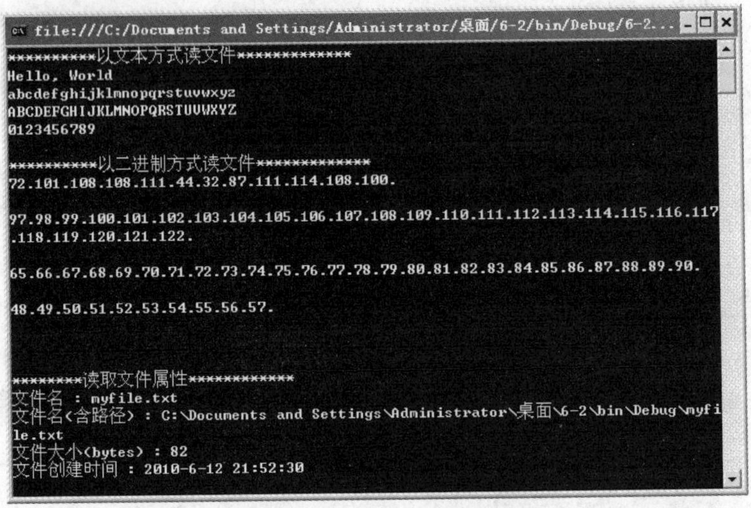

图 6.11 文件操作综合案例

习题 6

1. 文件和流有什么区别？
2. C#中与文件读写有关的常用类有哪些？
3. 编程实现文件及目录的创建，并实现将 D:\Test 目录中的文件移动到 E:\Test 中。
4. 编程实现将第 3 题中 E:\Test 目录中文件的文件名、文件大小、文件创建日期等属性在屏幕中显示。
5. 编程实现将"Hello! This is a test."文本内容存放到 E:\Test 目录下一个名为 Test.txt 的文件中。
6. 编程实现将第 5 题 E:\Test\Test.txt 文件中的内容复制到另外一个新的文件 Test1.txt 中。

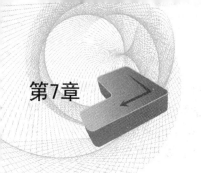

第7章 多线程开发技术

本章介绍多线程开发技术,包括进程与线程的基本概念、进程开发基本技术、线程开发基本技术、线程同步技术等内容,以实现下列目标。
- 掌握进程和线程的概念。
- 掌握进程的创建与信息获取方法。
- 掌握线程创建、同步、通信等基本操作。

7.1 进程和线程概述

7.1.1 进程的基本概念

由于多道程序在执行时,需要共享系统资源,从而导致各程序在执行过程中出现相互制约的关系,程序的执行表现出间断性的特征。这些特征都是在程序的执行过程中发生的,它是一个动态的过程。而传统的程序本身就是一组指令的集合,是一个静态的概念,无法描述程序在内存中的执行情况,即无法从程序的字面上看出它何时执行、何时停顿,也无法看出它与其他执行程序的关系。因此,程序这个静态概念已经不能如实反映程序并发执行过程的特征了。为了深刻描述程序动态执行过程的性质,人们引入了进程(Process)的概念。

进程的概念是 20 世纪 60 年代初首先由麻省理工学院的 MULTICS 系统和 IBM 公司的 CTSS/360 系统引入的。进程是一个具有独立功能的程序关于某个数据集合的一次运行活动。它可以申请和拥有系统资源,它是一个动态的概念,是一个活动的实体。进程不只是程序的代码,它还包括当前的活动,它通过程序计数器的值和处理寄存器的内容来表示。

进程的概念主要有两点。第一,进程是一个实体。每一个进程都有它自己的地址空间,一般情况下,进程包括文本区域(text region)、数据区域(data region)和堆栈(stack region)。文本区域存储处理器执行的代码;数据区域存储变量和进程执行期间使用的动态分配的内存;堆栈区域存储着活动过程调用的指令和本地变量。第二,进程是一个执行中的程序。程序是一个没有生命的实体,只有处理器赋予程序生命时,它才能成为一个活动的实体,称之为进程。

7.1.2 线程的基本概念

线程(thread)也称为轻量级进程(Lightweight Process,LWP),它是程序执行流的最小单元。一个标准的线程由线程 ID、当前指令指针(PC)、寄存器集合和堆栈组成。另外,线程是进程中的一个实体,它是被系统独立调度和分派的基本单位。线程自己不拥有系统资源,只拥有一点在运行中必不可少的资源,但它可与同属一个进程的其他线程共享进程所拥有的全部资源。一个线程可以创建和撤销另一个线程,同一进程中的多个线程之间可以并发执行。线程之间的相互制约致使线程在运行中呈现出间断性。线程有就绪、阻塞和运行3种基本状态。

线程是程序中一个单一的顺序控制流程。在单个程序中同时运行多个线程来完成不同的工作,称为多线程。

线程和进程的区别在于,子进程和父进程有不同的代码和数据空间,而多个线程则共享数据空间,每个线程都有自己的执行堆栈和程序计数器为其执行上下文。多线程主要是为了节约 CPU 时间,它是根据具体情况而定的,线程在运行中需要使用计算机的内存资源和 CPU。

通常,在一个进程中可以包含若干个线程,它们可以利用进程所拥有的资源。在引入线程的操作系统中,通常都是把进程作为分配资源的基本单位,而把线程作为独立运行和独立调度的基本单位。由于线程比进程更小,而且线程基本上不拥有系统资源,故对它的调度所付出的开销就会小得多,能更高效地提高系统内多个程序间并发执行的程度。因而,近年来推出的通用操作系统都引入了线程,以进一步提高系统的并发性,并把它视为现代操作系统的一个重要指标。

由于篇幅有限,有关进程与线程的详细内容请参考计算机操作系统原理相关教材。下面来详细讨论 C# 中有关进程和线程的程序开发过程。

7.2 进程开发技术

7.2.1 进程管理

一个应用程序在执行时调用其他的应用程序,实际上就是对进程进行管理。在 System.Diagnostics 命名空间下,有一个 Process 类用于完成与进程相关的处理任务。表 7.1 和表 7.2 列出了 Process 类常用的属性和方法。

表 7.1 Process 类常用属性

属 性	说 明
Caption	对象的简短文字描述(一行字符串)
CommandLine	启动某个特定进程所要用到的命令行
CreationClassName	用来创建范例的类别或子类别的名称。当与这个类别的其他主要属性一起使用时,这个属性允许为这个类别及其子类别的所有范例作唯一识别
CreationDate	表示进程开始执行的时间
CSCreationClassName	包含作用域计算机系统的创建类别名称
CSName	作用域计算机系统的名称
Description	提供对象的简短文字描述
ExecutablePath	表示进程的可执行文件的路径,如 C:\WINDOWS\EXPLORER.EXE
ExecutionState	表示当前进程的操作条件。值包含就绪(2)、运行(3)和受阻(4)及其他
Handle	用于指示进程的字符串。进程 ID 是一种进程句柄

续表

属　性	说　明
HandleCount	指定由这个进程打开的当前句柄总数。这个数目是在这个进程中每个线程当前打开的句柄的总数。句柄用于检查或修改系统资源。每个句柄在内部维护的表中都有一项。这些项包括资源地址和识别资源种类的方法
InstallDate	表示安装对象的日期时间值。没有值并不表示该对象没有安装
KernelModeTime	核心模式下的时间，单位是 100ns。如果该信息不可用，应使用 0 取值
MaximumWorkingSetSize	表示进程的最大工作集大小。进程的工作集大小是在物理 RAM 中当前可见的内存页面集。这些页面具有常驻性，并且在不触发页面错误的情况下就可供应用程序使用。如 1 413 120
MinimumWorkingSetSize	表示进程的最小工作集大小。进程的工作集大小是在物理 RAM 中当前可见的内存页面集。这些页面具有常驻性，并且在不触发页面错误的情况下就可供应用程序使用。如 20 480
Name	定义对象的名称标签。当再次进行分类时，Name 属性可改写成 Key 属性
OSCreationClassName	作用域操作系统的创建类别名称
OSName	作用域操作系统的名称
OtherOperationCount	指定的读取和写入操作之外进行的 I/O 操作的数
OtherTransferCount	指定在读取和写入操作之外的其他操作中的数据传送量
PageFaults	表示由进程产生的页错误数目
PageFileUsage	表示由进程当前使用的空白页面文件的数目。如 102 435
ParentProcessId	指定创建这个进程的唯一标识符。进程标识符可以重新使用，所以这些标识符的值在进程寿命期之内识别进程。由 ParentProcessId 识别的进程可能已经中断，因此 ParentProcessId 不能表示一个正在运行的进程。ParentProcessId 还可能错误地识别重新使用进程识别符的进程。CreationDate 属性可以用来识别指定的父进程是否在这个进程之后创建的

表 7.2　Process 类常用方法

方　法	说　明
Create	创建一个新的进程。该方法返回一个整数，其意义分别如下。 0——成功完成； 2——用户不具有访问请求信息的权限； 3——用户没有足够的特权； 8——出现不明错误； 9——指定的路径不存在； 21——指定的参数无效； 其他——关于上面所列数值以外的整数值，请参阅 Win32 错误代码文档
Terminate	会终止一个进程和它所有的线程。该方法返回一个整数，其意义分别如下。 0——成功完成； 2——用户不具有访问请求信息的权限； 3——用户没有足够的特权； 8——出现不明错误； 9——指定的路径不存在； 21——指定的参数无效； 其他——关于上面所列数值以外的整数值，请参阅 Win32 错误代码文档

续表

方法	说明
GetOwner	提取用户名和域名，在其名下的进程正在运行。该方法返回一个整数，其意义分别如下。 0——成功完成； 2——用户不具有访问请求信息的权限； 3——用户没有足够的特权； 8——出现不明错误； 9——指定的路径不存在； 21——指定的参数无效； 其他——关于上面所列数值以外的整数值，请参阅Win32错误代码文档
GetOwnerSid	为该进程的所有者提取安全标识符(SID)。该方法返回一个整数，其意义分别如下。 0——成功完成； 2——用户不具有访问请求信息的权限； 3——用户没有足够的特权； 8——出现不明错误； 9——指定的路径不存在； 21——指定的参数无效； 其他——关于上面所列数值以外的整数值，请参阅Win32错误代码文档
SetPriority	试图更改该进程的执行优先级。为了把优先级设置成Realtime，调用程序必须拥有SeIncreaseBasePriorityPrivilege。若没有该特权，该优先级最高可设置为High优先级。该方法返回一个整数，其意义分别如下。 0——成功完成； 2——用户不具有访问请求信息的权限； 3——用户没有足够的特权； 8——出现不明错误； 9——指定的路径不存在； 21——指定的参数无效； 其他——关于上面所列数值以外的整数值，请参阅Win32错误代码文档
AttachDebugger	为该进程装入当前已注册的调试器，但并不支持Dr. Watson。该方法返回一个通用故障(如果注册表中有一个无效字符串)或者一个整数，其意义分别如下。 0——成功完成； 2——用户不具有访问请求信息的权限； 3——用户没有足够的特权； 8——出现不明错误； 9——指定的路径不存在； 21——指定的参数无效； 其他——关于上面所列数值以外的整数值，请参阅Win32错误代码文档

7.2.2 进程创建与关闭

在启动与停止指定的进程之前，需要创建一个进程实例，并设置相应的进程的StartInfo属性，以指定欲运行的应用程序的名称及相应的参数，然后调用Start方法启动该进程，调用CloseMainWindow或Kill方法停止该进程。其中，Start用于启动进程资源，将其与 Process 类相关联，Kill 负责立即关闭进程，WaitforExit 用于等待关联进程的退出，Close 负责释放与此相关联的所有进程。

创建进程实例与参数设置格式如下。

```
Process myProcess = new Process();
myProcess.StartInfo.FileName = "启动的文件名";
myProcess.StartInfo.Arguments = "参数";
```

也可以用 ProcessStartInfo 类对象通过构造函数指定属性和参数，然后将其传递给进程对象的 StartInfo 属性。格式如下。

```
Process myProcess = new Process();
ProcessStartInfo ps = new ProcessStartInfo(文件名);
ie.StartInfo = ps;
```

例如，创建一个 IE 进程程序如下。

```
Process ie = new Process();
ie.StartInfo.FileName = "iexplore.exe";          //指定启动程序的名称
ie.StartInfo.Arguments = "www.g.cn";
```

启动进程，调用进程对象的 Start 方法。例如：

```
ie.Start();
```

下列程序是创建、进程启动与关闭示例。

```
using System;
using System.Collections.Generic;
using System.Linq;
using System.Text;
using System.Diagnostics;
namespace _7_2
{
    class Program
    {
        public static void Main()
        {
            Process ie = new Process();
            //指定启动程序的名称
            ie.StartInfo.FileName = "iexplore.exe";
            ie.StartInfo.Arguments = "www.baidu.com";
            if(ie.Start())
                Console.WriteLine("www.baidu.com 网站已经顺利创建并启动");
            //强制关闭刚刚启动的程序
            ie.Kill();
            Console.WriteLine("刚刚创建的 www.baidu.com 网站关闭");
            Console.ReadLine();
        }
    }
}
```

7.2.3 获取进程信息

1. 进程获取

System.Diagnostics.Process.GetProcesses()方法可以获取一个进程,常用的获取进程的方法有以下4种。

(1) 获得当前计算机系统内所有已启动的进程的方法为:

```
Process[] processOnComputer = Process.GetProcesses();
```

例如:

```
public static void Main()
{
    //获得当前计算机系统内所有已启动的进程,方法为:
    Process[] processOnComputer = Process.GetProcesses();
    foreach (Process p in processOnComputer)
    {
        System.Console.WriteLine(p.ToString());
    }
        Console.ReadLine();
}
```

程序执行结果如图7.1所示。注意,读者的机器结果不一样。

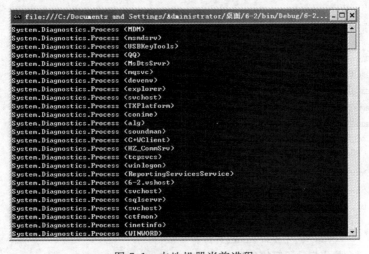

图7.1 本地机器当前进程

(2) 获取本地计算机上指定名称的进程的方法为:

```
Process[] myProcess = Process.GetProcessesByName("进程名称");
```

例如:

```
Process[] myProcess = Process.GetProcessesByName("http://www.baidu.com/");
```

(3) 获取远程计算机上的所有进程的方法为:

```
Process[] myProcess = Process.GetProcesses(远程计算机名或IP地址);
```

例如：

```
Process[] myProcess = Process.GetProcesses("192.168.0.2");
```

（4）获取远程计算机上指定名称的进程的方法为：

```
Process[] myProcess = Process.GetProcessesByName(processName,machineName);
```

其中 processName 为不包括扩展名或路径的进程名，machineName 为远程机器名称或 IP 地址。例如：

```
Process[] myProcess = Process.GetProcessesByName("baidu.com","wwh");
```

2．获取进程信息

初始化 Process 组件后，可使用该组件来获取有关当前运行的进程的信息。此类信息包括线程集、加载的模块(.dll 和.exe 文件)和性能信息(如进程当前使用的内存量)。下面使用 Process 类中的一些方法，结合 Winform 来开发一个简单的进程管理器，结果如图 7.2 所示(不同机器、不同时间，其运行结果不同)。

图 7.2　进程管理器

程序操作步骤如下。

① 创建工程项目，将其命名为 7-2。

② 在 Form1 类中添加引用：using System.Diagnostics。

③ 在窗体中添加如图 7.2 所示的界面。数据显示使用的是 listView，控件命名如表 7.3 所示，结果如图 7.4 所示。其中，Colums 各属性设置分别如表 7.4 和图 7.3 所示。

表 7.3　控件命名及属性

控件名（Name）	显示（Text）
lblNum	无
btnStart	启动
btnKill	关闭
listView1	View=Details
	Cloums 如图 7.3 所示

表 7.4 Colums 属性

	Text	进程名称
ColumnHeader1	Width	120
ColumnHeader2	Text	进程 ID
	Width	60
ColumnHeader3	Text	内存使用
	Width	120

图 7.3 增加、设置 listView1 的 Colums 属性

图 7.4 操作界面

④ 在窗体的 Load 事件中写出如下代码。

```
private void Form1_Load(object sender, EventArgs e)
{
    listView1.FullRowSelect = true;
    GetProcess();
}
```

⑤ 添加 GetProcess()方法及程序设置如下。

```csharp
private void GetProcess()
{
    Process[] proList = Process.GetProcesses(".");    //获得本机的进程
    lblNum.Text = proList.Length.ToString();          //当前进程数量
    foreach (Process p in proList)
    {
        ListViewItem lvi = new ListViewItem();
        lvi.Text = p.ProcessName;
        lvi.SubItems.AddRange(new string[] { p.Id.ToString(),
            p.PrivateMemorySize64.ToString() });      //进程 ID 使用内存
        listView1.Items.Add(lvi);
    }
}
```

⑥ 添加终止事件及代码如下。

```csharp
private void btnKill_Click(object sender, EventArgs e)
{
    if (listView1.SelectedItems.Count > 0)
    {
        try
        {
            string proName = listView1.SelectedItems[0].Text;
            //根据进程名获得指定的进程
            Process[] p = Process.GetProcessesByName(proName);
            p[0].Kill();                              //关闭该进程
            MessageBox.Show("进程关闭成功!");
            GetProcess();
        }
        catch
        {
            MessageBox.Show("无法关闭此进程!");
        }
    }
    else
    {
        MessageBox.Show("请选择要终止的进程!");
    }
}
```

⑦ 终止一个进程。先选中一个进程,然后单击上面的"终止"按钮,增加启动进程事件。其代码如下。

```csharp
private void btnStart_Click(object sender, EventArgs e)
{
    if (lblNum.Text != string.Empty)
    {
        Process.Start(lblNum.Text);                   //启动一个进程
    }
    else
```

```
        {
            lblNum.Focus();
        }
}
```

7.3 线程开发技术

7.3.1 线程开发

.NET 通过 System.Threading 命名空间下的类来抽象线程。其中最重要的就是 Thread 类。Thread 类抽象了线程,它的一个对象就代表一个线程。当创建了一个 Thread 对象时,这个线程并没有开始执行,而是处于非执行的状态。当调用了 Thread 对象的 Start() 方法时,就表明线程可以开始执行了。但是线程并不一定马上就执行了。多线程程序的一个最大的特征就是不确定性。在很多时候只能预测它大概的执行时间和顺序,但是实际的执行时机只有操作系统才会知道。当 Thread 对象在被系统告知可以执行之后,操作系统开始执行这个线程所包含的执行序列。如果没有特殊情况发生,它将会执行到时间片用完,或者代码在时间片用完前就执行完了。这个时候,线程就会转移到非执行状态或者结束状态,从而等待被销毁。如果在执行的过程中遇到特殊情况,可以随时将线程转为非执行的状态或者直接结束。这个过程可以是主动的,也可以是被动的。如果是主动的,线程只有在执行的状态下才能将自己的状态转移到非执行状态或者直接结束。如果是被动的,只有在非执行的时候才可以被正在执行的线程把状态转为非执行状态或者被结束掉。表 7.5 和表 7.6 分别列举了 Thread 常用的属性和方法。

表 7.5 Thread 常用属性

属 性	说 明
Thread.IsAlive	获取一个值,该值指示当前线程的执行状态。如果此线程已启动并且尚未正常终止或中止,则该值为 true;否则为 false
Thread.Name	获取或设置线程的名称
Thread.Priority	获取或设置一个值,该值指示线程的调度优先级
Thread.ThreadState	获取一个值,该值包含当前线程的状态

表 7.6 Thread 常用方法

方 法	说 明
Thread.Start()	启动线程的执行
Thread.Suspend()	挂起线程;如果线程已挂起,则不起作用
Thread.Resume()	继续已挂起的线程
Thread.Interrupt()	中止处于 Wait 或者 Sleep 或者 Join 线程状态的线程
Thread.Join()	阻塞调用线程,直到某个线程终止时为止
Thread.Sleep()	按照指定的时间(单位为 ms)阻塞当前线程
Thread.Abort()	开始终止此线程的过程。如果线程已经在终止,则不能通过 Thread.Start() 来启动线程

下面详细介绍常用的线程方法。

1. 创建和启动线程

在.NET 中,多线程功能是在 System.Threading 命名空间中定义的。因此,在使用任何线程类之前,必须定义 System.Threading 命名空间。定义方法如下。

using System.Threading;

创建线程实例的方法如下。

Thread myThread = new Thread(方法名);

启动线程的方法如下。

myThread.Start();

如果和 Main 一样,需要参数的起始方法怎么办呢?这个时候可以用 ParameterizedThreadStart 委派。

下面的程序创建并启动了两个线程,执行结果如图 7.5 所示。

图 7.5　线程创建与启动

```
using System;
using System.Collections.Generic;
using System.Linq;
using System.Text;
using System.Threading;
namespace _7_3
{
    class Program
    {
        static void Main(string[] args)
        {
            Thread myThread = new Thread(FirstThread);
            //定义一个调用 class1 类对象方法的线程
            Class1 c1 = new Class1();
            Thread otherClass = new Thread(c1.OtherClassMethod);
            //启动线程
            myThread.Start();
            otherClass.Start();
            Console.Read();
        }
        public static void FirstThread()
        {
            Console.WriteLine("This is my First Thread!");
        }
    }
    class Class1
    {
        public void OtherClassMethod()
        {
            Console.WriteLine("这是另外一个类的方法!");
        }
    }
}
```

2. 线程睡眠

在执行线程的很多时候，需要让正在执行的线程暂停下来，将 CPU 资源交给其他的线程。这个时候我们可以令线程睡眠。其方法如下。

```
Thread.Sleep();
```

Sleep()是 Thread 类的静态方法。它可以让执行到这一句的线程睡眠，可以通过参数设置具体睡眠时间，睡眠时间的单位是 ms。比如：

```
Thread.Sleep(1000);
```

但是，并不是说 1000ms 后这个线程又开始执行了，而是大于等于 1000ms 后才开始执行。因为 1000ms 后这个线程只是具备了可以执行的能力，但是还必须在队列里等待 OS 去调用它。还必须注意的是，正在执行的线程才可以睡眠，其他状态下的线程是不可能主动睡眠的。因为那些线程本来就不活动，也就不用睡眠了。

3. 线程合并

Thread 类的 Join()方法能够将两个交替执行的线程合并为顺序执行的线程。比如，在线程 A 中调用了线程 B 的 Join()方法（如 B.Join()），线程 B 将插入线程 A 之前，直到线程 B 执行完毕后，才会继续执行线程 A。但是如果 B 一直不结束，那么 A 也无法继续执行。为了解决这个问题，可以在调用 B 的 Join()方法的时候指定一个睡眠时间。这样一来，A 线程就不会一直等下去了。例如：

```
B.Join(100);
```

4. 线程阻塞（挂起）与唤醒（恢复）

睡眠的线程过了设定的时间后就能恢复可执行的状态。但是，有的时候需要一直阻塞一个线程的执行，直到达到认可的条件才能恢复它的执行。这个时候就不能靠睡眠了，需要对线程调用 Thread 对象的 Suspend()方法。这个方法会一直阻塞线程，直到其他线程对这个线程的对象执行 Resume()方法为止。一个线程可以自己调用 Suspend()把自己阻塞，也可以将非活动线程阻塞。但是，恢复一个线程只能通过当前正在活动的线程，调用正被阻塞的线程对象的 Resume()方法才行。例如：

```
using System.Collections.Generic;
using System.Linq;
using System.Text;
using System.Threading;
namespace _7_3
{
    class Program
    {
        static Thread A;
        static Thread B;
        static void Main(string[] args)
        {
            A = new Thread(Method);
            B = new Thread(Method);
            A.Name = "A";
```

```
            B.Name = "B";
            A.Start();
            B.Start();
            Console.Read();
        }
        static void Method()
        {
            Thread Current = Thread.CurrentThread;
            for (int i = 0; i < 10; i++)
            {
                if (Current.Name.Equals("A"))
                {
                    Console.WriteLine("A Print " + i);
                }
                else
                {
                    Console.WriteLine("B Print " + i);
                }
                if (i == 2 && Current.Name.Equals("A"))
                {
                    Current.Suspend();
                }
                if (i == 5 && Current.Name.Equals("B"))
                {
                    if (A.ThreadState == ThreadState.Suspended)
                    {
                        A.Resume();
                    }
                }
            }
        }
    }
}
```

上面的例子输出的结果是,当 A 执行到 i=2 的时候就停止下来,此时 CPU 被 B 完全占用,以后一直输出 B,直到 B 的 i=5 的时候才开始继续输出 A。线程阻塞后唤醒和睡眠后唤醒相同,线程唤醒后并不能立马开始工作,仍然需要排队等待 OS 的召唤才能继续执行。程序执行结果如图 7.6 所示。

5．线程终止

一般来说,线程体的代码如果执行完毕,这个线程就会自动关闭。但是,如果要在执行的过程中终止一个线程,就必须通过调用线程对象的 Abort() 方法。这里不鼓励采用这种方式,因为调用 Abort() 会引发异常,而且需要处理这个异常。所以最好是让线程自己执行完后自己终止。终止线程的方法如下。

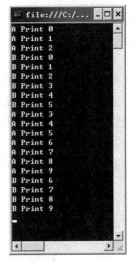

图 7.6 线程的阻塞与唤醒

```
myThread.Abort();
```

Thread 类的 Abort() 方法用于永久地关闭一个线程。但是请注意,在调用 Abort() 方

法前一定要判断线程是否被激活了,也就是判断 thread.IsAlive 的值。例如:

```
if (myThread.IsAlive)
{
myThread.Abort();
}
```

7.3.2 线程同步

在前面的介绍中,所涉及的线程大多都是独立的,而且是异步执行的。也就是说,每个线程都包含了运行时自身所需要的数据或方法,不需要外部的资源或方法,也不必关心其他线程的状态或行为。但是,有时候在进行多线程的程序设计时需要实现多个线程共享同一段代码,从而实现共享同一个私有成员或类的静态成员的目的。这时,由于线程和线程之间会互相竞争 CPU 资源,使得线程无序地访问这些共享资源,最终可能导致无法得到正确的结果。例如,一个多线程的火车票预订程序中将已经预订过的火车票再次售出,这是由于该车票被预订以后没有及时更新数据库中的信息,而导致在同一时刻购买该火车票的另一乘客也将其预订。这一问题通常称为线程安全问题。为了解决这个问题,必须引入同步机制的概念。那么什么是同步,如何实现在多线程访问同一资源的时候保持同步呢?

当多个线程需要访问同一资源时,需要以某种顺序来确保该资源某一时刻只能被一个线程使用的方式称为同步。要进一步了解线程同步机制,请参见操作系统原理课程相关教程。

要想实现同步操作,就必须获得每一个线程对象的锁。获得它可以保证在同一时刻只有一个线程访问对象中的共享关键代码,并且在这个锁被释放之前,其他线程不能进入这个共享代码。此时,如果还有其他线程想要获得该对象的锁,就必须进入等待队列。只有当拥有该对象锁的线程退出共享代码时,锁被释放,等待队列中第一个线程才能获得该锁,从而进入共享代码区。Framework 提供了 3 个加锁的机制,分别是 Monitor 类、Lock 关键字和 Mutex 类。

1. Monitor 类和 Lock 类

其中 Lock 关键字用法比较简单,Monitor 类和 Lock 的用法差不多。Monitor 和 Lock 都用于锁定数据或锁定被调用的函数。而 Mutex 则多用于锁定多线程间的同步调用。简单地说,Monitor 和 Lock 多用于锁定被调用端,而 Mutex 则多用锁定调用端。Monitor 和 Lock 将代码段标记为理临界区,其实现原理是,首先锁定某一私有对象,然后执行代码段中的语句,当代码段中的语句执行完毕,再解除锁。Lock 结构如下:

```
private  Object obj = new Object();              //定义一私有对象
//……其他代码
lock(this)
{
    //……操作临界资源
}
```

注意:锁定的对象名(上面代码中的 obj)一般声明为 Object 类型,不要声明为值类型。对象名叫什么无所谓,只要符合命名规则就行。同时,一定要将 Object 声明为 private,不能声明为 public,否则将会使 lock 语句变得无法控制,从而引发一系列的问题。下面的程序中有两个线程 thread1、thread2 和一个 TestFunc 函数，TestFunc 会打印出调用它的线程名和调用的时间（ms 级的），两个线程分别以 30ms 和 100ms 的时间间隔来调用 TestFunc 这个函数。TestFunc 执行的时间为 50ms。

```csharp
using System;
using System.Collections.Generic;
using System.Text;
using System.Threading;
namespace MonitorLockMutex
{
    class Program
    {
        #region variable
        Thread thread1 = null;
        Thread thread2 = null;
        Mutex mutex = null;
        #endregion
        static void Main(string[] args)
        {
            Program p = new Program();
            p.RunThread();
            Console.ReadLine();
        }
        public Program()
        {
            mutex = new Mutex();
            thread1 = new Thread(new ThreadStart(thread1Func));
            thread2 = new Thread(new ThreadStart(thread2Func));
        }
        public void RunThread()
        {
            thread1.Start();
            thread2.Start();
        }
        private void thread1Func()
        {
            for (int count = 0; count < 10; count++)
            {
                TestFunc("Thread1 have run " + count.ToString() + " times");
                Thread.Sleep(30);
            }
        }
        private void thread2Func()
        {
            for (int count = 0; count < 10; count++)
            {
                TestFunc("Thread2 have run " + count.ToString() + " times");
                Thread.Sleep(100);
            }
        }
```

```
private void TestFunc(string str)
{
    Console.WriteLine("{0} {1}", str, System.DateTime.Now.Millisecond.ToString());
    Thread.Sleep(50);
}
```

程序执行结果如图 7.7 所示。

从上面的程序中可以看出，如果不加锁，这两个线程基本上是按照各自的时间间隔＋TestFunc 的执行时间（50ms）对 TestFunc 函数进行读取的。因为线程在开始时需要分配内存，所以第 0 次的调用不准确。从第 1～9 次的调用可以看出，thread1 的执行间隔约为 80ms，thread2 的执行间隔约为 150ms。现在将 TestFunc 修改如下。

```
private void TestFunc(string str)
{
    lock (this)
    {
        Console.WriteLine("{0} {1}", str, System.DateTime.Now.Millisecond.ToString());
        Thread.Sleep(50);
    }
}
```

运行 Lock 的结果如图 7.8 所示。

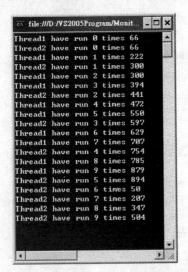

图 7.7　没有加锁前执行结果

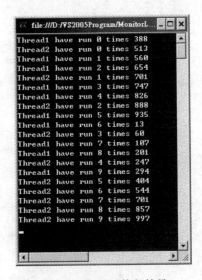

图 7.8　加锁后执行结果

上面的 Lock 结构可以用以下的 Monitor 结构代替。

```
private Object obj = new Object();        //定义一个私有对象
//……其他代码
Monitor.Enter(obj);
//……操作临界资源
Monitor.Exit(obj);
```

Monitor 的静态方法 Enter 和 Exit 分别用来获取锁和释放锁,它们都需要一个 Object 的参数,用来指定要锁定的临界资源。上例中的两个临界资源分别是 Data 和 index。

2. Mutex 类

Mutex 是互斥类,用于多线程访问同一个资源的时候,保证一次只有一个线程能访问该资源。同一时间,只能有一个线程占用 Mutex。在访问资源之前,每个线程都通过发信号来获得 Mutex 的控制权。此后,线程还必须等待资源的控制权。当线程完成操作时,通过 ReleaseMutex()发出完成信号(lock 和 Monitor 对于 unmanaged 资源是不起作用的)。最常见的一类非托管资源就是包装操作系统资源的对象,如文件、窗口或网络连接。对于这类资源,虽然垃圾回收器可以跟踪封装非托管资源的对象的生存期,但它不了解具体如何清理这些资源。.NET Framework 提供了 Finalize()方法,它允许在垃圾回收器回收该类资源时,适当地清理非托管资源。如果在 MSDN Library 中搜索 Finalize,将会发现很多类似的问题。这里列举几种常见的非托管资源,如 ApplicationContext、Brush、Component、ComponentDesigner、Container、Context、Cursor、FileStream、Font、Icon、Image、Matrix、Object、OdbcDataReader、OleDBDataReader、Pen、Regex、Socket、StreamWriter、Timer、Tooltip 等资源。很多用户在使用的时候可能并没有注意到。

例如,下面程序中有两个线程 thread1、thread2 和一个 TestFunc 函数,TestFunc 会打印出调用它的线程名和调用的时间(ms 级的),两个线程分别以 30ms 和 100ms 的时间间隔来调用 TestFunc 这个函数。程序执行结果如图 7.9 所示。

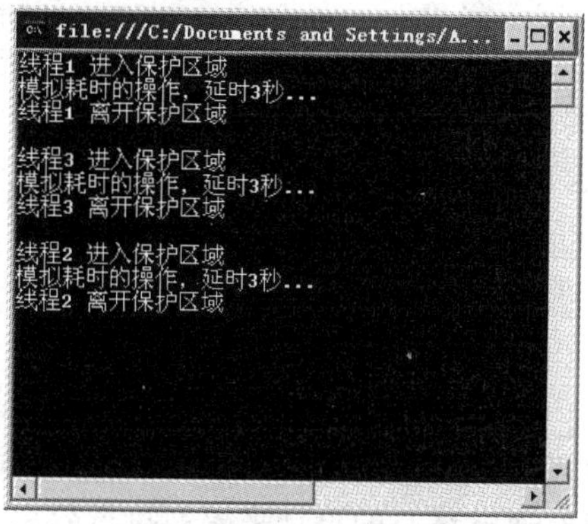

图 7.9　并发访问处理(Mutex 类)

```
using System;
using System.Collections.Generic;
using System.Linq;
using System.Text;
using System.Threading;
namespace MutexTest
{
    class Program
    {
        // 创建 Mutex,创建它的线程并不拥有该 Mutex
        private static Mutex mut = new Mutex();
        private const int numIterations = 1;
        private const int numThreads = 3;
        static void Main()
        {
            // 创建线程,以利用受保护的资源
            for (int i = 0; i < numThreads; i++)
            {
                Thread myThread = new Thread(new ThreadStart(MyThreadProc));
                myThread.Name = String.Format("线程{0}", i + 1);
                myThread.Start();
```

```
        }
        // 主线程退出,但是程序继续运行,直到所有前台线程退出为止
        Console.ReadLine();
    }
    private static void MyThreadProc()
    {
        for (int i = 0; i < numIterations; i++)
        {
            UseResource();
        }
    }
    // 该方法表示每次只能由一个线程来访问的同步代码
    private static void UseResource()
    {
        mut.WaitOne();                                  // 安全进入之前一直等待
        Console.WriteLine("{0} 进入保护区域",Thread.CurrentThread.Name);
        //这里可以放置一些访问不可重复入(non - reentrant)的代码,不可重入(non -
reentrant)函数不能由超过一个任务所共享,除非能确保函数的互斥
        Console.WriteLine("模拟耗时的操作,延时 3 秒...");
        Thread.Sleep(3000);
        Console.WriteLine("{0} 离开保护区域\r\n",Thread.CurrentThread.Name);
        // 释放 Mutex
        mut.ReleaseMutex();
    }
```

线程的同步必然会降低程序的执行效率。所以,最好在设计多线程程序的时候,不要设计需要同步的对象,而是通过提高线程之间的隔离度来避免使用同步。如果无法避免,那就只有通过精心的设计来提高执行效率了。

7.3.3 线程通信

很多现实问题都要求线程不仅要同步地访问同一共享资源,而且线程间还彼此牵制,通过相互通信来向前推进。下面的程序描述了线程之间的通信,执行结果如图 7.10 所示。

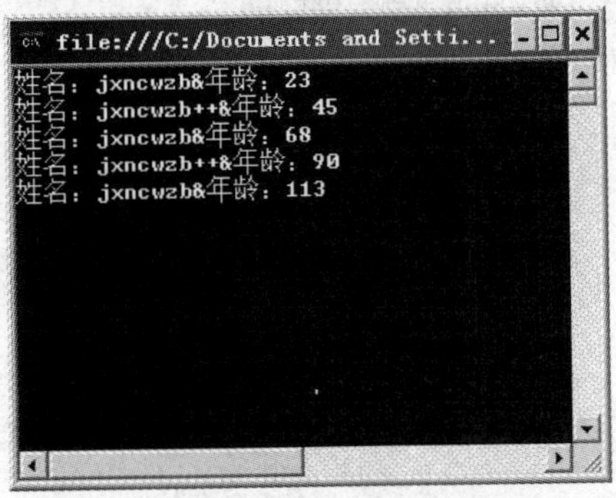

```
using System;
using System.Collections.Generic;
using System.Linq;
using System.Text;
using System.Threading;
namespace Thread Communication
{
    class Program
    {
        static void Main(string[] args)
        {
            Student student = new Student();
            new Thread(new ThreadStart(new Thread1(student).run)).Start();//添加信息
            new Thread(new ThreadStart(new Thread2(student).run)).Start();//读取信息
```

图 7.10 线程通信

```
}
// < summary >
// 向 Student 类添加信息
// </summary >
public class Thread1
{
    private Student student;
    public Thread1(Student student)
    {
        this.student = student;
    }
    public void run()
    {
        //int i = 0;
        for (int i = 0; i < 5; i++)
        {
            if (i % 2 == 0)
                student.Add("jxncwzb", 23);
            else
                student.Add("jxncwzb++", 22);
        }
    }
}
// < summary >
// 读取 Thread1 刚才添加的信息
// </summary >
public class Thread2
{
    private Student student;
    public Thread2(Student student)
    {
        this.student = student;
    }
    public void run()
    {
        while (true)
        {
            student.GetInfo();
        }
    }
}
public class Student
{
    private string name;
    private int age;
    private bool isRun = false;
    public void Add(string name, int age)
    {
        Monitor.Enter(this);
        if (isRun)
            Monitor.Wait(this);
```

```
            this.name = name;
            //Thread.Sleep(10);
            this.age += age;
            this.isRun = true;
            Monitor.Pulse(this);
            Monitor.Exit(this);
        }
        public void GetInfo()
        {
            Monitor.Enter(this);
            if (!isRun)
                Monitor.Wait(this);
            Console.Write("姓名: " + name);
            Console.WriteLine("& 年龄: " + age.ToString());
            this.isRun = false;
            Monitor.Pulse(this);
            Monitor.Exit(this);
        }
    }
}
```

7.3.4 线程池

线程池是一种多线程处理形式。它在处理过程中将任务添加到队列,然后在创建线程后自动启动这些任务。线程池线程都是后台线程。每个线程都使用默认的堆栈大小,以默认的优先级运行,并处于多线程单元中。如果某个线程在托管代码中空闲(如正在等待某个事件),则线程池将插入另一个辅助线程,来使所有处理器保持繁忙。如果所有线程池线程都始终保持繁忙,但队列中包含挂起的工作,则线程池将在一段时间之后创建另一个辅助线程。但线程的数目永远不会超过最大值。超过最大值的其他线程可以排队,但它们要等到前面的线程完成后才启动。

线程池特别适合于执行一些需要多个线程的任务。使用线程池能够优化这些任务的执行过程,从而提高吞吐量。它不仅能够使系统针对此进程优化执行过程,而且还能够使系统针对计算机上的其他进程优化执行过程。如果需要启动多个不同的任务,而且不想分别设置每个线程的属性,则可以使用线程池。如果应用程序需要对线程进行特定的控制,则不适合使用线程池,需要创建并管理自己的线程。

System.Threading.ThreadPool 类实现了线程池。ThreadPool 类是一个静态类,它提供了管理线程池的一系列方法。ThreadPool.QueueUserWorkItem 方法用于在线程池中创建一个线程池线程来执行指定的方法(用委托 WaitCallback 来表示),并将该线程排入线程池的队列以等待执行。QueueUserWorkItem 方法的原型为:

```
public static Boolean QueueUserWorkItem(WaitCallback wc, Object state);
public static Boolean QueueUserWorkItem(WaitCallback wc);
```

这些方法可以将工作项(和可选状态数据)排列到线程池的线程中,并立即返回。工作项只是一种方法(由 wc 参数标识),它被调用并传递给单个参数,即状态(状态数据)。没有状态参数的 QueueUserWorkItem 版本会将 null 传递给回调方法。线程池中的某些线程将调用 System.Threading.WaitCallback 委托表示的回调方法来处理该工作项。回调方法必须与 System.Threading.WaitCallback 委托类型相匹配。WaitCallback 定义如下。

```
public delegate void WaitCallback(Object state);
```

调用 QueueUserWorkItem 时传入的 Object 类型参数将传递到任务过程中。可以通过这种方式来向任务过程传递参数。如果任务过程需要多个参数，则可以定义包含这些数据的类，并将类的实例强制转换为 Object 数据类型。

每个进程都有且只有一个线程池。当进程启动时，线程池并不会自动创建。只有第一次将回调方法排入队列（比如调用 ThreadPool.QueueUserWorkItem 方法）时才会创建线程池。一个线程会监视所有已排队到线程池中的任务。当某项任务完成后，线程池中的线程将执行相应的回调方法。对一个工作项进行排队之后将无法取消它。下面来看一个简单的例子，程序运行结果如图 7.11 所示（运行结果不会每次都一样，这是 ThreadPool 后台处理的正常反应）。

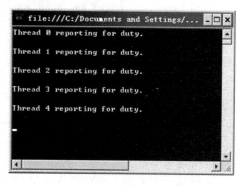

图 7.11　线程池

```
using System;
using System.Collections.Generic;
using System.Linq;
using System.Text;
using System.Threading;

namespace ThreadPoolDemo
{
    class Program
    {
        static void Main(string[] args)
        {
            for (int i = 0; i < 5; i++)
            {
                ThreadPool.QueueUserWorkItem(new WaitCallback(DoWork), i);
            }
            Console.ReadLine();
        }
        static void DoWork(object state)
        {
            int threadNumber = (int)state;
            Console.WriteLine("Thread {0} reporting for duty.", state);
            Console.WriteLine();
        }
    }
}
```

7.4　多线程案例

最后设计实现一个银行取款程序，程序模拟实现多人在多台取款机上同时取款的功能。

程序利用 Lock 实现线程中的同步。程序的最后结果如图 7.12 所示,程序实现步骤如下。

图 7.12 银行取款模拟程序

① 新建一个名为 bank 的 Windows 应用程序,界面如图 7.13 所示。

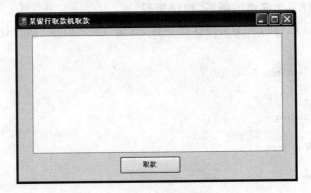

图 7.13 程序界面

界面中的控件属性设置如表 7.7 所示。

表 7.7 控件属性设置

控件	属性
form	Name:etchForm
	Text:某银行取款机取款
	Size:509340
listBox	Name:lbThread
	Size:452244
button	Name:btnFetch
	Text:取款

② 在解决方案资源管理器中添加账户类 Account.cs,代码如下。

```
using System;
using System.Collections.Generic;
using System.Text;
```

```csharp
using System.Windows.Forms;
using System.Threading;
namespace bank
{
    class Account
    {
        private Object obj = new Object();          //用于上锁
        int balance;
        Random r = new Random();
        Form1 form1;
        public Account(int initial, Form1 form1)
        {
            this.form1 = form1;
            this.balance = initial;
        }
        //取款
        public int Withdraw(int amount)
        {
            if (balance < 0)
            {
                form1.AddListBoxItme("余额为:" + balance + "余额已经是负数了,不能再取!");
            }
            lock (obj)                              //上锁
            {
                if (balance >= amount)
                {
                    string str = Thread.CurrentThread.Name + "取款-----";
                    str += string.Format("取款钱余额为:{0,-6}取款:", balance, amount);
                    balance = balance - amount;
                    str += "取款后余额为:" + balance;
                    form1.AddListBoxItme(str);
                    return amount;
                }
                else
                {
                    return 0;
                }
            }
        }
        //自动取款
        public void DoTransactions()
        {
            for(int i = 0;i < 10;i++)
            {
                Withdraw(r.Next(1,10));
            }
        }
    }
}
```

③ Form.cs 类的代码如下。

```csharp
using System.Drawing;
using System.Text;
using System.Windows.Forms;
using System.Threading;
namespace bank
{
    public partial class Form1 : Form
    {
        public Form1()
        {
            InitializeComponent();
        }
        private void Form1_Load(object sender, EventArgs e)
        {
        }
        delegate void AddListBoxItemDelegate(string str);
        public void AddListBoxItme(string str)
        {
            if (lbThread.InvokeRequired)
            {
                AddListBoxItemDelegate d = AddListBoxItme;
                lbThread.Invoke(d, str);
            }
            else
            {
                lbThread.Items.Add(str);
            }
        }
        private void btnFetch_Click(object sender, EventArgs e)
        {
            lbThread.Items.Clear();                    //情况列表内容
            Thread[] threads = new Thread[10];
            Account acc = new Account(1000, this);//定义账户
            for (int i = 0; i < 10; i++)
            {
                Thread t = new Thread(acc.DoTransactions);
                t.Name = "线程" + i;
                threads[i] = t;
            }
            for (int i = 0; i < 10; i++)
            {
                threads[i].Start();
            }
        }
    }
}
```

习题 7

1. 什么是进程？什么是线程？进程和线程有什么区别？
2. 进程和线程开发引用的命名空间是什么？
3. 编程实现创建一个打开 mail.com.163 网站的进程。
4. 线程的启动、睡眠、阻塞、唤醒和终止的方法分别是什么？
5. 什么是线程同步？实现线程同步的类有哪些？
6. 利用 Lock 类编程实现对下列临界资源的访问。

int x;
char[] charData;

7. 什么是线程通信？什么是线程池？

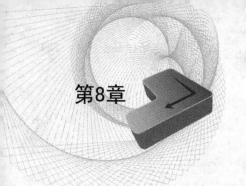

第8章 GDI+图形编程基础

本章介绍图形编程基础，包括基本图形类、Graphics 类、GDI+坐标系统等图形开发基础知识，以实现以下目标。
- 了解 Point、Size、Rectangle 等基本结构。
- 掌握 GDI+坐标系统。
- 掌握 Graphics 类的基本用法。
- 理解颜色和字体对话框。
- 会使用画笔和画刷。

8.1 图形概述

GDI(Graplnics Device Inferfoce)+为开发者提供了一组实现与各种设备（如监视器、打印机及其他具有图形化能力但不涉及这些图形细节的设备）进行交互的库函数。GDI+能够替代开发人员实现与外设（如显示器及其他）的交互。而从开发者的角度来看，要实现与这些设备的直接交互是十分艰巨的任务。

图 8.1 展示了 GDI+在开发人员与上述设备之间所起的重要的中介作用。GDI+几乎"包办"了一切工作：从把一个简单的字符串"HelloWorld"打印到控制台，到绘制直线、矩形，甚至是打印完整的表单等。

那么，GDI+是如何工作的呢？为了弄清这个问题，下面来分析一个示例——绘制一条线段。实质上，一条线段就是从一个开始位置 (X_0, Y_0) 到一个结束位置 (X_n, Y_n) 的一系列像素点的集合。为了画出这样的一条线段，设备（在本例中指显示器）需要知道相应的设备坐标或物理坐标。

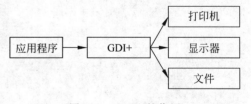

图 8.1 GDI+的作用

然而，开发人员不是直接告诉该设备，而是调用 GDI+的 drawLine()方法，然后，由 GDI+在内存（即视频内存）中绘制一条从点 A 到点 B 的直线。GDI+读取点 A 和点 B 的位置，然后把它们转换成一个像素序列，并且指定显示器显示该像素序列。简言之，GDI+把设备独立的调用转换成了一个设备可理解的形式，或者实现相反方向的转换。

8.2 基本图形结构

在绘图时,常常用3种结构指定坐标:Point、Size 和 Rectangle。

8.2.1 Point 结构

GDI+使用 Point 结构表示一个点。这是一个二维平面上的点——一个像素的表示方式。许多 GDI+函数,如 DrawLine(),都把 Point 作为其参数。声明和构造 Point 的代码如下所示。

```
Point p = new Point(1, 1);
```

公共属性 X 和 Y 可以获得或设置 Point 的坐标。X 和 Y 属性的类型是 int。

GDI+还使用 PointF 结构表示一个点。PointF 结构与 Point 结构完全相同,但 X 和 Y 属性的类型是 float,而不是 int。

PointF 结构可以转换为 Point 结构,但 Point 结构不能转换为 PointF 结构。转换过程的例子如下。

```
PointF af = new PointF();
af.X = 67.6F;
af.Y = 49.3F;
Point a = new Point();
a.X = (int)af.X;
a.Y = (int)af.Y;
```

8.2.2 Size 结构

GDI+使用 Size 结构表示一个尺寸(像素)。Size 结构包含宽度和高度。声明和构造 Size 的代码如下。

```
Size s = new Size(5, 5);
```

公共属性 Height 和 Width 可以获得或设置 Size 的宽度和高度。Height 和 Width 的类型为 int。上例中矩形 s 的高和宽均为 5。

GDI+还使用 SizeF 结构表示一个尺寸。SizeF 结构与 Size 结构完全相同,但 Height 和 Width 属性的类型是 float,而不是 int。

SizeF 结构可以转换为 Size 结构,但 SizeF 结构不能转换为 Size 结构。转换过程的例子如下。

```
SizeF af = new SizeF();
af.Height = 67.6F;
af.Width = 49.3F;
Size a = new Size();
a.Height = (int)af.Height;
a.Width = (int)af.Width;
```

8.2.3　Point 结构与 Size 结构的转换

Size 和 Point 可以显式地实现相互之间的转换，Size 的 Width、Height 属性将转换为对应的 Point 的 X、Y 属性。

实例如下：

```
Size s = new Size(20, 30);
Console.WriteLine(s);
//Point 与 Size 之间的转换
Point p = new Point(20,10);
Console.WriteLine(p);
Size newS = (Size)p;
Console.WriteLine(newS);
Point newP = (Point)newS;
Console.WriteLine(newP);
//Point 与 Size 相加
Point topLeft = new Point(10, 10);
Size rectangleSize = new Size(50, 50);
Point bottomRight = topLeft + rectangleSize;
Console.WriteLine("topLeft = " + topLeft);
Console.WriteLine("bottomRight = " + bottomRight);
Console.WriteLine("rectangleSize = " + rectangleSize);
```

8.2.4　Rectangle 结构

GDI+在许多不同的地方使用 Rectangle 结构来指定矩形的坐标。Point 结构定义矩形的左上角，Size 定义其大小。Rectangle 有两个构造函数。一个构造函数的参数是 X 坐标、Y 坐标、宽度和高度，另一个构造函数的参数是 Point 和 Size 结构。声明和构建 Rectangle 的两个示例如下所示。

```
Rectangle r1 = new Rectangle(1, 2, 5, 6);
Point p = new Point(1, 2);
Size s = new Size(5, 6);
Rectangle r2 = new Rectangle(p, s);
```

有一些公共属性，可以获得或设置 Rectangle 的 4 个点和大小。另外，还有其他属性和方法，可以完成诸如确定矩形是否与另一个矩形相交、提取两个矩形的相交部分、合并两个矩形等工作。

8.3　Graphics 类

Graphics 类的命名空间为 System.Drawing，程序集为 System.Drawing（在 system.drawing.dll 中）。

在使用 Graphics 对象绘制线条和形状、呈现文本或显示操作图像时，所用到的属性和方法如表 8.1 和表 8.2 所示。

表 8.1　Graphics 属性及说明

属　　性	说　　明
Clip	获取或设置 Region，该对象限定此 Graphics 的绘图区域
ClipBounds	获取一个 RectangleF 结构，该结构限定此 Graphics 的剪辑区域
CompositingMode	获取一个值，该值指定如何将合成图像绘制到此 Graphics
CompositingQuality	获取或设置绘制到此 Graphics 的合成图像的呈现质量
DpiX	获取此 Graphics 的水平分辨率
DpiY	获取此 Graphics 的垂直分辨率
InterpolationMode	获取或设置与此 Graphics 关联的插补模式
IsClipEmpty	获取一个值，该值指示此 Graphics 的剪辑区域是否为空
IsVisibleClipEmpty	获取一个值，该值指示此 Graphics 的可见剪辑区域是否为空
PageScale	获取或设置此 Graphics 的全局单位和页单位之间的比例
PageUnit	获取或设置用于此 Graphics 中的页坐标的度量单位
PixelOffsetMode	获取或设置一个值，该值指定在呈现此 Graphics 的过程中像素如何偏移
RenderingOrigin	为底色处理和阴影画笔获取或设置此 Graphics 的呈现原点
SmoothingMode	获取或设置此 Graphics 的呈现质量
TextContrast	获取或设置呈现文本的灰度校正值
TextRenderingHint	获取或设置与此 Graphics 关联的文本的呈现模式
Transform	获取或设置此 Graphics 的世界变换
VisibleClipBounds	获取此 Graphics 的可见剪辑区域的边框

表 8.2　Graphics 方法及说明

方　　法	说　　明
AddMetafileComment	向当前 Metafile 添加注释
BeginContainer	保存具有此 Graphics 的当前状态的图形容器，然后打开并使用新的图形容器。可重载
Clear	清除整个绘图界面并以指定背景色填充
CopyFromScreen	执行颜色数据从屏幕到 Graphics 的绘图界面的位块传输。可重载
CreateObjRef	创建一个对象，该对象包含生成用于与远程对象进行通信的代理所需的全部相关信息（从 MarshalByRefObject 继承）
Dispose	释放由 Graphics 使用的所有资源
DrawArc	绘制一段弧线，它表示由一对坐标、宽度和高度指定的椭圆部分。可重载
DrawBezier	绘制由 4 个 Point 结构定义的贝塞尔样条。可重载
DrawBeziers	用 Point 结构数组绘制一系列贝塞尔样条。可重载
DrawClosedCurve	绘制由 Point 结构的数组定义的闭合基数样条。可重载
DrawCurve	绘制经过一组指定的 Point 结构的基数样条。可重载
DrawEllipse	绘制一个由边框（该边框由一对坐标、高度和宽度指定）定义的椭圆。可重载
DrawIcon	在指定坐标处绘制由指定的 Icon 表示的图像。可重载
DrawIconUnstretched	绘制指定的 Icon 表示的图像，不缩放该图像
DrawImage	在指定位置按照原始大小绘制指定的 Image。可重载
DrawImageUnscaled	在由坐标对指定的位置上，按照图像的原始物理大小绘制指定的图像。可重载

续表

方法	说 明
DrawImageUnscaledAndClipped	在不进行缩放的情况下绘制指定的图像,并在需要时剪辑该图像,以适合指定的矩形
DrawLine	绘制一条连接由坐标对指定的两个点的线条,可重载
DrawLines	绘制一系列连接一组 Point 结构的线段,可重载
DrawPath	绘制 GraphicsPath
DrawPie	绘制一个扇形,该形状由一个坐标对、宽度、高度以及两条射线所指定的椭圆定义,可重载
DrawPolygon	绘制由一组 Point 结构定义的多边形,可重载
DrawRectangle	绘制由坐标对、宽度和高度指定的矩形,可重载
DrawRectangles	绘制一系列由 Rectangle 结构指定的矩形。可重载
DrawString	在指定位置,使用指定的 Brush 和 Font 对象绘制指定的文本字符串。可重载
EndContainer	关闭当前图形容器,并将此 Graphics 的状态还原到通过调用 BeginContainer 方法所保存的状态
EnumerateMetafile	将指定的 Metafile 中的记录逐个发送到回调方法,以在指定点显示。可重载
Equals	确定两个 Object 实例是否相等(从 Object 继承),可重载
ExcludeClip	更新此 Graphics 的剪辑区域,以排除 Rectangle 结构所指定的区域。可重载
FillClosedCurve	填充由 Point 结构数组定义的闭合基数样条曲线的内部。可重载
FillEllipse	填充边框所定义的椭圆的内部,该边框由一对坐标、一个宽度和一个高度指定。可重载
FillPath	填充 GraphicsPath 的内部
FillPie	填充由一对坐标、一个宽度、一个高度以及两条射线指定的椭圆所定义的扇形区的内部。可重载
FillPolygon	填充 Point 结构指定的点数组所定义的多边形的内部,可重载
FillRectangle	填充由一对坐标、一个宽度和一个高度指定的矩形的内部。可重载
FillRectangles	填充由 Rectangle 结构指定的一系列矩形的内部。可重载
FillRegion	填充 Region 的内部
Flush	强制执行所有挂起的图形操作并立即返回而不等待操作完成。可重载
FromHdc	从设备上下文的指定句柄创建新的 Graphics。可重载
FromHdcInternal	返回指定设备上下文的 Graphics
FromHwnd	从窗口的指定句柄创建新的 Graphics
FromHwndInternal	创建指定 Windows 句柄的新 Graphics
FromImage	从指定的 Image 创建新的 Graphics
GetHalftonePalette	获取当前 Windows 的半色调调色板的句柄
GetHashCode	用作特定类型的哈希函数。GetHashCode 适合在哈希算法和数据结构(如哈希表)中使用(从 Object 继承)
GetHdc	获取与此 Graphics 关联的设备上下文的句柄
GetLifetimeService	检索控制此实例的生存期策略的当前生存期服务对象(从 MarshalByRefObject 继承)
GetNearestColor	获取与指定的 Color 结构最接近的颜色
GetType	获取当前实例的 Type(从 Object 继承)

续表

方　　法	说　　明
InitializeLifetimeService	获取控制此实例的生存期策略的生存期服务对象（从 MarshalByRefObject 继承）
IntersectClip	将此 Graphics 的剪辑区域更新为当前剪辑区域与指定 Rectangle 结构的交集。可重载
IsVisible	指明由一对坐标指定的点是否包含在此 Graphics 的可见剪辑区域内。可重载
MeasureCharacterRanges	获取 Region 对象的数组。其中每个对象都会将字符位置的范围限定在指定字符串内
MeasureString	测量用指定的 Font 绘制的指定字符串。可重载
MultiplyTransform	将此 Graphics 的世界变换乘以指定的 Matrix。可重载
ReferenceEquals	确定指定的 Object 实例是否是相同的实例（从 Object 继承）
ReleaseHdc	释放以前通过此 Graphics 的 GetHdc 方法调用获得的设备上下文句柄。可重载
ReleaseHdcInternal	释放设备上下文的句柄
ResetClip	将此 Graphics 的剪辑区域重置为无限区域
ResetTransform	将此 Graphics 的世界变换矩阵重置为单位矩阵
Restore	将此 Graphics 的状态还原到 GraphicsState 表示的状态
RotateTransform	将指定旋转应用于此 Graphics 的变换矩阵。可重载
Save	保存此 Graphics 的当前状态，并用 GraphicsState 标识所保存的状态
ScaleTransform	将指定的缩放操作应用于此 Graphics 的变换矩阵。方法是，将该对象的变换矩阵左乘该缩放矩阵。可重载
SetClip	将此 Graphics 的剪辑区域设置为指定 Graphics 的 Clip 属性。可重载
ToString	返回表示当前 Object 的 String（从 Object 继承）
TransformPoints	使用此 Graphics 的当前世界变换和页变换，将点数组从一个坐标空间转换到另一个坐标空间。可重载
TranslateClip	将此 Graphics 的剪辑区域沿水平方向和垂直方向平移指定的量。可重载
TranslateTransform	通过使此 Graphics 的变换矩阵左乘指定的平移来更改坐标系统的原点。可重载

8.4　GDI＋坐标系统

坐标系统是对屏幕上的每个点都进行标识的方案。GUI 组件（如 Panel 或 Form）左上角的坐标默认为(0,0)。一对坐标同时含有 X 坐标（水平坐标）和 Y 坐标（垂直坐标）。X 坐标是距离左上角的水平距离（朝右），Y 坐标是距离左上角的垂直距离（向下）。需要指定 (X,Y) 坐标，以便将文本和图形定位在屏幕上。坐标单位是像素（图形元素），即显示器能分辨的最小单元。不同显示器可能采用不同的分辨率，所以像素在这些显示器上的密度是不同的。这可能导致图形大小在不同显示器上将有所区别。

1. 图形的放缩实例

```
private void Form1_Paint(object sender, PaintEventArgs e)
{
```

```
        Graphics g = e.Graphics;
        g.FillRectangle(Brushes.White, this.ClientRectangle);
        g.DrawRectangle(Pens.Black, 10, 10, 50, 50);
        g.DrawEllipse(Pens.Black, 10, 10, 10, 10);
        g.ScaleTransform(2.0f, 3.0f);
        g.DrawRectangle(Pens.Black, 10, 10, 50, 50);
        g.DrawEllipse(Pens.Black, 10, 10, 10, 10);
        g.ScaleTransform(0.5f, 0.3333333f);
        g.DrawRectangle(Pens.Red, 20, 30, 100, 150);
        g.DrawEllipse(Pens.Red, 20, 30, 20, 30);
}
```

ScaleTransform：将指定的缩放操作应用于此 Graphics 的变换矩阵。方法是，将该对象的变换矩阵左乘该缩放矩阵。程序运行结果如图 8.2 所示。

2．TranslateTransform 实例

TranslateTransform：通过使此 Graphics 的变换矩阵左乘指定的平移来更改坐标系统的原点。

```
private void button1_Click(object sender, EventArgs e)
{
        Graphics g = this.CreateGraphics();
        g.FillRectangle(Brushes.White, this.ClientRectangle);
        Font f = new Font("Times New Roman", 24);
        g.DrawString("Traslation",f,Brushes.Black,0,0);
        g.TranslateTransform(150, 75);
        g.DrawString("Traslation", f, Brushes.Black, 0, 0);
}
```

程序运行结果如图 8.3 所示。

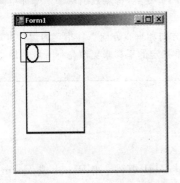
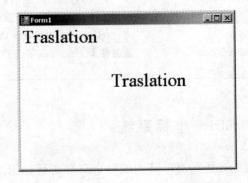

图 8.2　图形的缩放实例　　　　图 8.3　TranslateTransform 实例

坐标原点的变换代码如下。

```
private void button2_Click(object sender, EventArgs e)
{
        Graphics g = this.CreateGraphics();
        g.FillRectangle(Brushes.White, this.ClientRectangle);
        for (int i = 1; i <= 5; ++i)
        {
```

```
        g.DrawRectangle(Pens.Black, 10, 10, 30, 50);
        g.TranslateTransform(2, 10);
    }
}
```

程序运行结果如图 8.4 所示。上面的例子说明，TranslateTransform 变换坐标是连续的。

```
private void button3_Click(object sender, EventArgs e)
{
    Graphics g = this.CreateGraphics();
    g.FillRectangle(Brushes.White, this.ClientRectangle);
    g.DrawEllipse(Pens.Black, 20, 20, 30, 50);
    g.TranslateTransform(-15, 0);
    g.DrawEllipse(Pens.Black, 20, 20, 30, 50);
    g.ResetTransform();
    g.TranslateTransform(0, 30);
    g.DrawEllipse(Pens.Black, 20, 20, 30, 50);
}
```

程序运行结果如图 8.5 所示。

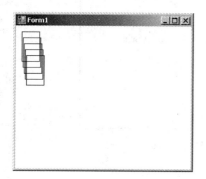

图 8.4　TranslateTransform 实例－1

图 8.5　TranslateTransform 实例－2

3. RotateTransform 实例

RotateTransform：指定应用于 Graphics 的旋转变换。实例代码如下。

```
private void button4_Click(object sender, EventArgs e)
{
    Graphics g = this.CreateGraphics();
    g.FillRectangle(Brushes.White, this.ClientRectangle);
    Font f = new Font("Times New Roman", 24);
    g.DrawString("Rotation", f, Brushes.Black, 0, 0);
    g.RotateTransform(45);
    g.TranslateTransform(100, 10);
    g.DrawString("Rotation", f, Brushes.Black, 0, 0);
}
```

程序运行结果如图 8.6 所示。

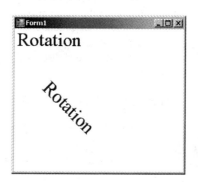

图 8.6　RotateTransform 实例

4. 坐标系变换与旋转综合的示例

```
private void button5_Click(object sender, EventArgs e)
{
    Graphics g = this.CreateGraphics();
    g.FillRectangle(Brushes.White, this.ClientRectangle);
    Font f = new Font("Times New Roman", 16);
    for (float angle = 0; angle < 360; angle += 45)
    {
        g.ResetTransform();
        g.TranslateTransform(ClientRectangle.Width / 2, ClientRectangle.Height / 2);
        g.RotateTransform(angle);
        g.DrawString("Hello World", f, Brushes.Red, 50, 0);
    }
}
```

程序运行结果如图 8.7 所示。

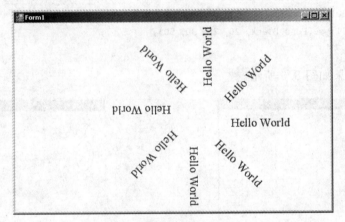

图 8.7 坐标系变换与旋转综合示例

5. 图形的变换

```
private void button6_Click(object sender, EventArgs e)
{
    Graphics g = this.CreateGraphics();
    g.FillRectangle(Brushes.White, this.ClientRectangle);
    Font f = new Font("Times New Roman", 24);
    g.TranslateTransform(175, 50);
    g.DrawString("BOBUI.DH", f, Brushes.Black, 0, 0);
    g.ScaleTransform(-1, 1);
    g.DrawString("BOBUI.DH", f, Brushes.Black, 0, 0);
}
```

程序运行结果如图 8.8 所示。

```
private void button7_Click(object sender, EventArgs e)
{
    Graphics g = this.CreateGraphics();
    g.FillRectangle(Brushes.White, this.ClientRectangle);
    Matrix m = new Matrix();
    m.Shear(0.6f, 0);
```

```
        g.DrawRectangle(Pens.Black, 10, 10, 50, 50);
        g.MultiplyTransform(m);
        g.DrawRectangle(Pens.Black, 70, 10, 50, 50);
}
```

注意：程序里用到了 Matrix 类，要添加应用 System.Drawing.Drawing2D，即在文件前面加上"using System.Drawing.Drawing2D"。

MultiplyTransform：将此 Graphics 的世界变换乘以指定的 Matrix。

Shear：通过预先计算切变向量，将指定的切变向量应用到此 Matrix，结果如图 8.9 所示。

图 8.8 图形的变换－1

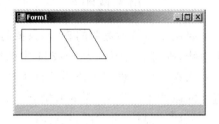
图 8.9 图形的变换－2

8.5 颜色

8.5.1 Color 结构

在 GDI＋中用 Color 结构定义处理颜色的方法和常量。颜色是 32 位的值，它是由红色、绿色、蓝色及通道组成的。每种颜色及通道各占 8 位，其值都是 0～255 之间的整数值。这些值结合起来可以定义某种具体的颜色。通道代表颜色的透明度，即颜色被背景色混合的程度。颜色的 RGB 值和背景色的 RGB 值产生加权混合效果，其取值在 0～255 之间。0 代表全透明，255 代表不透明。通道混合是指背景色和源色一个像素一个像素地混合。源色中的 3 个元素（红色、绿色和蓝色）将各自根据下面的公式，和背景色中相应的元素混合。

$$显示色＝源色\times alpha/255＋背景色\times(255－alpha)/255$$

例如，假定源色中的红色成分的值是 150，背景色中的红色成分的值是 100，如果通道值是 200，那么结果颜色中的红色成分的值计算如下：

$$150\times 200/255＋100\times(255－200)/255＝139$$

其他分量以此类推。

颜色的创建可以利用 Color 结构的 FromArgb 方法完成。FromArgb 方法是基于 4 个 8 位 ARGB 分量（alpha、红色、绿色和蓝色）值来创建 Color 结构的。这 4 个分量如下：

- Color.FromArgb（Int32）
- Color.FromArgb（Alpha，Color）
- Color.FromArgb（Red，Green，Blue）
- Color.FromArgb（Alpha，Red，Green，Blue）

这 4 个分量的含义如下。

（1）Color.FromArgb（Int32）：从一个 32 位 ARGB 值创建 Color 结构。32 位 ARGB 值的字节顺序为 AARRGGBB。AA 表示 alpha 分量值，RR、GG 和 BB 分别表示红色、绿色和蓝色的分量值。

（2）Color.FromArgb（Alpha，Color）：从指定的 Color 结构创建 Color 结构，使用指定的 alpha 值。

（3）Color.FromArgb（Red，Green，Blue）：从指定的 8 位颜色值（红色、绿色和蓝色）创建 Color 结构。alpha 值默认为 255（完全不透明）。

（4）Color.FromArgb（Alpha，Red，Green，Blue）：从 4 个 ARGB 分量值创建 Color 结构。

8.5.2 用不透明和半透明直线绘制图形

要绘制一条不透明的直线，只要将颜色的通道值设为 255 即可；而要绘制一条半透明的直线，则将通道值设为 1～254 中的任何值。

当在背景上绘制半透明的直线时，直线的颜色和背景的颜色会混合在一起。通道值接近 0 的以背景色为主，通道值接近 255 的以直线色为主。

例如，绘制一个位图，然后将位图作为背景，在其上面绘制一条直线。第一条直线通道值为 255，不透明；第二条通道值为 128，看上去是半透明的，可以通过直线看到背景。

8.5.3 用合成模式控制通道混合

创建一个脱离屏幕的位图，该位图有如下特征。
- 颜色的通道值小于 255。
- 创建位图时彼此间没有颜色混合。
- 在显示完成的位图时，位图中的颜色在显示设备上会和背景色通过通道混合在一起。

常用的 Graphics 对象的混合模式为 CompositingMode，它用来指定源色与背景色组合的方式。其成员和作用如下所示。
- SourceCopy：指定在显示颜色时，改写背景色。
- SourceOver：指定在显示颜色时，与背景色混合。

8.5.4 C#颜色应用实例

（1）下面的示例说明如何在窗体上绘制一个纯红色的椭圆。代码如下。

```
private void button8_Click(object sender, EventArgs e)
{
    Graphics g = this.CreateGraphics();
    SolidBrush myBrush = new SolidBrush(Color.Red);
    g.FillEllipse(myBrush, 10, 10, 50, 50);
}
```

程序运行结果如图 8.10 所示。

（2）可以通过 Color 结构访问若干系统定义的颜色。例如：

图 8.10 红色椭圆

```
Color myColor;
myColor = Color.Red;
```

```
myColor = Color.Aquamarine;
myColor = Color.LightGoldenrodYellow;
myColor = Color.PapayaWhip;
myColor = Color.Tomato;
```

代码如下。

```
private void button8_Click(object sender, EventArgs e)
{
    Color myColor;
    myColor = Color.Blue;
    Graphics g = this.CreateGraphics();
    SolidBrush myBrush = new SolidBrush(myColor);
    g.FillEllipse(myBrush, 10, 10, 50, 50);
}
```

程序运行结果如图 8.11 所示。

（3）Alpha 混合处理。

使用此方法还可以指定 Alpha 部分。Alpha 表示所呈现的图形后面的对象的透明度。Alpha 混合处理的颜色对于各种底纹和透明度效果很有用。如果需要指定 Alpha 部分，它应为 Color.FromArgb 方法中 4 个参数的第一个参数，并且其取值是 0～255 之间的一个整数。

```
Color myColor;
myColor = Color.FromArgb(127, 23, 56, 78);
```

代码如下：

```
private void button8_Click(object sender, EventArgs e)
{
    Color myColor;
    myColor = Color.FromArgb(127, 23, 56, 78);
    Graphics g = this.CreateGraphics();
    SolidBrush myBrush = new SolidBrush(myColor);
    g.FillEllipse(myBrush, 10, 10, 50, 50);
}
```

程序运行结果如图 8.12 所示。

图 8.11　蓝色椭圆

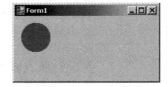
图 8.12　Alpha 混合处理

8.5.5　颜色对话框

颜色对话框（ColorDialog）是常见的对话框。它表示一个通用对话框，该对话框显示可用的颜色以及允许用户定义自定义颜色的控件。颜色对话框有许多自己的属性和方法。颜色对话框的公共属性如表 8.3 所示。

表 8.3　颜色对话框的公共属性

属　　性	说　　明
AllowFullOpen	获取或设置一个值，该值指示用户是否可以使用该对话框定义自定义颜色
AnyColor	获取或设置一个值，该值指示对话框是否显示基本颜色集中可用的所有颜色
Color	获取或设置用户选定的颜色
Container	获取 IContainer，它包含 Component（从 Component 继承）
CustomColors	获取或设置对话框中显示的自定义颜色集
FullOpen	获取或设置一个值，该值指示用于创建自定义颜色的控件在对话框打开时是否可见
ShowHelp	获取或设置一个值，该值指示在颜色对话框中是否显示"帮助"按钮
Site	获取或设置 Component 的 ISite（从 Component 继承）
SolidColorOnly	获取或设置一个值，该值指示对话框是否限制用户只选择纯色
Tag	获取或设置一个对象，该对象包含控件的数据（从 CommonDialog 继承）

颜色对话框受保护的属性如表 8.4 所示。

表 8.4　颜色对话框受保护的属性

属　　性	说　　明
CanRaiseEvents	获取一个指示组件，指示是否可以引发事件的值（从 Component 继承）
DesignMode	获取一个值，用以指示 Component 当前是否处于设计模式（从 Component 继承）
Events	获取附加到此 Component 的事件处理程序的列表（从 Component 继承）
Instance	获取基础窗口实例句柄（HINSTANCE）
Options	获取初始化 ColorDialog 的值

颜色对话框的公共方法如表 8.5 所示。

表 8.5　颜色对话框的公共方法

方　　法	说　　明
CreateObjRef	创建一个对象，该对象包含生成用于与远程对象进行通信的代理所需的全部相关信息（从 MarshalByRefObject 继承）
Dispose	已重载。释放由 Component 占用的资源（从 Component 继承）
Equals	已重载。确定两个 Object 实例是否相等（从 Object 继承）
GetHashCode	用作特定类型的哈希函数。GetHashCode 适合在哈希算法和数据结构（如哈希表）中使用（从 Object 继承）
GetLifetimeService	检索控制此实例的生存期策略的当前生存期服务对象（从 MarshalByRefObject 继承）
GetType	获取当前实例的 Type（从 Object 继承）
InitializeLifetimeService	获取控制此实例的生存期策略的生存期服务对象（从 MarshalByRefObject 继承）
ReferenceEquals	确定指定的 Object 实例是否相同的实例（从 Object 继承）
Reset	已重写。将所有选项重新设置为其默认值，将最后选定的颜色重新设置为黑色，将自定义颜色重新设置为其默认值
ShowDialog	已重载。运行通用对话框（从 CommonDialog 继承）
ToString	已重写。返回表示 ColorDialog 的字符串

颜色对话框受保护的方法如表 8.6 所示。

表 8.6 颜色对话框受保护的方法

方　　法	说　　明
Dispose	已重载。释放由 Component 占用的资源（从 Component 继承）
Finalize	在通过垃圾回收将 Component 回收之前，释放非托管资源，并执行其他清理操作（从 Component 继承）
GetService	返回一个对象，该对象表示由 Component 或它的 Container 提供的服务（从 Component 继承）
HookProc	定义要重写的通用对话框挂钩过程，以便向通用对话框添加特定功能（从 CommonDialog 继承）
MemberwiseClone	已重载（从 MarshalByRefObject 继承）
OnHelpRequest	引发 HelpRequest 事件（从 CommonDialog 继承）
OwnerWndProc	定义要重写的所有者窗口过程，以便向通用对话框添加特定功能（从 CommonDialog 继承）
RunDialog	已重写

8.5.6 颜色对话框实例

在此列出一个使用颜色对话框的实例，实现步骤如下。

① 如图 8.13 所示放置两控件 button1 和 richTextBox1。
② 双击选择颜色控件，编写代码如下。

```
private void button1_Click(object sender, EventArgs e)
{
    ColorDialog colorDialog = new ColorDialog();
    colorDialog.AllowFullOpen = true;
    colorDialog.FullOpen = true;
    colorDialog.ShowHelp = true;
    colorDialog.Color = Color.Black;
    //初始化当前文本框中的字体颜色,用户在 ColorDialog 对话框中单击\"取消\"按钮
    colorDialog.ShowDialog();
    richTextBox1.SelectionColor = colorDialog.Color;
}
```

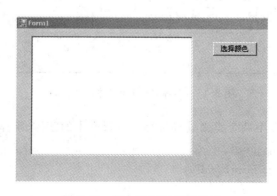

图 8.13 颜色对话框实例布局

③ 编译并运行代码。单击"选择颜色"按钮,得到如图 8.14 所示的结果。

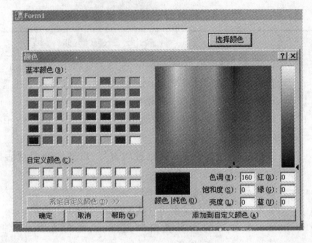

图 8.14　颜色对话框实例效果

④ 根据选择的不同颜色,可以在文本框中输入不同颜色的字体。

8.6　字体

GDI+仅支持 OpenType 和 TrueType 字体。"字体"一词常用作一个通用概念。它除了指真正的字体外,还泛指字样和字体族。有关字体的相关概念定义如下。

(1) 字体族:位于顶层,它由一组字样构成。这些字样虽然可以是任意样式的,但它们有共同的基本外观。Tahoma 就是一个字体族。

(2) 字样:位于第二层,它指的是同一字体族中具有相同样式的一组字体,但这些字体的大小可以随意。Tahoma bold 就是字样。

(3) 字体:定义如何根据字体族、样式和大小表示字符,如图 8.15 所示。Tahoma Regualr10,表明该字体位于 Tahoma 字体族,并有正常样式(相对于加粗和倾斜),其大小为 10 磅。

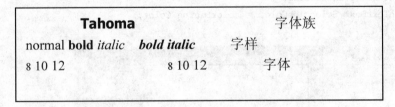

图 8.15　字体、字样和字体族的关系

Microsoft 提供了以下两个类来处理选择或设置文本的字体、字体大小和字体样式。
- System.Drawing.Font;
- System.Drawing.FontFamily。

8.6.1 使用 Font 类绘制文本

Font 类封装了字体的 3 个主要特性：字体系列、字体大小和字体样式。Font 类位于 System.Drawing 命名空间中。Font 的属性如表 8.7 所示。

表 8.7 Font 属性

名　称	说　　明
Bold	获取一个值，该值指示此 Font 是否为粗体
FontFamily	获取与此 Font 关联的 FontFamily
GdiCharSet	获取一个字节值，该值指定此 Font 使用的 GDI 字符集
GdiVerticalFont	获取一个布尔值，该值指示此 Font 是否从 GDI 垂直字体派生
Height	获取此字体的行距
IsSystemFont	获取一个值，该值表示此字体是否 SystemFonts 的一个成员
Italic	获取一个值，该值指示此字体是否已应用斜体样式
Name	获取此 Font 的字体名称
OriginalFontName	基础结构。获取最初指定的字体的名称
Size	获取此 Font 的全身大小，单位采用 Unit 属性指定的单位
SizeInPoints	获取此 Font 的全身大小（以点为单位）
Strikeout	获取一个值，该值指示此 Font 是否指定贯穿字体的横线
Style	获取此 Font 的样式信息
SystemFontName	如果 IsSystemFont 属性返回 true，则获取系统字体的名称
Underline	获取一个值，该值指示此 Font 是否有下划线
Unit	获取此 Font 的度量单位

字体的 Size 属性表示字体类型的大小。但是，在.NET Framework 中，这个 Size 并不仅仅是点的大小。它可以是点的大小，通过 Unit 属性可以改变 GraphicsUnit 属性。Unit 定义了字体的测量单位。记住，1 点等于 1/72 英寸，所以 10 点的字体有 10/72 英寸高。在 GraphicsUnit 枚举中，可以把字体的大小指定为：

- 点的大小（1/72 英寸）；
- 显示大小（1/75 英寸）；
- 文档（1/300 英寸）；
- 英寸；
- 毫米；
- 像素。

在绘制文本时，如果指定了一个字体以及绘图界面，就常常需要知道文本字符串的宽度（像素）。了解绘图界面也是很重要的，因为不同绘图界面的像素分辨率是不同的。一般情况下，屏幕上每英寸都有 72 个像素。打印机上每英寸有 300 个像素、600 个像素，甚至更多。使用 Graphics 对象的 MeasureString()方法可以计算出给定字体的字符串宽度。

字体的 Style 属性表示该类型是否为斜体、黑体，是否带有删除线或下划线。

StringFormat 类封装了文本布局信息，包括对齐和行间距信息。下面的示例说明了如何使用 StringFormat 类来使文本向右对齐和居中。这个示例将创建一个 Font 对象，用它来绘制一些文本。

示例代码如下。

```csharp
private void button1_Click(object sender, EventArgs e)
{
    Graphics g = this.CreateGraphics();
    int y = 0;
    g.FillRectangle(Brushes.White, ClientRectangle);
    // Draw left-justified text
    Rectangle rect = new Rectangle(0, y, 400, Font.Height);
    g.DrawRectangle(Pens.Blue, rect);
    g.DrawString("This text is left justified.", Font, Brushes.Black, rect);
    y += Font.Height + 20;
    // Draw right-justified text
    Font aFont = new Font("Arial", 16, FontStyle.Bold | FontStyle.Italic);
    rect = new Rectangle(0, y, 400, aFont.Height); g.DrawRectangle(Pens.Blue, rect);
    StringFormat sf = new StringFormat();
    sf.Alignment = StringAlignment.Far;
    g.DrawString("This text is right justified.", aFont, Brushes.Blue, rect, sf);
    y += aFont.Height + 20;
    // Manually call Dispose()
    aFont.Dispose();
    // draw centered text
    Font cFont = new Font("Courier New", 12, FontStyle.Underline);
    rect = new Rectangle(0, y, 400, cFont.Height);
    g.DrawRectangle(Pens.Blue, rect); sf = new StringFormat();
    sf.Alignment = StringAlignment.Center;
    g.DrawString("This text is centered  and underlined.", cFont, Brushes.Red, rect, sf);
    y += cFont.Height + 20;
    // Manually call Dispose()
    cFont.Dispose();
    // Draw multiline text
    Font trFont = new Font("Times New Roman", 12);
    rect = new Rectangle(0, y, 400, trFont.Height * 3);
    g.DrawRectangle(Pens.Blue, rect);
    String longString = "This text is much longer, and drawn ";
    longString += "into a rectangle that is higher than ";
    longString += "one line, so that it will wrap.   It is ";
    longString += "very easy to wrap text using GDI+.";
    g.DrawString(longString, trFont, Brushes.Black, rect);
    // Manually call Dispose().trFont.Dispose();
}
```

编译并运行代码，得到如图 8.16 所示的结果。

8.6.2 FontFamily 类

FontFamily 类用于表示字体系列。FontFamily 类的一个用法是：如果知道需要某种类型的字体（Serif、SansSerif 或 Monospace），但又不介意使用哪种字体，就可以使用该类。静态属性 GenericSerif、GenericSansSerif 和 GenericMonospace 返回满足这些条件的默认字体为：

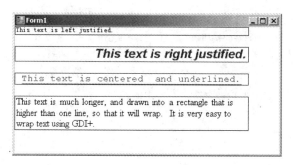

图 8.16　Font 实例

```
FontFamily sansSerifFont = FontFamily.GenericSansSerif;
```

但一般来说，如果编写一个专业的应用程序，就应以更专业的方式选择字体。可以执行绘图代码，检查哪些字体可用。然后选择合适的字体。例如，从预定义的字体列表中选择第一个可用的字体。如果要让应用程序的用户友好性更高，列表中的第一个选项可能是用户上次运行软件时选择的字体。通常情况下，最好使用最常用的字体系列，如 Arial 和 Times New Roman。如果使用某种不存在的字体显示文本，结果通常是不可预料的。Windows 仅仅是替代了标准系统字体，使得系统很容易绘制出文本，但效果并不是非常好。如果文档出现这种情况，会让人觉得软件的质量非常糟糕。

使用类 InstalledFontCollection 可以查看系统上的可用字体。该类位于 System.Drawing.Text 命名空间中。这个类有一个属性 Families，该属性是一个包含系统上所有可用字体的数组，为：

```
InstalledFontCollection insFont = new InstalledFontCollection();
FontFamily [] families = insFont.Families;
foreach (FontFamily family in families)
{
// do processing with this font family
}
```

下面是一个简单的文本示例，其代码如下。

```
private void button1_Click(object sender, EventArgs e)
{
    Brush blackBrush = Brushes.Black;
    Brush blueBrush = Brushes.Blue;
    Font haettenschweilerFont = new Font("Haettenschweiler", 12);
    Font boldTimesFont = new Font("Times New Roman", 10, FontStyle.Bold);
    Font italicCourierFont = new Font("Courier", 11, FontStyle.Italic | FontStyle.Underline);
    Graphics dc = this.CreateGraphics();
    dc.DrawString("This is a groovy string", haettenschweilerFont, blackBrush, 10, 10);
    dc.DrawString("This is a groovy string " + "with some very long text that will never fit in the box", boldTimesFont, blueBrush, new Rectangle(new Point(10, 40), new Size(100, 40)));
    dc.DrawString("This is a groovy string", italicCourierFont, blackBrush, new Point(10, 100));
}
```

运行这个示例，得到如图 8.17 所示的结果。

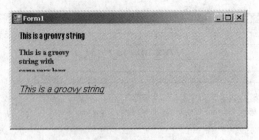

图 8.17 文本显示结果

这个示例展示了使用 Graphics.DrawString()方法绘制文本的方法。DrawString()有许多重载方法,这里介绍其中的 3 个。但这些重载方法都需要用参数指定要显示的文本、字符串所使用的字体,还要指定用于构造各种直线和曲线以组成每个文本字符的画笔。其余的参数有另外两种指定方式。一般情况下,可以指定一个 Point(或两个数字)或一个 Rectangle。如果指定 Point,文本就会从该 Point 的左上角开始,并向右延伸。如果指定 Rectangle,则 Graphics 实例就把字符串放在矩形的内部。如果文本在矩形内部容纳不下,就会被剪切掉,如图 8.17 中的第 4 行文本所示。把矩形传送给 DrawString(),绘图过程将持续较长时间,因为 DrawString()需要指定在什么地方放置换行符。这种结果看起来应该会更好一些(如果字符串可以放在矩形中)。

8.6.3 字体对话框

字体对话框(FontDialog)是常见的对话框。它表示通用对话框,显示可用的字体、字型以及字体大小的控件。字体对话框有许多自己的属性和方法。

字体对话框的公共属性如表 8.8 所示。

表 8.8 字体对话框的公共属性

属 性	说 明
AllowScriptChange	获取或设置一个值,指示用户能否更改"脚本"组合框中指定的字符集,以显示除了当前所显示字符集以外的字符集
AllowSimulations	获取或设置一个值,指示对话框是否允许图形设备接口(GDI)字体模拟
AllowVectorFonts	获取或设置一个值,指示对话框是否允许选择矢量字体
AllowVerticalFonts	获取或设置一个值,指示对话框是既显示垂直字体又显示水平字体,还是只显示水平字体
Color	获取或设置选定字体的颜色
Container	获取 IContainer,它包含 Component(从 Component 继承)
FixedPitchOnly	获取或设置一个值,指示对话框是否只允许选择固定间距的字体
Font	获取或设置选定的字体
FontMustExist	获取或设置一个值,指示对话框是否指定当用户试图选择不存在的字体或样式时的错误条件
MaxSize	获取或设置用户可选择的最大磅值
MinSize	获取或设置用户可选择的最小磅值

续表

属 性	说 明
ScriptsOnly	获取或设置一个值,指示对话框是否允许为所有非 OEM 和 Symbol 字符集以及 ANSI 字符集选择字体
ShowApply	获取或设置一个值,指示对话框是否包含应用按钮
ShowColor	获取或设置一个值,指示对话框是否显示颜色选择
ShowEffects	获取或设置一个值,指示对话框是否包含允许用户指定删除线、下划线和文本颜色选项的控件
ShowHelp	获取或设置一个值,指示对话框是否显示"帮助"按钮
Site	获取或设置 Component 的 ISite(从 Component 继承)
Tag	获取或设置一个对象,包含控件的数据(从 CommonDialog 继承)

字体对话框的受保护属性如表 8.9 所示。

表 8.9 字体对话框的受保护属性

属 性	说 明
CanRaiseEvents	获取一个指示组件,指示是否可以引发事件的值(从 Component 继承)
DesignMode	获取一个值,用以指示 Component 当前是否处于设计模式(从 Component 继承)
Events	获取附加到此 Component 的事件处理程序的列表(从 Component 继承)
Options	获取用来初始化 FontDialog 的值

字体对话框的公共方法如表 8.10 所示。

表 8.10 字体对话框的公共方法

方 法	说 明
CreateObjRef	创建一个对象,包含生成用于与远程对象进行通信的代理所需的全部相关信息(从 MarshalByRefObject 继承)
Dispose	已重载。释放由 Component 占用的资源(从 Component 继承)
Equals	已重载。确定两个 Object 实例是否相等(从 Object 继承)
GetHashCode	用作特定类型的哈希函数。GetHashCode 适合在哈希算法和数据结构(如哈希表)中使用(从 Object 继承)
GetLifetimeService	检索控制此实例的生存期策略的当前生存期服务对象(从 MarshalByRefObject 继承)
GetType	获取当前实例的 Type(从 Object 继承)
InitializeLifetimeService	获取控制此实例的生存期策略的生存期服务对象(从 MarshalByRefObject 继承)
ReferenceEquals	确定指定的 Object 实例是否相同的实例(从 Object 继承)
Reset	已重写。将所有对话框选项重置为默认值
ShowDialog	已重载。运行通用对话框(从 CommonDialog 继承)
ToString	已重写。检索包含对话框中当前选定字体的名称的字符串

颜色对话框的受保护方法如表 8.11 所示。

表 8.11 颜色对话框的受保护方法

方法	说明
Dispose	已重载。释放由 Component 占用的资源（从 Component 继承）
Finalize	在通过垃圾回收将 Component 回收之前，释放非托管资源并执行其他清理操作（从 Component 继承）
GetService	返回一个对象，该对象表示由 Component 或它的 Container 提供的服务（从 Component 继承）
HookProc	已重写。指定为将特定功能添加到通用对话框而重写的通用对话框挂钩程序
MemberwiseClone	已重载（从 MarshalByRefObject 继承）
OnApply	引发 Apply 事件
OnHelpRequest	引发 HelpRequest 事件（从 CommonDialog 继承）
OwnerWndProc	定义要重写的所有者窗口过程，以便向通用对话框添加特定功能（从 CommonDialog 继承）
RunDialog	已重写。指定文件对话框

8.6.4 字体对话框实例

下面举例说明文字对话框的使用，步骤如下。

① 如图 8.18 所示放置两个控件 button1（选择颜色按钮）、button2（选择字体按钮）和 richTextBox1（输入文本控件）。

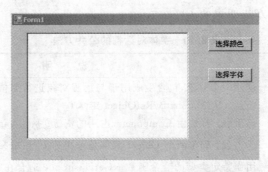

图 8.18 字体对话框实例布局

② 双击选择字体按钮控件，编写代码如下。

```
private void button2_Click(object sender, EventArgs e)
{
    FontDialog fontDialog = new FontDialog();
    fontDialog.Color = richTextBox1.ForeColor;
    fontDialog.AllowScriptChange = true;
    fontDialog.ShowColor = true;
    if (fontDialog.ShowDialog() != DialogResult.Cancel)
    {
        richTextBox1.SelectionFont = fontDialog.Font;   //将改变当前选定的文字字体
    }
}
```

8.7 画笔与画刷

8.7.1 画笔

GDI+Pen 类有许多功能。Pen 大多数的功能都来自于它的属性。表 8.12 列举了 Pen 的公共属性。同时，Pen 类也有自己的方法。表 8.13 列举了 Pen 的公共方法。

表 8.12 Pen 的公共属性表

属性	说明
Alignment	获取或设置此 Pen 的对齐方式
Brush	获取或设置 Brush，用于确定此 Pen 的属性
Color	获取或设置此 Pen 的颜色
CompoundArray	获取或设置用于指定复合钢笔的值的数组。复合钢笔绘制由平行直线和空白区域组成的复合直线
CustomEndCap	获取或设置要在通过此 Pen 绘制的直线终点使用的自定义线帽
CustomStartCap	获取或设置要在通过此 Pen 绘制的直线起点使用的自定义线帽
DashCap	获取或设置用在短划线终点的线帽样式，这些短划线构成通过此 Pen 绘制的虚线
DashOffset	获取或设置直线的起点到短划线图案起始处的距离
DashPattern	获取或设置自定义的短划线和空白区域的数组
DashStyle	获取或设置用于通过此 Pen 绘制的虚线的样式
EndCap	获取或设置要在通过此 Pen 绘制的直线终点使用的线帽样式
LineJoin	获取或设置通过此 Pen 绘制的两条连续直线的端点的连接样式
MiterLimit	获取或设置斜接角上连接宽度的限制
PenType	获取用此 Pen 绘制的直线的样式
StartCap	获取或设置在通过此 Pen 绘制的直线起点使用的线帽样式
Transform	获取或设置此 Pen 的几何变换
Width	获取或设置此 Pen 的宽度

表 8.13 Pen 的公共方法表

方法	说明
Clone	创建此 Pen 的一个精确副本
CreateObjRef	创建一个对象，包含生成用于与远程对象进行通信的代理所需的全部相关信息（从 MarshalByRefObject 继承）
Dispose	释放此 Pen 使用的所有资源
Equals	已重载。确定两个 Object 实例是否相等（从 Object 继承）
GetHashCode	用作特定类型的哈希函数。GetHashCode 适合在哈希算法和数据结构（如哈希表）中使用（从 Object 继承）
GetLifetimeService	检索控制此实例的生存期策略的当前生存期服务对象（从 MarshalByRefObject 继承）
GetType	获取当前实例的 Type（从 Object 继承）

续表

方 法	说 明
InitializeLifetimeService	获取控制此实例的生存期策略的生存服务对象（从 MarshalByRefObject 继承）
MultiplyTransform	已重载。用指定的 Matrix 乘以此 Pen 的变换矩阵
ReferenceEquals	确定指定的 Object 实例是否相同的实例（从 Object 继承）
ResetTransform	将此 Pen 的几何变换矩阵重置为单位矩阵
RotateTransform	已重载。将局部几何变换旋转指定角度。此方法将旋转添加到变换前
ScaleTransform	已重载。按指定因子缩放局部几何变换。此方法将缩放矩阵添加到变换前
SetLineCap	设置用于确定线帽样式的值，线帽用于结束通过此 Pen 绘制的直线
ToString	返回表示当前 Object 的 String（从 Object 继承）
TranslateTransform	已重载。将局部几何变换平移指定尺寸。此方法将平移添加到变换前

下面的应用程序演示了利用 Pen 类属性在窗口中绘制一个蓝色矩形的过程，代码如下。

```
private void button1_Click(object sender, EventArgs e)
{
    // Create a new pen
    Pen skyBluePen = new Pen(Brushes.DeepSkyBlue);
    // Set the pen's width
    skyBluePen.Width = 8.0F;
    // Set the LineJoin property
    skyBluePen.LineJoin = System.Drawing.Drawing2D.LineJoin.Bevel;
    // Draw a rectangle
    Graphics g = this.CreateGraphics();
    g.DrawRectangle(skyBluePen, new Rectangle(40, 40, 150, 200));
    //Dispose of the pen
    skyBluePen.Dispose();
}
```

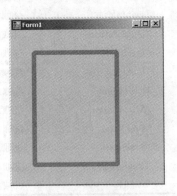

图 8.19　Pen 类实例

运行这个示例，得到如图 8.19 所示的结果。

8.7.2　画刷

Brush 类是一个抽象的基类。要实例化一个 Brush 对象，就应使用派生于 Brush 的类，如 SolidBrush、TextureBrush 和 LinearGradientBrush。

Brush 类和 SolidBrush 类位于 System.Drawing 命名空间中，而 TextureBrush 类和 LinearGradientBrush 类则位于 System.Drawing.Drawing2D 命名空间中。下面是这些类的作用。

- SolidBrush 用一种单色填充图形。
- TextureBrush 用一个位图填充图形。在构造这个画笔时，还指定了边框矩形和填充模式。边框矩形指定画笔使用位图的哪一部分而不必用整个位图。填充模式有许多选项,如 Tile 平铺纹理、TileFlipX、TileFlipY 和 TileFlipXY 指定连续平铺时翻转图像。使用 TextureBrush 可以创建出非常有趣和富有想象力的效果。
- LinearGradientBrush 封装了一个画笔,该画笔可以绘制两种颜色渐变的图形。其中,第一种颜色会以指定的角度逐渐过渡到第二种颜色。角度的单位是度。0°表示颜色从左向右过渡。90°表示颜色从上到下过渡。

还有一种画笔 PathGradientBrush,它可以创建精细的阴影效果。其中,阴影会从路径的中心趋向路径的边界。这种画笔可以让人想起用彩笔绘制的阴影地图。在不同的洲或国家之间的边界上涂上较暗的颜色。

下面的应用程序演示了如何利用 Brush 类在窗口中绘制一个紫色实心的矩形,代码如下。

```
private void button1_Click(object sender, EventArgs e)
{
    // (实心刷)
    Rectangle  myrect1 = new Rectangle(20, 80, 250, 100);
    SolidBrush mysbrush1 = new SolidBrush(Color.DarkOrchid);
    Graphics g = this.CreateGraphics();
    g.FillRectangle(mysbrush1, myrect1);
    // (实心刷)
}
```

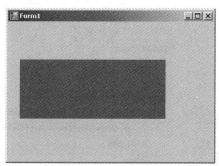

图 8.20 Brush 类实例

运行这个示例,得到如图 8.20 所示的结果。

8.8 图形程序设计案例

本节练习综合运用 Color 类、Pen 类、Point 结构以及鼠标事件的绘图程序。程序能够选择不同的线宽和颜色,在绘图区内利用鼠标在任意两点绘制直线。程序的开发过程与步骤如下。

① 新建一个工程,在 Form 上拖放 1 个 button1 控件、7 个 Panel 控件和一个 PictureBox 控件,布局如图 8.21 所示。其中 button1 的 Text 属性为"颜色";7 个 Panel 控件的 Name 属性分别为 ShowPanel、Width1Panel、Width2Panel、Width3Panel、Width4Panel、Width5Panel 和 Width6Panel。

② 在 Form1 类中添加如下 3 个对象。其中,a 和 b 分别表示起点和终点坐标,p 是画线所需的具有选择线宽和颜色功能的画笔。

```
Point a = new Point();
Point b = new Point();
Pen p = new Pen(Color.Blue );
```

③ 在 Form1 类中添加如下代码,用于绘制线宽面板图形及颜色。

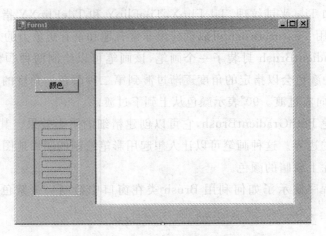

图 8.21 绘图综合实例布局

```
private void MyOwnPaint(int index)
{
    Graphics g;
    switch (index)
    {
        case 1:
            g = Width1Panel.CreateGraphics();
            g.DrawLine(new Pen(Color.Black, 1), new Point(4, 6), new Point(46, 6));
            break;
        case 2:
            g = Width2Panel.CreateGraphics();
            g.DrawLine(new Pen(Color.Black, 2), new Point(4, 6), new Point(46, 6));
            break;
        case 3:
            g = Width3Panel.CreateGraphics();
            g.DrawLine(new Pen(Color.Black, 3), new Point(4, 6), new Point(46, 6));
            break;
        case 4:
            g = Width4Panel.CreateGraphics();
            g.DrawLine(new Pen(Color.Black, 4), new Point(4, 6), new Point(46, 6));
            break;
        case 5:
            g = Width5Panel.CreateGraphics();
            g.DrawLine(new Pen(Color.Black, 5), new Point(4, 6), new Point(46, 6));
            break;
        case 6:
            g = Width6Panel.CreateGraphics();
            g.DrawLine(new Pen(Color.Black, 6), new Point(4, 6), new Point(46, 6));
            break;
    }
}
```

④ 在 Form1 类中添加如下代码,用于绘制每种线宽的面板图形。

```
private void Width1Panel_Paint(object sender, PaintEventArgs e)
```

```
{
    MyOwnPaint(1);
}
private void Width2Panel_Paint(object sender, PaintEventArgs e)
{
    MyOwnPaint(2);
}
private void Width3Panel_Paint(object sender, PaintEventArgs e)
{
    MyOwnPaint(3);
}
private void Width4Panel_Paint(object sender, PaintEventArgs e)
{
    MyOwnPaint(4);
}
private void Width5Panel_Paint(object sender, PaintEventArgs e)
{
    MyOwnPaint(5);
}
private void Width6Panel_Paint(object sender, PaintEventArgs e)
{
    MyOwnPaint(6);
}
```

⑤ 在 Form1 类中添加如下代码,用于显示线宽面板的颜色及选中的线型背景色。

```
private void MyOwnWidth(int index)
{
    Width1Panel.BackColor = button1.BackColor;
    Width2Panel.BackColor = button1.BackColor;
    Width3Panel.BackColor = button1.BackColor;
    Width4Panel.BackColor = button1.BackColor;
    Width5Panel.BackColor = button1.BackColor;
    Width6Panel.BackColor = button1.BackColor;
    switch (index)
    {
        case 1:
            Width1Panel.BackColor = Color.Blue;
            break;
        case 2:
            Width2Panel.BackColor = Color.Blue;
            break;
        case 3:
            Width3Panel.BackColor = Color.Blue;
            break;
        case 4:
            Width4Panel.BackColor = Color.Blue;
            break;
        case 5:
            Width5Panel.BackColor = Color.Blue;
            break;
```

```csharp
        case 6:
            Width6Panel.BackColor = Color.Blue;
            break;
    }
}
```

⑥ 在 Form1 类中添加如下事件,用于选择线型。

```csharp
private void Width6Panel_Click (object sender, EventArgs e)
{
    MyOwnWidth(6);
    p.Width = 6;
}
private void Width5Panel_Click (object sender, EventArgs e)
{
    MyOwnWidth(5);
    p.Width = 5;
}
private void Width4Panel_Click (object sender, EventArgs e)
{
    MyOwnWidth(4);
    p.Width = 4;
}
private void Width3Panel_Click (object sender, EventArgs e)
{
    MyOwnWidth(3);
    p.Width = 3;
}
private void Width2Panel_Click (object sender, EventArgs e)
{
    MyOwnWidth(2);
    p.Width = 2;
}
private void Width1Panel_Click (object sender, EventArgs e)
{
    MyOwnWidth(1);
    p.Width = 1;
}
```

⑦ 在 Form1 类中添加如下代码,然后单击"事件"按钮。该代码用于显示颜色对话框,以选择颜色。

```csharp
private void button1_Click(object sender, EventArgs e)
{
    ColorDialog colorDialog = new ColorDialog();
    colorDialog.AllowFullOpen = true;
    colorDialog.FullOpen = true;
    colorDialog.ShowHelp = true;
    colorDialog.Color = Color.Black;
    //初始化当前文本框中的字体颜色,用户在 ColorDialog 对话框中单击\"取消\"按钮
    colorDialog.ShowDialog();
```

```
    p.Color = colorDialog.Color;
}
```

⑧ 在 Form1 类中添加如下鼠标的 mousedown 事件和 mouseup 事件。下面的代码用于绘制所需颜色和线型的直线。

```
private void pictureBox1_MouseDown(object sender, MouseEventArgs e)
{
    a.X = e.X;
    a.Y = e.Y;
}
private void pictureBox1_MouseUp(object sender, MouseEventArgs e)
{
    b.X = e.X;
    b.Y = e.Y;
    Graphics g = pictureBox1.CreateGraphics();
    g.DrawLine(p, a.X, a.Y, b.X, b.Y);
}
```

⑨ 编译运行的结果如图 8.22 所示。

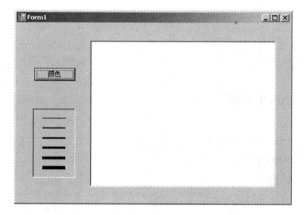

图 8.22　绘图综合实例编译结果

⑩ 选择"颜色"按钮，然后选择线型，再利用鼠标绘制，结果如图 8.23 所示。

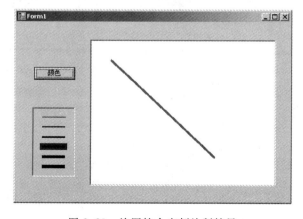

图 8.23　绘图综合实例绘制结果

习题 8

1. 在同一图形窗口中绘制函数 $y_1=1-\sin2(x)$（蓝色圆圈），$y_2=2x+1$（绿色点划线），加分格线。x 的范围是 $[0,10]$。给图形加上标题"y_1 和 y_2"，在 x 轴上加注"x 轴"，在 y 轴上加注"y 轴"，在图右侧添加图例，并把"$x=5$"字符串放置到图形中鼠标所指定的位置上。

2. 利用旋转变换编写一个时钟程序（界面和功能自己设计）。

3. （圆周文本）编写一个在圆周上绘制文本串的程序，输出效果类似于题图 8.1 所示的结果。

题图 8.1

题图 8.2 为圆周文本串的算法示意图，供大家参考。

4. 路径类的绘制和填充路径的方法各是什么？

5. GDI＋中的路径渐变刷类叫什么？路径渐变刷中的颜色是怎样变化的？

6. 区域是什么？有哪些用处？

7. 基本的区域有哪些形状？

8. 在 GDI＋中如何构建路径？

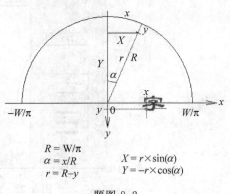

$R = W/\pi$
$\alpha = x/R$
$r = R-y$

$X = r\times\sin(\alpha)$
$Y = -r\times\cos(\alpha)$

题图 8.2

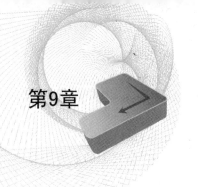

第9章 图像编程技术

本章介绍图像编程技术基础,包括位图类型、图像处理常用控件、图像文件读写、像素处理等图像开发技术基本知识,以实现以下目标。
- 了解常用的图像文件格式。
- 掌握 Picturebox 控件和 ImageList 控件。
- 掌握基本的坐标变换。
- 理解图像文件格式的转换。
- 了解利用像素进行图像处理的方法。

9.1 图像处理概述

在以往的图像处理中,常常要根据不同图像文件的格式及其数据存储结构把图像在不同格式之间进行转换。某个图像文件的显示也是依靠对文件数据结构的剖析,然后读取相关图像数据而实现的。现在,GDI+提供了 Image 和 Bitmap 类,使用它们能轻松地处理图像。

GDI+支持大多数流行的图像文件格式,如 BMP、GIF、JPEG、TIFF 和 PNG 等。

GDI+的 Image 类封装了对 BMP、GIF、JPEG、PNG、TIFF、WMF(Windows 元文件)和 EMF(增强 WMF)图像文件的调入、格式转换以及简单处理的功能。Bitmap 是从 Image 类继承的一个图像类,它封装了 Windows 位图操作的常用功能,例如,Bitmap::SetPixel 和 Bitmap::GetPixel 分别用来对位图进行读写像素操作。Bitmap 为图像的柔化和锐化处理提供了一种可能。

9.2 图像文件格式

图像文件是描绘图像的计算机磁盘文件,其文件格式不下数十种。本节仅介绍 BMP、GIF、JPEG、TIFF 和 PNG 等图像文件格式。

1. BMP 文件格式

BMP 文件格式,又称为 Bitmap(位图)或 DID(Device-Independent Device,设备无关位图)。它是 Windows 系统中广泛使用的图像文件格式。由于它可以不做任何变换地保存图像像素域的数据,使它成为取得 RAW 数据的重要来源。Windows 的图形用户界面

(Graphical User Interfaces)的建立,也由于它的内建图像子系统 GDI 对 BMP 格式提供了支持。

位图文件可看成由 4 个部分组成:位图文件头(bitmap-file header)、位图信息头(bitmap-information header)、彩色板(color table)和定义位图的字节阵列,它们的名称和符号如表 9.1 所示。

表 9.1 BMP 图像文件组成部分的名称和符号

位图文件的组成	结构名称	符号
位图文件头	BITMAPFILEHEADER	bmfh
位图信息头	BITMAPINFOHEADER	bmih
彩色板	RGBQUAD	aColors[]
图像数据阵列字节	BYTE	aBitmapBits[]

1) BMP 文件头 BITMAPFILEHEADER(14 字节)

BMP 文件头数据结构含有 BMP 文件的类型、文件大小和位图起始位置等信息。其结构定义如下:

```
typedef struct tagBITMAPFILEHEADER
{
WORD bfType;            // 位图文件的类型,必须为 BMP(0~1 字节)
DWORD bfSize;           // 位图文件的大小,以字节为单位(2~5 字节)
WORD bfReserved1;       // 位图文件保留字,必须为 0(6~7 字节)
WORD bfReserved2;       // 位图文件保留字,必须为 0(8~9 字节)
DWORD bfOffBits;        // 位图数据的起始位置,以相对于位图(10~13 字节)
                        // 文件头的偏移量表示,以字节为单位
} BITMAPFILEHEADER;
```

2) 位图信息头 BITMAPINFOHEADER (40 字节)

BMP 位图信息头数据用于说明位图的尺寸等信息。

```
typedef struct tagBITMAPINFOHEADER{
DWORD biSize;           // 本结构所占用字节数(14~17 字节)
LONG biWidth;           // 位图的宽度,以像素为单位(18~21 字节)
LONG biHeight;          // 位图的高度,以像素为单位(22~25 字节)
WORD biPlanes;          // 目标设备的级别,必须为 1(26~27 字节)
WORD biBitCount;        // 每个像素所需的位数,必须是 1(双色,28~29 字节)
                        // 4(16 色),8(256 色)或 24(真彩色)之一
DWORD biCompression;    // 位图压缩类型,必须是 0(不压缩,30~33 字节)// 1(BI_RLE8 压缩类型)
    或 2(BI_RLE4 压缩类型)之一
DWORD biSizeImage;      // 位图的大小,以字节为单位(34~37 字节)
LONG biXPelsPerMeter;   // 位图水平分辨率,每米像素数(38~41 字节)
LONG biYPelsPerMeter;   // 位图垂直分辨率,每米像素数(42~45 字节)
DWORD biClrUsed;        // 位图实际使用的颜色表中的颜色数(46~49 字节)
DWORD biClrImportant;   // 位图显示过程中重要的颜色数(50~53 字节)
} BITMAPINFOHEADER;
```

3) 颜色表 RGBQUAD

颜色表用于说明位图中的颜色。它有若干个表项,每一个表项是一个 RGBQUAD 类

型的结构,定义一种颜色。RGBQUAD 结构的定义如下:

```
typedef struct tagRGBQUAD {
BYTE rgbBlue;           // 蓝色的亮度(值范围为 0~255)
BYTE rgbGreen;          // 绿色的亮度(值范围为 0~255)
BYTE rgbRed;            // 红色的亮度(值范围为 0~255)
BYTE rgbReserved;       // 保留,必须为 0
} RGBQUAD;
```

颜色表中 RGBQUAD 结构数据的个数由 biBitCount 来确定。

当 biBitCount=1,4,8 时,分别有 2、16、256 个表项。

当 biBitCount=24 时,没有颜色表项。

位图信息头和颜色表组成位图信息,BITMAPINFO 结构定义如下:

```
typedef struct tagBITMAPINFO {
BITMAPINFOHEADER bmiHeader;    // 位图信息头
RGBQUAD bmiColors[1];          // 颜色表
} BITMAPINFO;
```

4) 位图数据

位图数据记录了位图的每一个像素值,记录顺序是,在扫描行内是从左到右,扫描行之间是从下到上。位图的一个像素值所占的字节数如下所述。

当 biBitCount=1 时,8 个像素占 1 个字节。

当 biBitCount=4 时,2 个像素占 1 个字节。

当 biBitCount=8 时,1 个像素占 1 个字节。

当 biBitCount=24 时,1 个像素占 3 个字节。

Windows 规定,一个扫描行所占的字节数必须是 4 的倍数(即以 long 为单位),不足的以 0 填充,biSizeImage = ((((bi.biWidth * bi.biBitCount) + 31) & ~31) / 8) * bi.biHeight。

2. GIF 文件格式

图形交换格式(Graphics Interchange Format,GIF)是由 CompuServe 公司于 1987 年 6 月 15 日制定的标准,它主要用于 CompuServe 网络图形数据的在线传输、存储。GIF 提供了足够的信息并很好地组织了这些信息,使得许多不同的输入输出设备能够方便地交换图像。它支持 24 位彩色,由一个最多 256 种颜色的彩色板实现,图像的大小最多是 64K×64K 个像点。GIF 的特点是 LZW 压缩、多图像和交错屏幕绘图。

3. JPEG 文件格式

JPEG 也是一种常见的图像格式,它由联合照片专家组(Joint Photographic Experts Group)开发并命名为 ISO 10918-1,JPEG 仅仅是一种俗称而已。JPEG 文件的扩展名为.jpg 或.jpeg。其压缩技术十分先进,它用有损压缩方式去除冗余的图像和彩色数据,在获得极高的压缩率的同时还能展现十分丰富生动的图像。换句话说,就是它可以用最少的磁盘空间得到较好的图像质量。由于 JPEG 格式是利用平衡像素之间的亮度色彩来压缩的,因而更有利于表现带有渐变色彩且没有清晰轮廓的图像。

同时 JPEG 还是一种很灵活的格式。它具有调节图像质量的功能,允许用户用不同的压缩比例对这种文件进行压缩。比如，最高可以把 1.37MB 的 BMP 位图文件压缩至 20.3KB。当然，完全可以在图像质量和文件尺寸之间找到平衡点。

由于 JPEG 优异的品质和杰出的表现，使得它的应用非常广泛，特别是在网络和光盘读物上。目前各类浏览器均支持 JPEG 格式，因为 JPEG 格式的文件尺寸小、下载速度快，能使 Web 页以较短的下载时间提供大量美观的图像。这样，JPEG 就顺理成章地成为了网络上最受欢迎的图像格式。

4. TIFF 文件格式

TIFF(Tag Image File Format)是 Mac(Macintosh，苹果电脑)中广泛使用的图像格式。它是由 Aldus 和 Microsoft 公司出于跨平台存储扫描图像的需要而联合设计开发的。它的特点是图像格式复杂、存储信息多。因为它存储的图像细微层次的信息非常多，图像的质量也得到了提高，所以非常有利于原稿的复制。

该格式有压缩和非压缩两种形式。其中，压缩可采用 LZW 无损压缩方案存储。不过，由于 TIFF 格式结构较为复杂，兼容性较差，因此，有时软件可能不能正确识别 TIFF 文件（现在绝大部分软件都已解决了这个问题）。目前，在 Mac 和 PC 上移植 TIFF 文件十分便捷，从而使得 TIFF 成为了微机上使用最广泛的图像文件格式之一。

5. PNG 文件格式

PNG(Portable Network Graphic，可移植的网络图像)文件格式是由 Thomas Boutell、Tom Lane 等人提出并设计的。它是为适应网络数据传输而设计的一种图像文件格式，用于取代格式较为简单、专利限制严格的 GIF 图像文件格式。而且，这种图像文件格式在某种程度上甚至还可以取代格式比较复杂的 TIFF 图像文件格式。它的特点主要有，压缩效率通常比 GIF 要高，能够提供 Alpha 通道控制图像的透明度，支持 Gamma 校正机制来调整图像的亮度等。

需要说明的是，PNG 文件格式支持 3 种主要的图像类型：真彩色图像、灰度级图像以及颜色索引数据图像。JPEG 只支持前两种图像类型，而 GIF 虽然可以利用灰度调色板补偿图像的灰度级别，但原则上它仅仅支持第 3 种图像类型。

9.3 图像处理常用控件

在 C# 中，系统提供了一些用于图像处理操作的控件，如 PictureBox 控件和 ImageList 控件等。

9.3.1 PictureBox 控件

PictureBox 是一个图片框控件。通常使用 PictureBox 来显示位图，元文件，图标，JPEG、GIF 或 PNG 文件中的图形。

1. Width 和 Height 属性

Width 和 Height 属性分别用来获取或设置图片框控件的宽度和高度。它们集成了 Size 属性，其度量单位由盛放此控件的容器来决定。例如，若放在窗体上的是 PictureBox 控件，则其单位为像素。可以通过属性设计器或代码来设置图片框的大小。例如，若窗体 Form 上有一个名为 pictureBox1 的 PictureBox 控件，并将 pictureBox1 的 Image 属性设置为任选的一张图片,在命令按钮 button1 里编写如下代码,可将 pictureBox1 图片框的大小设为 300×300。

```
private void button1_Click(object sender, EventArgs e)
{
    pictureBox1.Height = 300;
    pictureBox1.Width = 300;
}
```

程序编译运行的结果如图 9.1 所示。

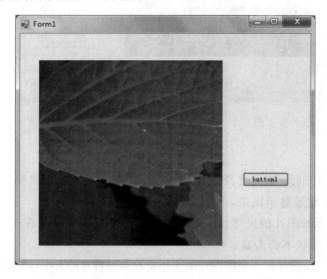

图 9.1　PictureBox 的 Width 和 Height 属性

2. Left 和 Top 属性

Left 和 Top 属性用来设置或获取图片框在容器内的位置,它们用容器的坐标系统表示。Left 用来设置或获取图片控件左边框相对于容器工作区左边框的距离(通常以像素为单位),Top 用来设置或获取图片控件上边框相对于容器工作区顶部的距离(通常以像素为单位)。改变这两个属性的值,控件的位置也将发生变化。在上面例子中的窗体 Form 中放置一个控件按钮 button2,并在控件里编写如下代码,则可把上例的图像放置在窗体的左上角。编译运行程序,依次单击 button1、button2,结果如图 9.2 所示。

```
private void button2_Click(object sender, EventArgs e)
{
    pictureBox1.Left = 0;
    pictureBox1.Top = 0;
}
```

3. SizeMode 属性

SizeMode 属性用来设置图片的显示模式。它有 Normal、StretchImage、AutoSize、CenterImage 和 Zoom 5 种显示模式。

Normal 表示普通的显示模式。在此模式下,图片置于 PictureBox 的左上角。图片的大小由 PictureBox 控件的大小决定。当图片的尺寸大于 PictureBox 的尺寸时,多余的图像

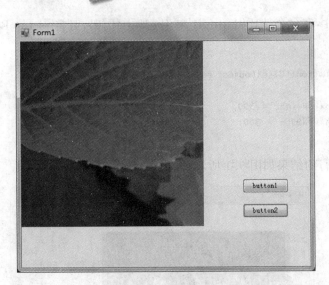

图 9.2　PictureBox 的 Left 和 Top 属性

将被剪裁掉。

当采用 StretchImage 模式时，PictureBox 会根据自身的长、宽调整图片的比例，使图片在 PictureBox 中完整地显示出来，但图片形状可能会失真。

Zoom 模式表示按图片的尺寸比例缩放图片，使其完整地显示在 PictureBox 中。此种模式下缩放的图片形状不会失真。

AutoSize 模式表示图片框会根据图片的大小自动调整自身的大小，以显示图片的全部内容。

在 CenterImage 模式下，当图片尺寸小于 PictureBox 尺寸时，图片将显示在 PictureBox 工作区的正中央；当图片大于 PictureBox 时，则显示图片的中央部分。

在上面例子的窗体 Form 中放置一个控件按钮 button3，并在控件里编写如下代码。将上例的图像按图片的尺寸比例缩放，使其完整地显示在 PictureBox 中。编译运行程序，依次单击 button1、button2、button3，结果如图 9.3 所示。

图 9.3　PictureBox 的 SizeMode 属性

```
private void button3_Click(object sender, EventArgs e)
{
    pictureBox1.SizeMode = PictureBoxSizeMode.Zoom;
}
```

4．Image 属性

Image 属性用来设置 PictureBox 中的图像。用户可以在属性设计器中指定图片，然后在属性设计器中选择 Image，打开"选择资源"对话框，将图片导入即可。

Image 属性也可以在程序运行时导入图片。在上面例子中的窗体 Form 中放置一个控件按钮 button4，并在控件里编写如下代码，将对上例图像按图片的尺寸比例进行缩放，使其完整地显示在 PictureBox 中。编译运行程序，依次单击 button1、button2、button3、button4，结果如图 9.4 所示。

图 9.4　PictureBox 的 Image 属性

```
private void button4_Click(object sender, EventArgs e)
{
    pictureBox1.Image = Image.FromFile("C:\Users\Public\Pictures\Sample Pictures\
        Desert.jpg");    //可以任意指定具有图片的文件及其路径
}
```

5．ImageLocation 属性

ImageLocation 属性用来获取或设置要在 PictureBox 中显示的图像的路径。此功能为 .NET Framework 新增的功能。

9.3.2　ImageList 控件

ImageList 控件是一个图像列表。一般情况下，该控件用于存储一个图像集合，这些图像用作工具栏图标或 TreeView 控件上的图标。许多控件都包含 ImageList 属性。该属性一般和 ImageIndex 属性一起使用。ImageList 属性设置为 ImageList 组件的一个实例，ImageIndex 属性设置为 ImageList 中应在控件中显示的图像的索引。使用 ImageIndex.

Images 属性的 Add 方法可以把图像添加到 ImageList 组件中。Images 属性返回一个 ImageCollection。

ImageList 控件常用属性及说明如表 9.2 所示。

表 9.2 ImageList 控件常用属性及说明

属性名称	说明
ColorDepth	用来设置或获取 ImageList 控件中所存放的图片的颜色的深度，可取值为 Depth4Bit、Depth8Bit、Depth16Bit、Depth24Bit 或 Depth32Bit
ImageSize	用来定义列表中的图像高度和宽度（以像素为单位）的大小。默认大小为 16×16，最大为 256×256。可通过 ImageSize 的 Width 和 Height 属性来获取此控件中包含的 Images 内的图片的宽度与高度
Images	用来保存图片的集合，可以通过属性设计器打开图像集合编辑器来添加图片

Images 属性可以通过属性设计器打开图像集合编辑器来添加图片，如图 9.5 所示。

图 9.5 中的成员列表显示已经添加了 4 幅图片，每幅图片的前面都有索引号。例如，Blue hills.jpg 图片的索引号为 0，Sunset.jpg 图片的索引号为 1。在默认情况下，是按照图片的添加顺序来创建索引号的，先添加的索引号在前。不过可以通过成员列表旁边的上下箭头来调整图片的索引号。属性列表框中显示了每幅图片的物理属性，如原始图像格式和尺寸大小等。

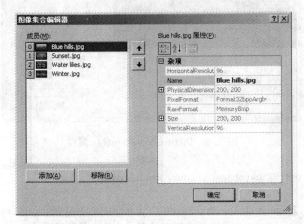

图 9.5 ImageList 的 Images 属性

Images 是一个集合类型，它提供了一些属性方法来管理图片集。Images 的 Count 属性用来获取 Images 集合中图片的数目（此属性为只读）。Images 主要通过 Item 子对象来管理图片集。Images.Item(index) 中的 index 用来访问图片集合中索引号为 index 的图片。可以用 Images 的 Add、Clear 和 RemoveAt 等方法来添加和删除图片。ImageList 还提供了一个 Draw 的方法，用于在指定的对象上绘图。以下是 ImageList 控件实践操作实例。

① 新建一个 Windows 应用程序。

② 从工具箱中拖放一个 ImageList 控件到 Form 窗体。选择该控件并打开其属性，配置 Images 属性。同时，特别注意配置 ImageSize 属性，将该属性设置为 200×200。该属性将决定图片显示的大小。再在窗体上添加一个 PictureBox 控件、4 个按钮，如图 9.6 所示。其中

4个按钮的 Text 属性分别设置为"增加图片"、"删除图片"、"显示下一张"和"清空图片"。

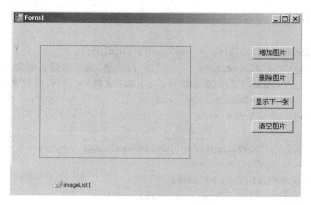

图 9.6　ImageList 实例布局

③ 单击 imageList1 属性边上的按钮,在打开的配置对话框中单击"添加"按钮,选择具体的一组图片。还可以单击"移除"按钮,去掉无效图片。如图 9.7 所示。

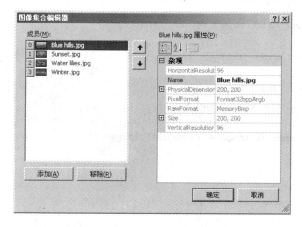

图 9.7　在 ImageList 中添加图片

④ 双击 Form1 窗体,添加如下代码,定义全局变量 i。该代码用于存储 imageList1 中正在使用的图片号。

```
int i;
```

⑤ 双击 Form1 窗体,添加如下代码。该代码用于初始化显示 imageList1 中的第一张图片。

```
private void Form1_Load(object sender, EventArgs e)
{
    if (imageList1.Images.Count >= 1)
    {
        pictureBox1.Image = imageList1.Images[0];
        i = 0;
    }
}
```

⑥ 双击"增加图片"按钮,添加如下代码。该代码用于实现图片添加的功能。

```csharp
private void button1_Click(object sender, EventArgs e)
{
    OpenFileDialog openFileDialog = new OpenFileDialog();
    openFileDialog.InitialDirectory = "c:";   //注意,这里写路径时要用c:而不是c
    openFileDialog.Filter = "图像文件|*.jpg|GIF文件|*.gif|所有文件|*.*";
    openFileDialog.RestoreDirectory = true;
    openFileDialog.FilterIndex = 1;
    String fName;
    if (openFileDialog.ShowDialog() == DialogResult.OK)
    {
        fName = openFileDialog.FileName;
        Image myImage = Image.FromFile(fName,true);
        imageList1.Images.Add(myImage);
    }
}
```

⑦ 双击"删除图片"按钮,添加如下代码。该代码用于实现删除当前图片的功能。

```csharp
private void button2_Click(object sender, EventArgs e)
{
    if (imageList1.Images.Count >= 1)
    {
        imageList1.Images.RemoveAt(i);
        if (imageList1.Images.Count >= 1)
        {
            pictureBox1.Image = imageList1.Images[i];
        }
        else
        {
            pictureBox1.Image = null;
        }
    }
}
```

⑧ 双击"显示下一张"按钮,添加如下代码。该代码用于实现显示下一张图片的功能。

```csharp
private void button3_Click(object sender, EventArgs e)
{
    if (imageList1.Images.Count >= 1)
    {
        i++;
        if (i >= imageList1.Images.Count)
        {
            i = 0;
        }
        pictureBox1.Image = imageList1.Images[i];
    }
}
```

⑨ 双击"清空图片"按钮,添加如下代码。该代码用于实现清空imageList1中的所有图

片的功能。

```
private void button4_Click(object sender, EventArgs e)
{
    imageList1.Images.Clear();
    pictureBox1.Image = null;
}
```

⑩ 编译运行应用程序,结果如图 9.8 所示。单击"增加图片"按钮,可向 imageList1 中添加图片;单击"删除图片"按钮,可删除当前图片;单击"显示下一张"按钮,可显示下一张图片;单击"清空图片"按钮,可清空所有图片。

图 9.8　在 ImageList 中添加图片结果

9.4　坐标变换

1. 显示图像

前面是在 PictureBox 控件中显示图像的,本节介绍另外一种显示图像的方法。

要显示图像,需要.NET 的一个基类 System.Drawing.Image。Image 实例表示一个图像。读取图像仅需使用下面一行代码。

```
Image myImage = Image.FromFile("FileName");
```

其中,FromFile()是 Image 的一个静态成员,它是实例化图像的常用方式。文件可以是任何支持的图像文件格式,包括 bmp、jpg、gif 和 png。

显示图像是很简单的。假定有一个合适的 Graphics 实例,只要调用 Graphics.DrawImageUnscaled()或 Graphics.DrawImage()就足够了。这些方法都有许多重载方法,可以根据图像的位置和大小灵活地处理用户提供的信息。下面是使用 DrawImage()的方法。

```
dc.DrawImage(myImage, points);
```

在这行代码中,假定 dc 是一个 Graphics 实例,myImage 是要显示的图像,points 是一个 Point 结构的数组,其中 points[0]、points[1]和 points[2]分别是图像左上角、右上角和左下角的坐标。

图像显示实践操作步骤如下。

① 新建一个 Windows 应用程序。

② 在窗体上添加一个 button1 按钮,如图 9.9 所示。

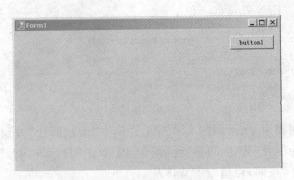

图 9.9 图像显示布局

③ 双击 button1 按钮,添加如下代码。

```
private void button1_Click(object sender, EventArgs e)
{
    Graphics g;
    Image image;
    image = Image.FromFile("Sunset.jpg");
    g = this.CreateGraphics();
    g.DrawImage(image,100,100);
}
```

④ 编译运行应用程序,单击 button1 按钮,结果如图 9.10 所示。在距窗口左上角(100,100)处显示目标图像。

图 9.10 图像显示结果

2．坐标变换

在默认情况下，坐标系的原点位于视图区域的左上角，水平方向为 x 轴，竖直方向为 y 轴。但有时需要改变坐标轴的位置或方向，这时就需要坐标变换。常用的坐标变换方式有平移变换、旋转变换和伸缩变换 3 种。

3．图像平移

平移变换是指把坐标系的原点由一个位置平移到另一个位置。可以通过 Graphics 类的 TranslateTransform() 方法实现图像平移变换。

4．图像旋转

旋转变换是指以图像的左上角为旋转中心，把图像旋转一定的角度。可以通过 Graphics 类的 RotateTransform() 方法实现图像旋转变换。

5．图像伸缩

伸缩变换是指按指定的比例把源图像伸缩为所需的图像。可以通过 Graphics 类的 DrawImage() 方法实现图像伸缩变换。

6．坐标变换实践操作

下面举例说明坐标变化的处理，过程如下。

① 新建一个 Windows 应用程序。

② 在窗体上添加 4 个按钮，如图 9.11 所示。其中 4 个按钮的 Text 属性分别设置为"显示图像"、"图像平移"、"图像旋转"和"图像伸缩"。

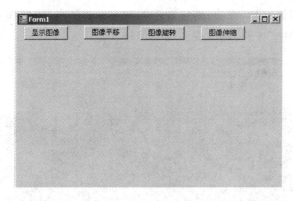

图 9.11　坐标变换布局

③ 双击窗体按钮，添加如下代码。

```
Graphics g;
Image image;
```

④ 双击"显示图像"按钮，添加如下代码。该代码用于实现图像的显示。

```
private void button1_Click(object sender, EventArgs e)
{
    image = Image.FromFile("Sunset.jpg");
    g = this.CreateGraphics();
    g.DrawImage(image,100,100);
}
```

⑤ 双击"图像平移"按钮,添加如下代码。该代码用于实现图像的平移。

```
private void button2_Click(object sender, EventArgs e)
{
    g.TranslateTransform(200, 200);
    g.DrawImage(image, 1, 1);
}
```

⑥ 双击"图像旋转"按钮,添加如下代码。该代码用于实现图像的旋转。

```
private void button3_Click(object sender, EventArgs e)
{
    g.RotateTransform(60);          //执行旋转
    g.DrawImage(image, 1, 1);
}
```

⑦ 双击"图像伸缩"按钮,添加如下代码。该代码用于实现图像的伸缩。

```
private void button4_Click(object sender, EventArgs e)
{
    g.DrawImage(image, new Rectangle(200, 200, 400, 400), new Rectangle(0, 0, image.Width, image.Height), GraphicsUnit.Pixel);
}
```

⑧ 编译运行应用程序,结果如图 9.12 所示。单击"显示图像"按钮,就会在窗体中显示出所选图像;单击"图像平移"按钮,则实现图像的平移;单击"图像旋转"按钮,则实现图像的旋转;单击"图像伸缩"按钮,则实现图像的伸缩。

图 9.12 坐标变换结果

9.5 图像文件格式转换

要实现图像文件的格式转换,可以利用 Image.Save()方法将 Image 以指定格式保存到指定文件。

Save()方法的格式为:

Save(string filename, System.Drawing.Imaging.ImageFormat format)

对其中的参数的说明如下。
- filename:字符串,包含将要保存此 Image 的文件的名称。
- format:图像文件格式,主要的格式有 BMP、EMF、GIF、ICON、JPEG、PNG、TIFF 等。

图像格式转换实践操作如下。

① 新建一个 Windows 应用程序。

② 在窗体上添加 2 个 Button 和 5 个 RadioButton 控件,如图 9.13 所示。其中,2 个 Button 按钮的 Text 属性分别设置为"图像显示"和"保存"。5 个 RadioButton 按钮的 Text 属性分别设置为 bmp、jpg、gif、icon 和 tiff。

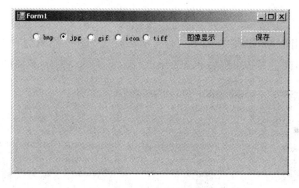

图 9.13 格式转换布局

③ 双击窗体按钮,添加如下代码。

```
Graphics g;
Image image;
```

④ 双击"图像显示"按钮,添加如下代码。该代码用于实现图像的显示。

```
private void button1_Click(object sender, EventArgs e)
{
    image = Image.FromFile("Sunset.jpg");
    g = this.CreateGraphics();
    g.DrawImage(image,100,100);
}
```

⑤ 双击"保存"按钮,添加如下代码。该代码用于实现图像不同格式的转换存储。

```
private void button2_Click(object sender, EventArgs e)
{
    if(radioButton1.Checked)
    {
        image.Save("abc.bmp", System.Drawing.Imaging.ImageFormat.Bmp);
    }
    else if(radioButton2.Checked)
    {
        image.Save("abc.jpg", System.Drawing.Imaging.ImageFormat.Jpeg);
    }
    else if(radioButton3.Checked)
    {
        image.Save("abc.gif", System.Drawing.Imaging.ImageFormat.Gif);
    }
    else if(radioButton4.Checked)
    {
        image.Save("abc.icon", System.Drawing.Imaging.ImageFormat.Icon);
    }
    else if(radioButton5.Checked)
    {
        image.Save("abc.tiff", System.Drawing.Imaging.ImageFormat.Tiff);
    }
}
```

⑥ 编译运行应用程序,结果如图9.14所示。单击"图像显示"按钮,就会在窗体中显示出所选图像。选择不同的格式,然后单击"保存"按钮,图像将按照选定的格式保存。

图9.14 格式转换结果

9.6 像素处理

在 C♯ 中,可以采用直接获取像素法(GetPixel)、内存拷贝法和指针法(unsafe)来获取图像像素并进行处理。

下面以图像的灰度化为例,来说明具体的处理方法,并对各种方法的处理速度进行比较。

9.6.1 GetPixel 方法

用 GetPixel(i,j)和 SetPixel(i,j,Color)方法可以直接得到图像的一个像素的 Color 结构,但是它们的处理速度比较慢。

GetPixel 方法实践操作如下。

① 新建一个 Windows 应用程序;

② 在窗体上添加 2 个 Button 和 5 个 RadioButton 控件,如图 9.15 所示。其中 2 个 Button 按钮的 Text 属性分别设置为"图像显示"和"灰度化"。

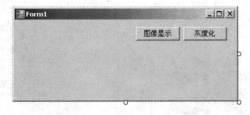

图 9.15　GetPixel 方法布局

③ 双击"窗体"按钮,添加如下代码。

```
Graphics g;
Image image;
```

④ 双击"图像显示"按钮,添加如下代码。该代码用于实现图像的显示。

```
private void button1_Click(object sender, EventArgs e)
{
    image = Image.FromFile("Sunset.jpg");
    g = this.CreateGraphics();
    g.DrawImage(image,100,100);
}
```

⑤ 双击"灰度化"按钮,添加如下代码。该代码用于实现图像的左上角一个矩形区域(200×200)的灰度化。

```
private void button2_Click(object sender, EventArgs e)
{
    Color curColor;
    Bitmap bitmap = new Bitmap(image);
    int ret;
```

```
            for (int i = 0; i < 200; i++)
            {
                for (int j = 0; j < 200; j++)
                {
                    curColor = bitmap.GetPixel(i, j);
                    ret = (int)(curColor.R * 0.299 + curColor.G * 0.587 + curColor.B * 0.114);
                    bitmap.SetPixel(i, j, Color.FromArgb(ret, ret, ret));
                }
            }
            g = this.CreateGraphics();
            g.DrawImage(bitmap, 100, 100);
}
```

⑥ 编译运行应用程序,结果如图 9.16 所示。单击"图像显示"按钮,会在窗体中显示所选图像。单击"灰度化"按钮,图像左上角一个矩形区域(200×200)就被灰度化了。

图 9.16　灰度化结果

9.6.2　内存复制法

内存复制法是采用 System.Runtime.InteropServices.Marshal.Copy 将图像数据复制到数组中,然后进行处理的方法。该方法不需要直接对指针操作,也不需采用 unsafe,其处理速度和指针处理速度相差不大。

Marshal.Copy 方法的格式如下。

```
public static void Copy (
    IntPtr source,
```

```
    int[] destination,
    int startIndex,
    int length)
```

对其中的参数的说明如下。

- source：内存指针，从中进行复制。
- destination：要复制的数组。
- startIndex：数组中 Copy 开始位置的从 0 开始的索引。
- length：要复制的数组元素的数目。

例如：

```
private void memory_Click(object sender, EventArgs e)
{
    if (curBitmap != null)
    {
        myTimer.ClearTimer();
        myTimer.Start();
        Rectangle rect = new Rectangle(0, 0, curBitmap.Width, curBitmap.Height);
        System.Drawing.Imaging.BitmapData bmpData = curBitmap.LockBits(rect, System.Drawing.Imaging.ImageLockMode.ReadWrite, curBitmap.PixelFormat);
        IntPtr ptr = bmpData.Scan0;
        int bytes = curBitmap.Width * curBitmap.Height * 3;
        byte[] rgbValues = new byte[bytes];
        System.Runtime.InteropServices.Marshal.Copy(ptr, rgbValues, 0, bytes);
        double colorTemp = 0;
        for (int i = 0; i < rgbValues.Length; i += 3)
        {
            colorTemp = rgbValues[i] * 0.299 + rgbValues[i + 1] * 0.587 + rgbValues[i + 2] * 0.114;
            rgbValues[i] = rgbValues[i + 1] = rgbValues[i + 2] = (byte)colorTemp;
        }
        System.Runtime.InteropServices.Marshal.Copy(rgbValues, 0, ptr, bytes);
        curBitmap.UnlockBits(bmpData);
        myTimer.Stop();
        timeBox.Text = myTimer.Duration.ToString("####.##") + " 毫秒";
        Invalidate();
    }
}
```

9.6.3 指针法

指针法在 C# 中属于 unsafe 操作。它需要用 unsafe 处理，速度最快。首先采用"byte * ptr =（byte *）(bmpData.Scan0);"获取图像数据根位置的指针，然后用 bmpData.Scan0 获取图像的扫描宽度，这样就可以进行指针操作了。下面是指针法的一个例子。

```
private void pointer_Click(object sender, EventArgs e)
{
    if (curBitmap != null)
    {
```

```
            myTimer.ClearTimer();
            myTimer.Start();
            Rectangle rect = new Rectangle(0, 0, curBitmap.Width, curBitmap.Height);
             System.Drawing.Imaging.BitmapData bmpData = curBitmap.LockBits(rect, System.Drawing.
Imaging.ImageLockMode.ReadWrite, curBitmap.PixelFormat);
            byte temp = 0;
            unsafe
            {
                byte * ptr = (byte * )(bmpData.Scan0);
                for (int i = 0; i < bmpData.Height; i++)
                {
                    for (int j = 0; j < bmpData.Width; j++)
                    {
                        temp = (byte)(0.299 * ptr[2] + 0.587 * ptr[1] + 0.114 * ptr[0]);
                        ptr[0] = ptr[1] = ptr[2] = temp;
                        ptr += 3;
                    }
                    ptr += bmpData.Stride - bmpData.Width * 3;
                }
            }
            curBitmap.UnlockBits(bmpData);
            myTimer.Stop();
            timeBox.Text = myTimer.Duration.ToString("####.##") + " 毫秒";
            Invalidate();
        }
    }
```

9.7 图像编程案例

本节主要练习几种简单图像效果处理的原理和实现,步骤如下。

① 新建一个 Windows 应用程序。

② 在窗体上添加 7 个 Button 控件,如图 9.17 所示。其中 7 个 Button 按钮的 Text 属性分别设置为"显示图像"、"反色"、"浮雕"、"黑白化"、"柔化"、"锐化"和"雾化"。

图 9.17 图像处理布局

③ 双击窗体按钮添加如下代码。

```
Graphics g;
Image image;
```

④ 双击"显示图像"按钮,添加如下代码。该代码用于实现图像的显示。

```
private void button1_Click(object sender, EventArgs e)
{
    image = Image.FromFile("deng.jpg");
    g = this.CreateGraphics();
    g.DrawImage(image,0,0);
}
```

编译运行后的结果如图 9.18 所示。

图 9.18 原始图像

⑤ 反色。图像反色实际上是取一个像素点的相对颜色值。例如,图像某点像素为 RGB(128,52,38),则它的反色值为 RGB(127,203,217)。

双击"反色"按钮,添加如下代码。该代码用于实现图像的反色显示。

```
private void button4_Click(object sender, EventArgs e)
{
    int Height = image.Height;
    int Width = image.Width;
    Bitmap bitmap = new Bitmap(Width, Height);
    Bitmap MyBitmap = (Bitmap)image;
    Color pixel;
    for (int x = 1; x < Width; x++)
    {
        for (int y = 1; y < Height; y++)
        {
            int r, g1, b;
            pixel = MyBitmap.GetPixel(x, y);
            r = 255 - pixel.R;
            g1 = 255 - pixel.G;
            b = 255 - pixel.B;
```

```
                bitmap.SetPixel(x, y, Color.FromArgb(r, g1, b));
            }
        }
        g = this.CreateGraphics();
        g.DrawImage(bitmap, 0, 0);
    }
```

编译运行后的结果如图 9.19 所示。

图 9.19 反色结果图

⑥ 浮雕。浮雕是使图像产生浮雕效果。为了使图像产生浮雕效果,需要利用浮雕算法对图像的每个像素点进行计算。浮雕算法比较简单。假设原图像为 X,处理后的新图像为 Y,也就是说,对于 X 和 Y 图像中坐标为 (i,j) 的点,其浮雕效果图的算法为 $Y(i,j)=X(i,j)-X(i+1,j+1)+128$。当然,X、Y 的取值均在 0~255 之间。双击浮雕按钮,添加如下代码(注意:程序中是对 R、G、B 三种颜色分别按照上述步骤进行计算的),实现图像的浮雕效果显示。

```
private void button2_Click_1(object sender, EventArgs e)
{
    int Height = image.Height;
    int Width = image.Width;
    Bitmap bitmap = new Bitmap(Width, Height);
    Bitmap MyBitmap = (Bitmap)image;
    Color pixel1, pixel2;
    for (int x = 0; x < Width - 1; x++)
    {
        for (int y = 0; y < Height - 1; y++)
        {
            int r = 0, g1 = 0, b = 0;
            pixel1 = MyBitmap.GetPixel(x, y);
            pixel2 = MyBitmap.GetPixel(x + 1, y + 1);
            r = pixel1.R - pixel2.R + 128;
            g1 = pixel1.G - pixel2.G + 128;
            b = pixel1.B - pixel2.B + 128;
            if (r > 255)
```

```
                    r = 255;
                if (r < 0)
                    r = 0;
                if (g1 > 255)
                    g1 = 255;
                if (g1 < 0)
                    g1 = 0;
                if (b > 255)
                    b = 255;
                if (b < 0)
                    b = 0;
                bitmap.SetPixel(x, y, Color.FromArgb(r, g1, b));
            }
        }
        g = this.CreateGraphics();
        g.DrawImage(bitmap, 0, 0);
}
```

编译运行后的结果如图 9.20 所示。

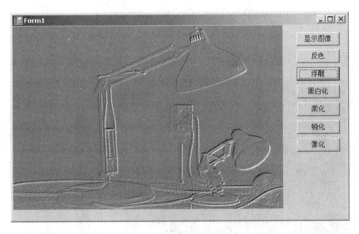

图 9.20 浮雕显示结果

⑦ 黑白化处理。彩色图像的黑白化处理通常有 3 种方法：最大值法、平均值法和加权平均值法。

这 3 种方法的原理如下。

- 最大值法，最大值法使每个像素点的 RGB 值都等于原像素点的 RGB 值中最大的一个，即 R＝G＝B＝MAX(R,G,B)。最大值法会产生亮度很高的黑白图像。
- 平均值法，平均值法使每个像素点的 RGB 值都等于原像素点的 RGB 值的平均值，即 R＝G＝B＝(R＋G＋B)/3。
- 加权平均值法，加权平均值法根据需要指定每个像素点 RGB 的权数，并取其加权平均值，即 R＝G＝B＝(Wr×R＋Wg×G＋Wb×B)/3，Wr、Wg、Wb 表示 RGB 的权数，均大于 0。通过取不同的权数，可实现不同的效果。

双击"黑白化"按钮，添加如下代码。该代码用于实现图像的灰度化显示。

```
private void button3_Click_1(object sender, EventArgs e)
{
    int Height = image.Height;
    int Width = image.Width;
    Bitmap bitmap = new Bitmap(Width, Height);
    Bitmap MyBitmap = (Bitmap)image;
    Color pixel;
    for (int x = 0; x < Width; x++)
      for (int y = 0; y < Height; y++)
      {
          pixel = MyBitmap.GetPixel(x, y);
          int r, g1, b, Result = 0;
          r = pixel.R;
          g1 = pixel.G;
          b = pixel.B;
          Result = ((int)(0.7 * r) + (int)(0.2 * g1) + (int)(0.1 * b));
          bitmap.SetPixel(x, y, Color.FromArgb(Result, Result, Result));
      }
          g = this.CreateGraphics();
          g.DrawImage(bitmap, 0, 0);
}
```

编译运行后的结果如图 9.21 所示。

图 9.21 图像黑白化结果

⑧ 柔化。柔化显示图像和锐化显示图像的操作刚好相反,但在算法上柔化不是锐化的逆过程。它主要是减少图像边缘值之间的剧烈变化。

将当前像素点的颜色值设为以该像素为中心的像素块中所有像素的平均值时,如果当前像素点的颜色值和周围相邻像素点的颜色值差别不大,则取平均值不会产生显著影响;如果差别较大,取平均值后,就会使当前像素点的颜色趋于一致,这样就达到了柔化图像的目的。这种方法也称为高斯模糊。

双击"柔化"按钮,添加如下代码。该代码用于实现图像的柔化。

```
private void button5_Click(object sender, EventArgs e)
{
```

```
int Height = image.Height;
int Width = image.Width;
Bitmap bitmap = new Bitmap(Width, Height);
Bitmap MyBitmap = (Bitmap)image;
Color pixel;
//高斯模糊
int[] Gauss = { 1, 2, 1, 2, 4, 2, 1, 2, 1 };
for (int x = 1; x < Width - 1; x++)
    for (int y = 1; y < Height - 1; y++)
    {
        int r = 0, g1 = 0, b = 0;
        int Index = 0;
        //int a = 0;
        for (int col = -1; col <= 1; col++)
            for (int row = -1; row <= 1; row++)
            {
                pixel = MyBitmap.GetPixel(x + row, y + col);
                r += pixel.R * Gauss[Index];
                g1 += pixel.G * Gauss[Index];
                b += pixel.B * Gauss[Index];
                Index++;
            }
        r /= 16;
        g1 /= 16;
        b /= 16;
        //处理颜色值溢出
        r = r > 255 ? 255 : r;
        r = r < 0 ? 0 : r;
        g1 = g1 > 255 ? 255 : g1;
        g1 = g1 < 0 ? 0 : g1;
        b = b > 255 ? 255 : b;
        b = b < 0 ? 0 : b;
        bitmap.SetPixel(x - 1, y - 1, Color.FromArgb(r, g1, b));
    }
    g = this.CreateGraphics();
    g.DrawImage(bitmap, 0, 0);
}
```

编译运行后的结果如图 9.22 所示。

图 9.22 图像柔化结果

⑨ 锐化。图像的锐化是显示图像中有关形体的边缘。所谓形体的边缘,就是图像像素点的颜色值发生显著变化的地方。在图像的平缓区,这种颜色值的变化比较平缓;而在图像的边缘区域,这种颜色值的变化则相当明显。

也就是说,在平缓区,相邻两像素的颜色值的差值较小;而在边缘区域,相邻两像素的颜色值的差值较大。因而,在边缘区域处理这个数值,可以使效果更加突出,而在非边缘区域,图像则变得较暗,这就是图像的锐化。利用拉普拉斯模块法锐化图像的实例如下。

双击"锐化"按钮,添加如下代码。该代码用于实现图像的锐化。

```
private void button6_Click(object sender, EventArgs e)
{
    int Height = image.Height;
    int Width = image.Width;
    Bitmap bitmap = new Bitmap(Width, Height);
    Bitmap MyBitmap = (Bitmap)image;
    Color pixel;
    //拉普拉斯模板
    int[] Laplacian = { -1, -1, -1, -1, 9, -1, -1, -1, -1 };
    for (int x = 1; x < Width - 1; x++)
        for (int y = 1; y < Height - 1; y++)
        {
            int r = 0, g1 = 0, b = 0;
            int Index = 0;
            int a = 0;
            for (int col = -1; col <= 1; col++)
                for (int row = -1; row <= 1; row++)
                {
                    pixel = MyBitmap.GetPixel(x + row, y + col);
                    r += pixel.R * Laplacian[Index];
                    g1 += pixel.G * Laplacian[Index];
                    b += pixel.B * Laplacian[Index];
                    Index++;
                }
            //处理颜色值溢出
            r = r > 255 ? 255 : r;
            r = r < 0 ? 0 : r;
            g1 = g1 > 255 ? 255 : g1;
            g1 = g1 < 0 ? 0 : g1;
            b = b > 255 ? 255 : b;
            b = b < 0 ? 0 : b;
            bitmap.SetPixel(x - 1, y - 1, Color.FromArgb(r, g1, b));
        }
    g = this.CreateGraphics();
    g.DrawImage(bitmap, 0, 0);
}
```

编译运行后的结果如图 9.23 所示。

⑩ 雾化。图像雾化处理不是基于图像中像素点的运算,而是在图像中引入一定的随机

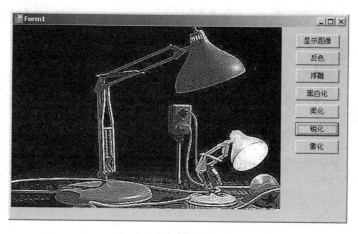

图 9.23　图像锐化结果

性,使图像有毛玻璃带水雾般的效果。

影响图像雾化效果的一个重要因素是图像中像素块的确定,所选区域的像素块越大,产生的效果越明显。

双击"雾化"按钮,添加如下代码。该代码用于实现图像的雾化。

```csharp
private void button7_Click(object sender, EventArgs e)
{
    int Height = image.Height;
    int Width = image.Width;
    Bitmap bitmap = new Bitmap(Width, Height);
    Bitmap MyBitmap = (Bitmap)image;
    Color pixel;
    for (int x = 1; x < Width - 1; x++)
        for (int y = 1; y < Height - 1; y++)
        {
            System.Random MyRandom = new Random();
            int k = MyRandom.Next(123456);
            //像素块大小
            int dx = x + k % 19;
            int dy = y + k % 19;
            if (dx >= Width)
                dx = Width - 1;
            if (dy >= Height)
                dy = Height - 1;
            pixel = MyBitmap.GetPixel(dx, dy);
            bitmap.SetPixel(x, y, pixel);
        }
    g = this.CreateGraphics();
    g.DrawImage(bitmap, 0, 0);
}
```

编译运行后的结果如图 9.24 所示。

图 9.24 图像雾化结果

习题 9

1. 编写一个图像程序,实现书中介绍的各种图像操作与功能。
2. 编程实现 GIF 和 TIFF 动画。
3. GDI+的图像功能与 MFC 的 CImage 类有什么关系?它们有哪些异同?
4. 有哪些基本图像操作和处理的方法?
5. Bitmap 类的基类是什么?

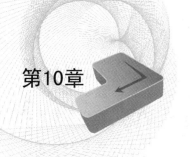

第10章

ASP.NET编程基础

本章介绍 ASP.NET 编程基础,包括 Web Form 基础、服务控件、信息传递、Web 数据库操作等内容,以实现下列目标。
- 了解 Web Form 的基本知识。
- 掌握常用的服务器端控件。
- 掌握利用常用的组件进行页面信息传递的方法。

10.1 ASP.NET 概述

ASP.NET 是统一的 Web 应用程序平台,它为建立和部署企业级 Web 应用程序提供必需的服务。ASP.NET 为能够面向任何浏览器或设备的更安全的、具备更强可升级性的、更稳定的应用程序提供了新的编程模型和基础结构。

ASP.NET 是 Microsoft .NET Framework 的一部分,是一种可以在高度分布的 Internet 环境中简化应用程序开发的计算环境。.NET Framework 包含公共语言运行库。它提供了各种核心服务,如内存管理、线程管理和代码安全。它也包含 .NET Framework 类库,该库是一个开发人员用于创建应用程序的综合的、面向对象的类型集合。

ASP.NET 具备以下几个优点。
- 可管理性。ASP.NET 使用基于文本的、分级的配置系统。它简化了将设置应用于服务器环境和 Web 应用程序的工作。因为配置信息是存储为纯文本的,因此可以在没有本地管理工具的帮助下应用新的设置。配置文件的任何变化都可以被自动检测到,并应用于应用程序。
- 安全。ASP.NET 为 Web 应用程序提供了默认的授权和身份验证方案。开发人员可以根据应用程序的需要,很容易地添加、删除或替换这些方案。
- 易于部署。通过将必要的文件复制到服务器上,即可将 ASP.NET 应用程序部署到该服务器上。不需要重新启动服务器,甚至在部署或替换运行的已编译代码时也不需要重新启动服务器。
- 增强的性能。ASP.NET 是运行在服务器上的已编译代码。与传统的 Active Server Pages(ASP)不同,ASP.NET 能利用早期绑定、实时(JIT)编译、本机优化和全新的缓存服务来提高性能。
- 灵活的输出缓存。根据应用程序的需要,ASP.NET 可以缓存页数据、页的一部分或整个页。缓存的项目可以依赖于缓存中的文件或其他项目，也可以根据过期策略进行刷新。

- 国际化。ASP.NET 在内部使用 Unicode 来表示请求和响应数据。可以为每台计算机、每个目录和每页都配置国际化设置。
- 移动设备支持。ASP.NET 支持任何设备上的任何浏览器。开发人员使用与传统的桌面浏览器相同的编程技术来处理新的移动设备。
- 扩展性和可用性。ASP.NET 被设计成可扩展的、具有专有功能来提高群集的、多处理器环境的性能。此外，Internet 信息服务（IIS）和 ASP.NET 会在运行时密切监视和管理进程，以确保在进程出现异常时，及时在该位置创建新的进程，以使应用程序继续处理请求。
- 跟踪和调试。ASP.NET 提供了跟踪服务，该服务可在应用程序级别和页面级别调试的过程中启用。可以选择查看页面的信息，或者使用应用程序级别的跟踪查看工具查看信息。在开发和应用程序处于生产状态时，ASP.NET 支持使用.NET Framework 调试工具进行本地和远程调试。当应用程序处于生产状态时，跟踪语句能够留在产品代码中，而不会影响性能。
- 与.NET Framework 集成。因为 ASP.NET 是.NET Framework 的一部分，整个平台的功能和灵活性对 Web 应用程序都是可用的。也可从 Web 上流畅地访问.NET Framework 类库以及消息和数据。ASP.NET 是独立于语言之外的，所以开发人员能选择最适于应用程序的语言。另外，公共语言运行库的互用性还有效利用了基于 COM 开发的现有资源。
- 与现有 ASP 应用程序的兼容性。ASP 和 ASP.NET 可并行运行在 IIS Web 服务器上而互不冲突。不会发生因安装 ASP.NET 而导致现有 ASP 应用程序崩溃的现象。ASP.NET 仅处理具有.aspx 文件扩展名的文件。具有.asp 文件扩展名的文件将继续由 ASP 引擎来处理。然而，应该注意的是，会话状态和应用程序状态并不在 ASP 和 ASP.NET 页面之间共享。
- ASP.NET 启用了分布式应用程序的两个功能。这两个功能分别是 Web 窗体和 XML Web 服务。相同配置和调试的基本结构支持这两种功能。

使用 Web 窗体技术可以建立强大的基于窗体的网页。Web 窗体页面使用可重复使用的内建组件或自定义组件来简化页面中的代码。

使用 ASP.NET 创建的 XML Web 服务可使用户远程访问服务器。使用 XML Web 服务，商家可以提供其数据或商业规则的可编程接口，之后可以由客户端和服务器端应用程序获得或操作。通过在客户端/服务器和服务器/服务器方案中的防火墙范围内使用标准（如 XML 消息处理和 HTTP）XML Web 服务，可启用数据交换。以任何语言编写的运行在任何操作系统上的程序都能调用 XML Web 服务。

10.2　Web Form 基础

ASP.NET 中的许多功能都是使用 Web 窗体实现的。稍后将创建一个简单的 Web 窗体，深入介绍这种技术。这里，先简要介绍 Web 窗体的设计。注意，许多 ASP.NET 开发人员仅使用文本编辑器（如 Notepad）来创建文件，这里不推荐这么做。因为 Visual Studio 或

Web Developer Express 等 IDE 提供的优点是很重要的，使用 Notepad 等文本编辑器只是创建文件的一种方法。如果使用文本编辑器，在把 Web 应用程序的哪些部分放在什么地方等方面将有非常大的灵活性。例如，可以把所有代码都组合到一个文件中。把代码放在＜script＞标记中，在起始＜script＞标记中使用两个属性，如下所示。

```
< script language = "C♯" runat = "server">
     // Server - side code goes here.
</script>
```

这里的"runat＝"server""属性是很重要的，因为它指示 ASP.NET 引擎在服务器上执行这段代码，而不是把它传送给客户端。可以在服务器端脚本块中放置函数、事件处理程序等。

如果省略"runat＝"server""属性，那么在提供客户端代码中使用服务器端编码方式时，就会失败。但是，可以使用＜script＞元素提供 JavaScript 等语言编写的客户端脚本。例如：

```
< script language = "JavaScript" type = "text/JavaScript">
     // Client - side code goes here; we can also use "vbscript".
</script>
```

注意：type 属性是可选的。但如果需要兼容 XHTML，它就是必需的。

在页面中添加 JavaScript 代码的功能也包含在 ASP.NET 中。这好像有点奇怪。但是，JavaScript 允许给 Web 页面添加动态的客户端操作，这是非常有用的。Ajax 编程允许添加 JavaScript 代码。

可以在 Visual Studio 中创建 ASP.NET 文件，这一点是非常重要的，因为程序员已经熟悉了在这个环境中进行 C♯ 编程。在这个环境中，Web 应用程序的默认项目设置提供了一种比单个.aspx 文件略为复杂的结构，使之更富于逻辑性（更接近编程，而不像 Web 开发）。据此，本章将使用 Visual Studio（而不是 Notepad）进行 ASP.NET 编程。

.aspx 文件也可以包含在"＜％"和"％＞"标记内的代码块中。但是，函数定义和变量声明不能放在这里。在.aspx 文件中可以插入代码。执行到块时就执行插入的代码。这对于输出简单的 HTML 内容非常有效。这种方式类似于旧风格的 ASP 页面，但它们有一个重要的区别。对于前者，代码是已经编译好的，不是解释性的。这样，性能会好得多。

下面举一个示例。

① 选择"开始"→"程序"→Visual Studio 2013→Visual Studio 2013 命令，启动 Visual Studio 2013。如图 10.1 所示。

② 选择"文件"→"新建"→"网站"命令，进入图 10.2 所示的"新建网站"对话框。

③ 单击"确定"按钮，结果如图 10.3 所示。

④ 右击项目"WebSite1"→"添加"→"添加新项"→"Web 窗体"，结果如图 10.4 所示。

⑤ 单击"添加"按钮，结果如图 10.5 所示。

可以在设计视图或源代码（HTML）视图中查看.aspx 文件。这与 Windows 窗体完全相同。Visual Studio 中的起始视图是 Default.aspx 的设计视图或源代码视图（使用左下角的按钮可以切换视图）。设计视图如图 10.6 所示。

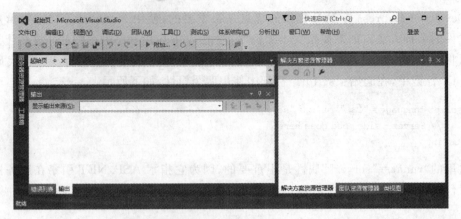

图 10.1 VS 2013 启动界面

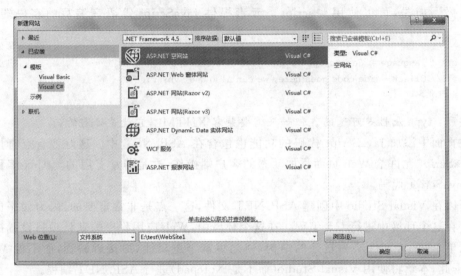

图 10.2 "新建网站"对话框

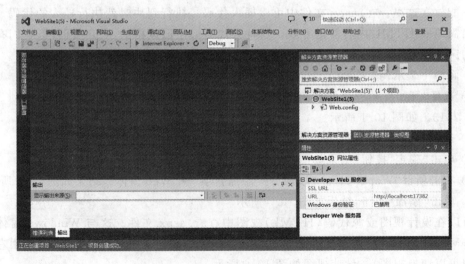

图 10.3 空网站

第10章 ASP.NET编程基础 283

图 10.4　添加窗体

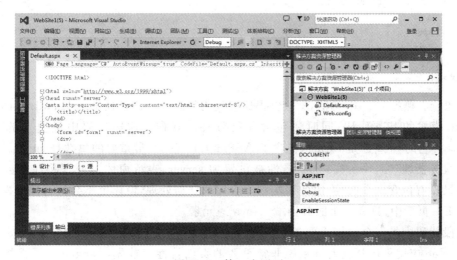

图 10.5　第一个网页

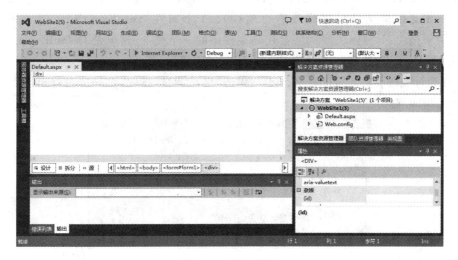

图 10.6　设计视图

单击窗体左下脚的"源"标签,则把窗体切换至源代码。可以看到在窗体的 HTML 中光标当前的位置。这里,光标在<form>元素的<div>元素中,<form>元素在页面的<body>元素中,显示为<form♯form1>,用它的 id 属性表示。<div>元素也显示在设计视图中。

页面的源代码视图显示了在.aspx 文件中生成的代码,这些代码如下。

```
<%@ Page Language="C#" AutoEventWireup="true" CodeFile="Default.aspx.cs" Inherits="_Default" %>
<!DOCTYPE html PUBLIC "-//W3C//DTD XHTML 1.0 Transitional//EN" "http://www.w3.org/TR/xhtml1/DTD/xhtml1-transitional.dtd">
<html xmlns="http://www.w3.org/1999/xhtml">
<head runat="server">
    <title>无标题页</title>
</head>
<body>
    <form id="form1" runat="server">
    <div>
    </div>
    </form>
</body>
</html>
```

如果读者熟悉 HTML 语法,就会觉得这些代码很眼熟。这里列出了 HTML 页面中遵循 XHTML 模式的基本代码,同时还包含几行额外的代码。这段代码中最重要的元素是<form>。它的 id 属性是 form1,包含了 ASP.NET 代码。最重要的属性是 runat。与本节前面的服务器端代码块一样,这个属性被设置为 server,表示窗体的处理将在服务器上进行。如果没有包含这个属性,服务器端则不会完成任何处理,窗体也不会执行任何操作。在 ASP.NET 页面中,只有一个服务器端<form>元素。

这段代码中另一个比较重要的内容是顶部的"<@% Page…%>"标记。它定义了对于 C♯ Web 应用程序开发人员来说非常重要的页面特性。首先,Language 属性指定在页面中使用 C♯语言,这一点与前面的<script>块一样(Web 应用程序默认的语言是 VB,使用 Web.config 配置文件可以修改这个属性)。3 个属性 AutoEventWireup、CodeFile 和 Inherits 用于把 Web 窗体关联到后台代码文件中的一个类上,这里是 Default.aspx.cs 文件中的部分类_Default,这就需要讨论 ASP.NET 代码模型了。

⑥ 在设计视图上输入"Hello World!",单击"启动调试"按钮,第一次会弹出图 10.7 所示的"未启用调试"对话框。

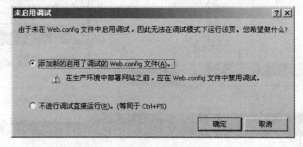

图 10.7 "未启用调试"对话框

⑦ 单击"确定"按钮，运行结果如图 10.8 所示，显示属性的"Hello World!"页面。

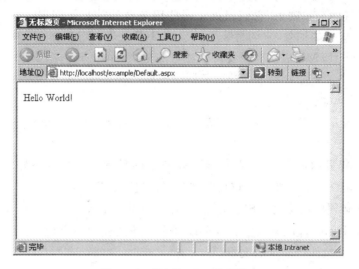

图 10.8 "Hello World!"页面

10.3 ASP.NET 控件

ASP.NET 控件是 ASP.NET 架构的基本组成部分。从本质上讲，ASP.NET 是.NET Framework 中的类，它可以在 ASP.NET 页面上映射控件声明。然后，那些类将根据它们的属性，为控件创建 HTML。由于类的对象是在运行期间与页面一起被编译的，因此开发人员可以按照面向对象的方式访问那些对象，例如，读取和更改它们的属性、调用它们的方法和处理服务器端的事件等。

ASP.NET Framework(2.0 版)包含 70 多个控件。这些控件可以分为 8 组。
- 标准控件：标准控件用于呈现一些标准的表单元素，如按钮、输入框和标签。
- 验证控件：验证控件用于在向服务器端提交数据前验证表单数据的正确性和有效性。比如，可以使用 RequiredFieldValidator 控件来检查用户是否为一个必填输入框输入了值。
- Rich 控件：Rich 控件用于生成日历、文件上传按钮、交替显示的广告横幅和多步骤用户向导等内容。
- 数据控件：数据控件用于数据使用，如数据库。例如，可以使用这些控件向数据库表提交一条新的记录，或显示一个数据库记录列表。
- 导航控件：导航控件用于显示一些基本的页面导航元素，如菜单、树视图和面包屑。
- 登录控件：登录控件用于显示登录表单、更改密码表单和注册表单。
- Web 部件控件：Web 部件控制用于构建个性化门户应用程序。
- HTML 控件：HTML 控件用于把任意 HTML 标签转换为服务器端控件。

10.3.1 常用服务器端控件

服务器端控件是 ASP.NET 框架的基础部分之一。作为 ASP.NET 框架的核心，服务器端控件是.NET框架中表示Web Form上可视化元素的类。一些服务器端控件就是某些标准HTML标签的简单映射,它们提供了一些服务器端的高效实现。而另外一些服务器端控件则是更大规模的抽象,它们封装了复杂的GUI任务,例如,在页面中显示数据的网格等,并最终输出成HTML表示。需要特别注意的是,使用服务器端控件的应用程序最终仍将呈现在浏览器中。下面介绍常用的服务器端控件。

1. ASP.NET Label 控件

Label控件显示用户不能编辑的文本。如果要显示用户可以编辑的文本,请使用TextBox控件。

用Label控件显示长文本,这在小屏幕设备上的呈现效果可能不好。因此,最好使用Label控件显示短文本。若要显示较长的文本,可以使用TextView控件。

Label控件必须放在移动ASP.NET网页上的Form或Panel控件中,或者放在移动ASP.NET网页上的控件的模板中。也可以将它拖动到移动用户控件页上。使用Text属性可以设置Label控件要显示的文本。

通过设置Alignment、ForeColor、Font、StyleReference和Wrapping属性,可以在设计时更改Label控件的外观。将BreakAfter属性设置为false,以防止在标签之后出现分行符。应用程序可以通过编程方式在运行时更改属性。此外,应用程序还可以使用数据绑定动态设置属性值。

若要针对特定设备自定义Label控件的外观,请对该控件应用设备筛选器。设备筛选器可以使应用程序基于目标设备的功能重写属性值。

2. ASP.NET TextBox 控件

TextBox控件用于创建一个文本框,在文本框中用户可以输入文字。TextBox控件的常用属性如表10.1所示。

表 10.1 TextBox 控件常用属性

属 性	说 明
AutoCompleteType	规定 TextBox 控件的 AutoComplete 行为
AutoPostBack	布尔值,规定当内容改变时,是否回传到服务器。默认为 false
CausesValidation	规定当 Postback 发生时,是否验证页面
Columns	TextBox 的宽度
MaxLength	在 TextBox 中所允许的最大字符数
ReadOnly	规定能否改变文本框中的文本
Rows	TextBox 的高度(仅在 TextMode="Multiline" 时使用)
runat	规定该控件是否服务器控件。必须设置为 "server"
TagKey	表示控件的标签,默认情况下为 <span>,可以重写此属性,修改或者重写 WebControl 类的构造函数
Text	TextBox 的内容
TextMode	规定 TextBox 的行为模式(单行、多行或密码)
ValidationGroup	Postback 发生时被验证的控件组
Wrap	布尔值,指示 TextBox 的内容是否换行
OnTextChanged	TextBox 中的文本被更改时,被执行的函数的名称

TextBox 服务器控件是让用户输入文本的输入控件。在默认情况下，TextMode 属性设置为 SingleLine，它创建只包含一行的文本框。用户也可以将该属性设置为 MultiLine 或 Password。MultiLine 可创建包含多行的文本框。Password 创建可以屏蔽用户输入的值的单行文本框。

文本框的显示宽度由 Columns 属性确定。如果是多行文本框，则其显示高度由 Rows 属性确定。

使用 Text 属性可以确定 TextBox 控件的内容。通过设置 MaxLength 属性，可以限制可输入到此控件中的字符数。将 Wrap 属性设置为 true，可以指定当到达文本框的结尾时，单元格内容应自动在下一行继续。

3. ASP.NET Button 控件

Button 控件是用来显示一个按钮的。该按钮可能是一个提交按钮或命令按钮。根据预设，这个控件是一个提交按钮。

提交按钮没有命令名，当它被单击时会把 Web 页面投递回服务器。可以编写一个事件句柄来控制提交按钮被单击时将要执行的操作。

命令按钮具有命令名并且允许在一个页面上创建多个按钮控件。可以编写一个事件句柄来控制命令按钮被单击时将要执行的操作。

Button 控件的常用属性如表 10.2 所示。

表 10.2 Button 控件常用属性

属 性	说 明	.NET
CausesValidation	规定当 Button 被单击时是否验证页面	1.0
CommandArgument	有关要执行的命令的附加信息	1.0
CommandName	与 Command 相关的命令	1.0
OnClientClick	当按钮被单击时被执行的函数的名称	2.0
PostBackUrl	当 Button 控件被单击时，从当前页面传送数据的目标页面 URL	2.0
runat	规定该控件为服务器控件。必须设置为"server"	1.0
Text	按钮上的文本	1.0
UseSubmitBehavior	一个值，该值指示 Button 控件是使用浏览器的提交机制，还是使用 ASP.NET 的 postback 机制	2.0
ValidationGroup	当 Button 控件回传服务器时，该 Button 所属的那个控件组将引发验证	2.0

下面给出关于 Label 控件、TextBox 控件和 Button 控件的一个实例。在本例的.aspx 文件中声明了一个 TextBox 控件、一个 Button 控件以及一个 Label 控件。当提交按钮被触发时，会执行 submit 子例程。这个 submit 子例程会把文本框的内容复制到 Label 控件。实例步骤如下。

① 在 Default.aspx 页面的设计视图状态下，拖放 Label 控件、TextBox 控件和 Button 控件。其中 Button 控件的 Text 属性设置为"信息转换"。结果如图 10.9 所示。

② 双击"信息传递"按钮，系统自动进入 Default.aspx.cs 隐藏文件，源代码可以在此添加。系统自动添加 protected void Button1_Click(object sender, EventArgs e)事件。在该事件里添加"代码 Label1.Text = TextBox1.Text;"，结果如图 10.10 所示。

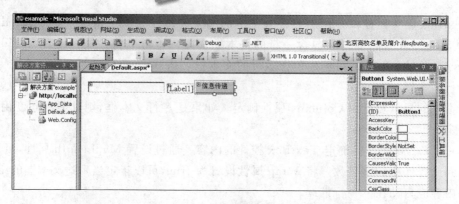

图 10.9　Label、TextBox 和 Button 控件实例布局

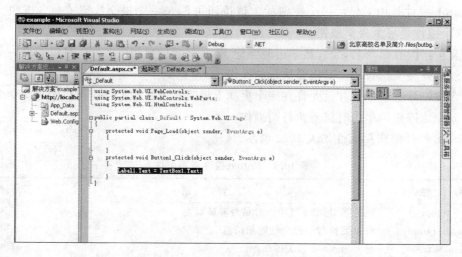

图 10.10　Label、TextBox 和 Button 实例控件代码

③ 单击"启动调试"按钮，运行程序。在输入框中输入"Label、TextBox 和 Button 实例控件"，结果如图 10.11 所示。

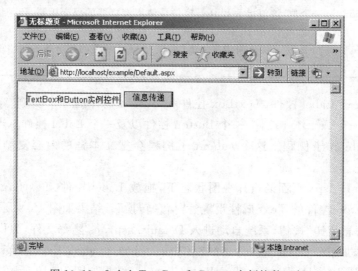

图 10.11　Label、TextBox 和 Button 实例控件运行

④ 单击"信息传递"按钮,实现 Label 控件和 TextBox 控件的信息传递。结果如图 10.12 所示。

图 10.12 Label、TextBox 和 Button 实例控件信息传递结果

4．ASP.NET HyperLink 控件

HyperLink 控件用于创建页面链接。不同于 LinkButton 控件,HyperLink 控件不向服务器端提交表单。

HyperLink 控件的常用属性如表 10.3 所示。

表 10.3 **HyperLink 控件常用属性**

属性	说明	.NET
ImageUrl	显示此链接的图像的 URL	1.0
NavigateUrl	该链接的目标 URL	1.0
runat	规定该控件为服务器控件。必须被设置为 "server"	1.0
Target	URL 的目标框架	1.0
Text	显示该链接的文本	1.0

下面给出关于 HyperLink 控件的一个应用实例。在本例的 default.aspx 文件中声明了一个 HyperLink 控件。当单击 HyperLink 控件时,页面会自动转向另一页面的 Default2.aspx。实例步骤如下。

① 按照前面的方法创建一个网站 WebSite3(1)。网站内容包含两个网页：Default.aspx 和 Default2.aspx。项目创建后的结果如图 10.13 所示。

② 在 Default.aspx 页面输入："Hello,欢迎进入 HyperLink 控件练习!"。

③ 在 Default.aspx 页面的设计视图状态下,拖放一个 HyperLink 控件,令其 Text 属性设置为"转向下一页面"。单击 NavigateUrl 属性的"浏览"按钮,弹出图 10.14 所示的对话框。单击"确定"按钮。

④ 选择 Default.aspx,再单击"启动调试"按钮,运行结果如图 10.15 所示。

⑤ 单击图 10.15 中"转向下一页面",进入"Hello,欢迎进入 Hyperlink 控件练习!"页面,如图 10.16 所示。

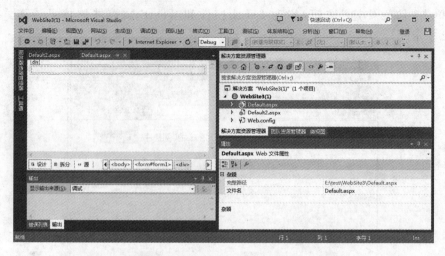

图 10.13　项目 WebSite3(1)

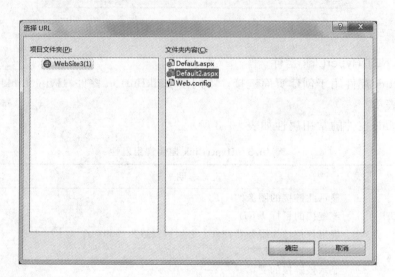

图 10.14　设置导航

5. ASP.NET Image 控件

由于不同移动设备的功能会有很大差异,所以几乎不可能在所有设备上都显示相同的图像。但是,通过应用设备筛选器,应用程序可以从一组图像中选择要显示的图像。组中的每幅图像均可对应于特定类型的设备。例如,用户的应用程序可在手提式计算机上显示彩色图像。当用户在支持 Web 的移动电话上运行同一应用程序时,该应用程序会改为选择更适合移动电话显示的、简化的单色图像。通过针对特定硬件,重写其属性值,Image 控件可选择最合适的图像进行显示。

另外,使用 Image 控件的应用程序可在运行时确定控件的许多属性的值。Image 控件同样支持数据绑定,也允许动态设置属性值。

在使用 Image 控件指定要显示的图像时,Image 控件必须放在 Form 或 Panel 控件内,或移动网页上控件的模板内。也可以将它拖动到移动用户控件页上。使用 ImageUrl 属性可指

图 10.15　Default.aspx 页面

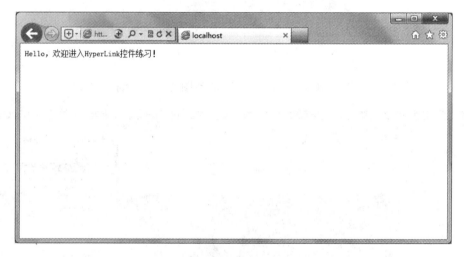

图 10.16　Default2.aspx 页面

定图像文件的位置。另外，Image 控件的 NavigateUrl 属性还能使用户将图像用作指向任何有效 URL 的链接。使用 Image 控件的 Alignment 属性可以让图像左对齐、右对齐，或者居中。

Image 控件可用于显示图像。其常用属性如表 10.4 所示。

表 10.4　Image 控件常用属性

属　　性	说　　明	.NET
AlternateText	图形的替代文本	1.0
DescriptionUrl	对图像进行详细描述的位置	2.0
GenerateEmptyAlternateText	规定该控件是否创建一个作为替代文本的空字符串	2.0
ImageAlign	规定图像的排列方式	1.0
ImageUrl	要使用的图像的 URL	1.0
runat	规定该控件为服务器控件。必须设置为 "server"	1.0

下面给出关于 Image 控件的一个应用实例。在本例的 Default.aspx 文件中声明了一个 Image 控件,并在控件上加载了一幅图像。当单击 Image 控件上的图像时,页面会自动转向另一页面 Default2.aspx。实例步骤如下。

① 在 Default.aspx 页面的设计视图状态下,拖放一个 Image 控件。单击 ImageUrl 属性的"浏览"按钮,弹出如图 10.17 所示的界面。

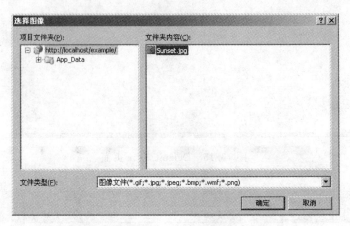

图 10.17　图像选择界面

② 选择所要显示的图片,单击"确定"按钮,得到图 10.18 所示的界面。

图 10.18　布局结果

③ 单击"启动调试"按钮,程序运行结果如图 10.19 所示。

图 10.19　Image 控件实例运行结果

6．ASP.NET DropDownList 控件

DropDownList Web 服务器控件允许用户从预定义的列表中选择一项。它与 ListBox Web 服务器控件的不同之处在于,其列表项在用户单击下拉按钮之前一直保持隐藏状态。另外,DropDownList 控件与 ListBox 控件的不同之处还在于,它不支持多重选择模式。

可以通过以像素为单位设置 DropDownList 控件的高度和宽度来控制其外观。部分浏览器不支持以像素为单位设置高度和宽度,这些浏览器可以使用行计数进行设置。

DropDownList 控件用于创建下拉列表。其常用属性如表 10.5 所示。

表 10.5　DropDownList 控件常用属性

属　性	说　　明	.NET
SelectedIndex	可选项的索引号	1.0
OnSelectedIndexChanged	被选项目的 index 被更改时执行的函数的名称	1.0
runat	规定该控件为服务器控件。必须设置为 "server"	1.0

下面给出关于 DropDownList 控件的一个应用实例。在本例的 Default.aspx 文件中声明了一个 DropDownList 控件。用户可以选择页面上的一个下拉列表,并可从中选择自己需要的选项。实例步骤如下。

① 在 Default.aspx 页面的设计视图状态下,拖放一个 DropDownList 控件。单击 Items 属性的"浏览"按钮,弹出如图 10.20 所示的界面。

② 单击"添加"按钮,在右边的 Text 属性中输入"计算机"。重复上述步骤,再添加"面向对象程序设计"、"计算机基础"和"人工智能"等文本,最终结果如图 10.21 所示。

③ 单击"确定"按钮,再单击"启动调试"按钮,程序运行结果如图 10.22 所示。用户可以在列表中选择需要的课程。

7．ASP.NET CheckBox 控件

可以使用 CheckBox 控件执行以下操作。

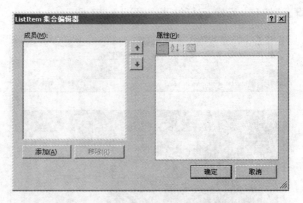

图 10.20　ListItem 集合编辑器

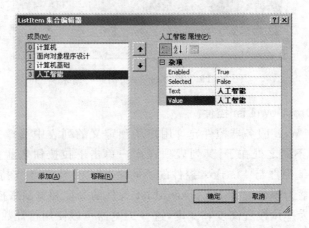

图 10.21　列表选项添加

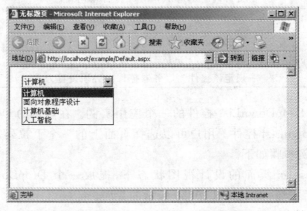

图 10.22　DropDownList 控件实例运行结果

- 当选中某个复选框时,将引起页面回发。
- 当用户选中某个复选框时,捕获用户交互。
- 将每个复选框都绑定到数据库中的数据。

CheckBox 控件用于显示复选框。其常用属性如表 10.6 所示。

第10章 ASP.NET编程基础

表 10.6 CheckBox 控件常用属性

属　　性	说　　明
AutoPostBack	规定在 Checked 属性改变后,是否立即向服务器回传表单。默认为 false
CausesValidation	规定单击 Button 控件时是否执行验证
Checked	规定是否已选中该复选框
InputAttributes	该 CheckBox 控件的 Input 元素所用的属性名和值的集合
LabelAttributes	该 CheckBox 控件的 Label 元素所用的属性名和值的集合
runat	规定该控件为服务器控件。必须被设置为 "server"
Text	与 CheckBox 控件关联的文本标签
TextAlign	与 CheckBox 控件关联的文本标签的对齐方式(right 或 left)
ValidationGroup	在 CheckBox 控件回发到服务器时要进行验证的控件组
OnCheckedChanged	Checked 属性被改变时执行函数的名称

下面给出关于 CheckBox 控件的一个应用实例。在本例的 Default.aspx 文件中声明了 4 个 CheckBox 控件和 1 个按钮控件。用户可以选择页面上的 4 个复选按钮来做一项或多项选择调查。实例步骤如下。

① 在 Default.aspx 页面的设计视图状态下,拖放 4 个 CheckBox 控件、1 个 Button 控件和 2 个 Label 控件,并在页面上输入适当的文字。4 个 CheckBox 控件 Text 属性分别设置为"A、足球","B、乒乓球","C、篮球"和"D、羽毛球"。Button 控件的 Text 属性设置为"确定"。左边的 Label 控件的 Text 属性设置为"我所喜欢的运动是:",右边的 Lablel 控件的 Text 属性设置为空。页面布局如图 10.23 所示。

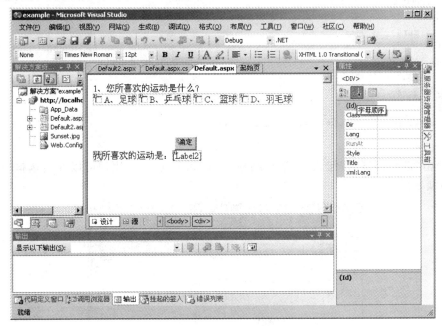

图 10.23　CheckBox 控件实例布局

② 双击"确定"按钮,添加如下代码。

```
protected void Button1_Click(object sender, EventArgs e)
```

```
{
    String str1,str2,str3,str4;
    if(CheckBox1.Checked)
    {
        str1 = "足球、";
    }
    else
    {
        str1 = "";
    }
    if(CheckBox2.Checked)
    {
        str2 = "乒乓球、";
    }
    else
    {
        str2 = "";
    }
    if(CheckBox3.Checked)
    {
        str3 = "篮球、";
    }
    else
    {
        str3 = "";
    }
    if(CheckBox4.Checked)
    {
        str4 = "羽毛球.";
    }
    else
    {
        str4 = "";
    }
    Label2.Text = str1 + str2 + str3 + str4;
}
```

③ 单击"启动调试"按钮,程序运行结果如图 10.24 所示。用户可以在复选框中选择自己喜欢的球类运动。

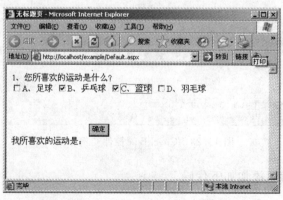

图 10.24　CheckBox 控件实例运行界面

④ 单击"确定"按钮,程序运行结果如图 10.25 所示。该界面显示出了所选的运动项目。

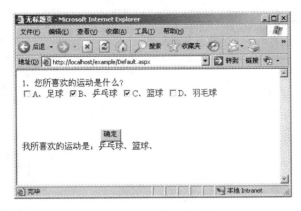

图 10.25　CheckBox 控件实例运行结果

8. ASP.NET RadioButton 控件

单选按钮很少单独使用,往往会将它分组,以提供一组互斥的选项。在一个组内,每次只能选择一个单选按钮。可以用下列方法创建分组的单选按钮。

先向页面中添加单个的 RadioButton Web 服务器控件,然后将所有这些控件手动分配到一个组中。这种情况下,该组可为任意名称。具有相同组名的所有单选按钮都被视为单个组的组成部分。

向页面中添加一个 RadioButtonList Web 服务器控件。该控件中的列表项将自动分组。

RadioButton 控件用于显示单选按钮,其常用属性如表 10.7 所示。

表 10.7　RadioButton 控件常用属性

属　　性	说　　明
AutoPostBack	布尔值,规定在 Checked 属性被改变后,是否立即回传表单。默认为 false
Checked	布尔值,规定是否选定单选按钮
id	控件的唯一 id
GroupName	该单选按钮所属控件组的名称
OnCheckedChanged	Checked 被改变时执行的函数的名称
runat	规定该控件为服务器控件。必须设置为 "server"
Text	单选按钮旁边的文本
TextAlign	规定文本应出现在单选按钮的哪一侧(左侧还是右侧)

下面给出关于 RadioButton 控件的一个应用实例。在本例的 Default.aspx 文件中声明了 4 个 RadioButton 控件和一个按钮控件。用户可以选择页面上的 4 个单选按钮来做单项调查。实例步骤如下。

① 在 Default.aspx 页面的设计视图状态下,拖放 4 个 RadioButton 控件、1 个 Button 控件和 2 个 Label 控件,并在页面上输入适当的文字。4 个 RadioButton 控件的 Text 属性分别设置为"A、足球"、"B、乒乓球"、"C、篮球"和"D、羽毛球"。Button 控件的 Text 属性设

置为"确定"。左边的 Label 控件的 Text 属性设置为"我所喜欢的运动是："，右边的 Label 控件的 Text 属性设置为空。页面布局如图 10.26 所示。

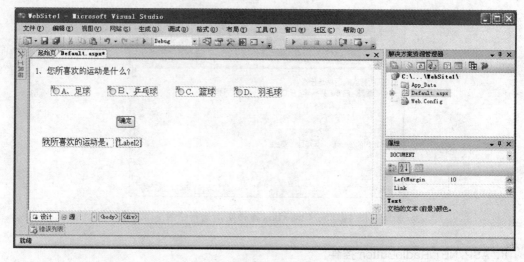

图 10.26　RadioButton 控件实例布局

② 双击"确定"按钮，添加如下代码。

```
protected void Button1_Click(object sender, EventArgs e)
{
    if(RadioButton1.Checked)
    {
        Label2.Text = "足球";
    }
    else if (RadioButton2.Checked)
    {
        Label2.Text = "乒乓球";
    }
    else if (RadioButton3.Checked)
    {
        Label2.Text = "篮球";
    }
    else if (RadioButton4.Checked)
    {
        Label2.Text = "羽毛球";
    }
}
```

③ 单击"启动调试"按钮，程序运行结果如图 10.27 所示。用户可以在单选框中选择自己喜欢的球类。

④ 单击"确定"按钮，程序运行结果如图 10.28 所示。该界面显示出了所选的运动项目。

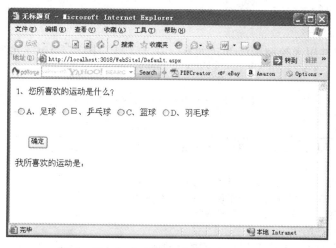

图 10.27 RadioButton 控件实例运行界面

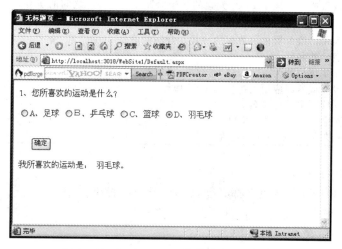

图 10.28 RadioButton 控件实例运行结果

10.3.2 HTML 控件

　　HTML 控件是 ASP.NET 所提供的控件(亦称为 Server 控件),是在服务器端执行的组件。它可以产生标准的 HTML 文件。一般说来,对于标准的 HTML 标签,无法动态控制其属性、使用方法和接收事件,必须使用其他的程序语言来控制标签。这对于使用 ASP 程序设计来说很不方便,而且会使 ASP 程序显得比较杂乱。ASP.NET 在这方面开发了新的技术,即将 HTML 标签对象化,使程序(如 Visual Basic.NET、C♯……)可以直接控制 HTML 标签。对象化后的 HTML 标签称为 HTML 控件。

　　HTML 标签在 ASP.NET 网页内执行时,ASP.NET 会查看 HTML 标签内是否有 runat 属性。若没有,则把 HTML 标签当做一般 HTML 标签字符串,送往客户端的浏览器执行解读。若有 runat 属性,则表示该标签已经是对象化的标签,会由 ASP.NET 的 Page 对象将该对象化的标签从.NET 共享对象类库中载入,使 ASP.NET 程序能够对其加以控制。当执行完毕之后,再将其转换成 HTML 标签,与一般的 HTML 标签一起,下载到客户端的浏览器解析、执行。

1. HtmlForm 控件

HtmlForm 控件用来控制<form>元素。在 HTML 中，<form>元素用来建立表单。其常用属性如表 10.8 所示。

表 10.8　HtmlForm 控件常用属性

属　　性	说　　明
Action	URL，定义当提交表单时把数据送往何处 （注释：该属性总是设置为页面自身的 URL）
Attributes	返回该元素的所有属性"名称/值"对
Disabled	布尔值，指示是否禁用该控件。默认为 false
EncType	用来编码表单内容的 MIME 类型
id	控件的唯一 id
InnerHtml	设置或返回该 HTML 元素的开始标签和结束标签之间的内容。特殊字符不会被自动转换为 HTML 实体
InnerText	设置或返回该 HTML 元素的开始标签和结束标签之间的所有文本。特殊字符会被自动转换为 HTML 实体
Method	表单向服务器传送数据的方式。合法的值是 "post" 和 "get"。默认为"post"
Name	表单的名称
runat	规定该控件为一个服务器控件。必须被设置为 "server"
Style	设置或返回应用到控件的 CSS 属性
TagName	返回元素的标签名
Target	加载 URL 的目标窗口
Visible	布尔值，指示该控件是否可见

需要注意以下内容。

（1）所有 HTML 服务器控件都必须在 HtmlForm 控件之中。

（2）在一个页面中只能有一个 HtmlForm 控件。

2. HtmlInputText 控件

HtmlInputText 控件用于控制 <input type="text"> 和 <input type="password">元素。在 HTML 中，这些元素用于创建文本域和密码域。其常用属性如表 10.9 所示。

表 10.9　HtmlInputText 控件常用属性

属　　性	说　　明
Attributes	返回该元素的所有属性"名称/值"对
Disabled	布尔值，指示是否禁用该控件。默认为 false
id	该元素的唯一 id
MaxLength	该元素中所允许的字符的最大数目
Name	元素的名称
runat	规定该控件为一个服务器控件。必须被设置为 "server"
Size	元素的宽度
Style	设置或返回应用到该控件的 CSS 属性
TagName	返回元素的标签名
Type	元素的类型
Value	元素的值
Visible	布尔值，指示该控件是否可见

3. HtmlInputButton 控件

HtmlInputButton 控件用于控制 <input type="button">、<input type="submit">以及 <input type="reset"> 元素。在 HTML 中,这些元素用于创建按钮、提交按钮以及重置按钮。其常用属性如表 10.10 所示。

表 10.10　HtmlInputButton 控件常用属性

属　　性	说　　明
Attributes	返回该元素的所有属性"名称/值"对
Disabled	布尔值,指示是否禁用该控件。默认为 false
id	该控件的唯一 id
Name	元素的名称
OnServerClick	该按钮被单击时执行的函数的名称
runat	规定该控件为一个服务器控件。必须被设置为 "server"
Style	设置或返回应用到控件的 CSS 属性
TagName	返回元素的标签名
Type	该元素的类型
Value	元素的值
Visible	布尔值,指示该控件是否可见

下面给出关于信息传递的一个应用实例。在本例的 Default.aspx 文件中声明了一个 Form 控件、一个 Input(Text) 控件、一个 Input(Password)控件以及一个 Input(Submit)控件。当提交按钮被触发时,会执行 submit 子例程。这个 submit 子例程会向 Default2.aspx 显示提交的用户名和密码。实例步骤如下。

① 在 Default.aspx 页面的设计视图状态下,拖放一个 Form 控件、一个 Input(Text) 控件、一个 Input(Password)控件以及一个 Input(Submit)控件。其中 Input(Submit)控件的 Text 属性设置为"提交",并在页面上输入适当的文字。页面布局如图 10.29 所示。

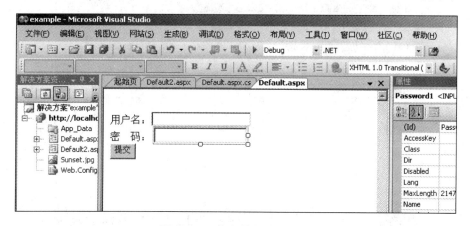

图 10.29　信息传递实例布局

② 进入 Default.aspx 页面的源视图，修改其中的 form 属性，即添加"action＝"default2.aspx"",去掉 form 里的"runat＝"server"",添加 text 和 password 里的"runat＝"server"",修改后的源视图如图 10.30 中的深色部分代码所示。

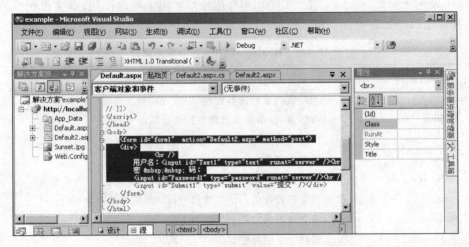

图 10.30　信息传递实例代码添加

③ 进入 Default2.aspx 页面的设计视图，添加两个 Label 控件，双击"页面视图"按钮，添加如下代码。

```
protected void Page_Load(object sender, EventArgs e)
{
    Label1.Text = Request.Form["Text1"];
    Label2.Text = Request.Form["Password1"];
}
```

④ 在 Default.aspx 页面中单击"启动调试"按钮，运行结果页面如图 10.31 所示。

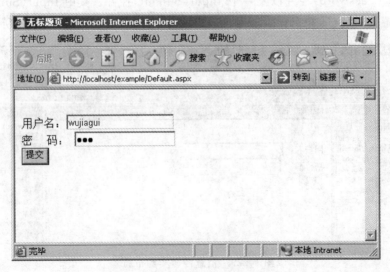

图 10.31　信息传递实例运行结果

⑤ 输入用户名和密码，单击"提交"按钮，进入 Defalut2.apsx 页面，显示出用户输入的用户名和密码。如图 10.32 所示。

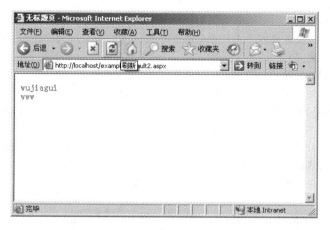

图 10.32　信息传递实例信息传递结果

10.4　页面信息传递

ASP.NET 开发者面对从一个网页向另一个网页传递数据信息的任务时，方法的选择的余地是异常广阔的。这些方法包括 Cookies、Querystring 变量、caching（网页缓存）、Application 变量、Session 变量和 Server.Transfer 等。

10.4.1　利用 Cookies 保持客户端信息

Cookies 用于存储特定用户信息，它提供了 Web 程序中一种有用的方式。多年以来，JavaScript 开发人员已经进行了大量有关 Cookie 的工作。同样，ASP.NET 通过 System.Web 命名空间也提供了 Cookie 的访问。虽然不应该使用 Cookie 来存储一些敏感性的数据，但是，它们是处理锁细数据的一个极好的选择，如颜色参数选择或者最后一次访问日期。

.NET System.Web 命名空间包含以下 3 个类，可以使用它们来处理客户端的 Cookies。

- HttpCookie：提供一个建立和操作独立 HTTPcookies 的安全类型的方式。
- HttpResponse：Cookies 属性允许客户端 Cookies 被操作。
- HttpRequest：Cookies 属性允许访问客户端操作的 Cookies。

HttpResponse 和 HttpRequest 对象的 Cookies 属性将返回一个 HttpCookieCollection 对象，它可以将单独的 Cookies 添加到集合（Collection）中，还可以从集合（collection）获得一个单独的 Cookies。

HttpCookie 类针对于客户存储而建立的单独 Cookies。一旦 HttpCookie 对象被建立，便可以将其添加到 HttpResponse 对象的 Cookies 属性中。同样地，可以通过 HttpRequest 对象访问现有的 Cookies。HttpCookie 类的公有属性如表 10.11 所示。

表 10.11 HttpCookie 类的公有属性

属　　性	说　　明
Domain	获得或设置与 Cookie 有关的域名,可用于限制特定区域的 Cookie 访问
Expires	获得或设置 Cookie 的终止日期和时间,可以将其设置为一个过去的日期,以自动终止或者删除 Cookie
Names	获得或设置 Cookie 名称
Path	获得或设置 Cookie 的虚拟路径。这一属性允许限制 Cookie 范围。也就是说,访问 Cookie 只能限定在一个特定的文件夹或者路径。设置这一属性,限制为只能访问特定路径和该路径下的所有文件
Secure	发信号以表示是否使用 SecureSocketsLayer(SSL)来发送 Cookie 值
Value	获得或设置一个单独的 Cookie 值
Values	返回包含在 Cookie 中的键/值对的一个集合

每一个 Cookie 都是从 Cookies 中获得的。也就是说,Cookie 是通过索引器的方式获得的。其语法比较简单。

利用 Response、Request 对象读写 Cookie 的语法如下。

```
//保存信息到 Cookie 中
Response.Cookies["Cookie 的名字"].value = 变量的值;
//读取 Cookie
Object 变量名 = Request.Cookies["Cookie 的名字"].value;
```

Cookie 属于 HttpCookie,所以它的语法也可以写成如下形式。

```
//键值对的方式保存信息
HttpCookie  hCookie = new HttpCookie("Cookie 的名字", 值);
Response.Cookies.Add(hCookie);  //保存 Cookie 到 Cookies 中
```

下边举一个实例,来详细讲解 Cookie 的读写用法。代码设计及操作过程如下。

① 同 10.3 节一样,建立一个 example 网站,并进入 Default 网页设计界面。

② 在页面中拖放两个 TextBox 控件和一个 Button 控件,设计结果如图 10.33 所示。

③ 添加 Button 按钮事件代码如下。

```
protected void Button1_Click(object sender, EventArgs e)
{
    //保存 Cookie
    Response.Cookies["firstCookie"].Value = TextBox1.Text;
    Response.Cookies["secondCookie"].Value = TextBox2.Text;
   //设置 Cookie 在客户端硬盘中保存多长时间
    Response.Cookies["firstCookie"].Expires = DateTime.Now.AddDays(1);
    Response.Cookies["secondCookie"].Value = DateTime.Now.ToString();
    }
```

④ 添加一个新的 Web 窗体 ReadCookie.aspx,并进入该设计界面。

⑤ 在 ReadCookie.aspx 中拖放两个 TextBox 控件和一个 Button 控件,设计结果如图 10.34 所示。

图 10.33　Cookie 写入界面　　　　　图 10.34　Cookie 读取界面

⑥ 添加 Button 按钮事件代码如下。

```
protected void Button1_Click(object sender, EventArgs e)
{
    //保存 Cookie
    Response.Cookies["firstCookie"].Value = TextBox1.Text;
    Response.Cookies["secondCookie"].Value = TextBox2.Text;
}
```

⑦ 分别浏览 Default.aspx 和 ReadCookie.aspx 页面，并在 Default.aspx 中输入数据。单击读写按钮，结果分别如图 10.35 和图 10.36 所示。

图 10.35　执行写的结果　　　　　图 10.36　执行读的结果

10.4.2　Querystring

当使用表单的 Get 方式提交数据时，表单中的数据将被保存在 Request 对象的 Querystring 集合中。除了读取表单对象传递的参数外，Querystring 集合还可以通过读取 HTTP 查询字符串中的参数值来传递参数。使用 Querystring 集合来传递数据的语法格式为：

Request.Querstring(变量名)[(索引值)|.变量的个数]

其中各个参数的含义如下。

- 变量名为在 HTTP 查询字符串中指定要检索的变量名称。
- 索引值用于检索多个变量值中的某一个。
- HTTP 查询字符串中的变量值由问号(?)后面的值指定。

用 Querystring 在页面间传递值的具体过程有以下 3 步。

① 在源页面的代码中用需要传递的名称和值构造 URL 地址。
② 在源页面的代码中用"Response.Redirect(URL);"重定向到上面的 URL 地址中。
③ 在目标页面的代码中用"Request.QueryString["name"];"取出 URL 地址中传递的值。
为了便于理解，下面举一个例子来说明 QueryString 的使用方法，具体过程如下。
① 同 10.4.1 节一样，建立一个 example 网站，并进入 Default.aspx 网页设计界面。
② 在页面中拖放 3 个 TextBox 控件和 1 个 Button 控件，设计结果如图 10.37 所示。
③ 添加 Button 按钮事件，代码如下。

```
protected void Button1_Click(object sender, EventArgs e)
{
    string urlAddress;
    string Name1;
    string Name2;
    string Name3;
    urlAddress = "Read.aspx?Name1 = " +
        TextBox1.Text.ToString() + "&" +
        "Name2 = " + TextBox2.Text.ToString() + "&" +
        "Name3 = " + TextBox3.Text.ToString();
    Response.Redirect(urlAddress);
}
```

④ 添加一个新的 Web 窗体 Read.aspx，并进入该设计界面。
⑤ 在 Read.aspx 中拖放两个 TextBox 控件和一个 Button 控件，设计结果如图 10.38 所示。

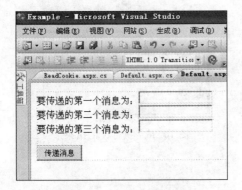

图 10.37　源页面界面

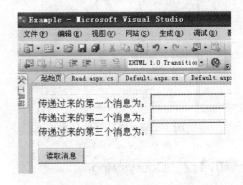

图 10.38　目标页面界面

⑥ 添加 Button 按钮事件，代码如下。

```
protected void Button1_Click(object sender, EventArgs e)
{
    //保存 Cookie
    TextBox1.Text = Request.QueryString["Name1"];
    TextBox2.Text = Request.QueryString["Name2"];
    TextBox3.Text = Request.QueryString["Name3"];
}
```

⑦ 分别浏览 Default.aspx 和 ReadCookie.aspx 页面，并在 Default.aspx 页面中输入数

据。单击"传递消息"按钮和"读取消息"按钮,结果分别如图10.39和图10.40所示。

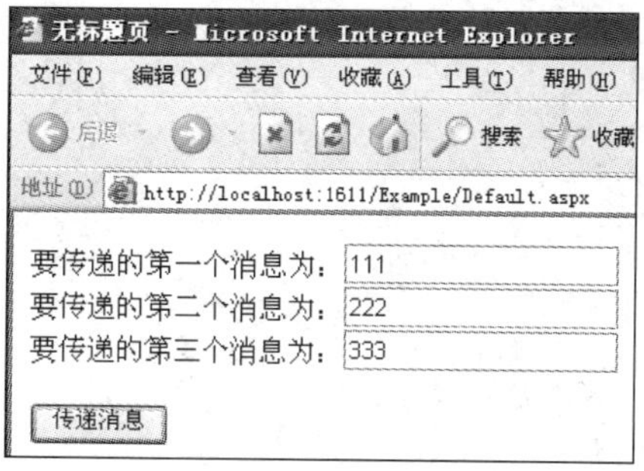

图 10.39 执行传递消息

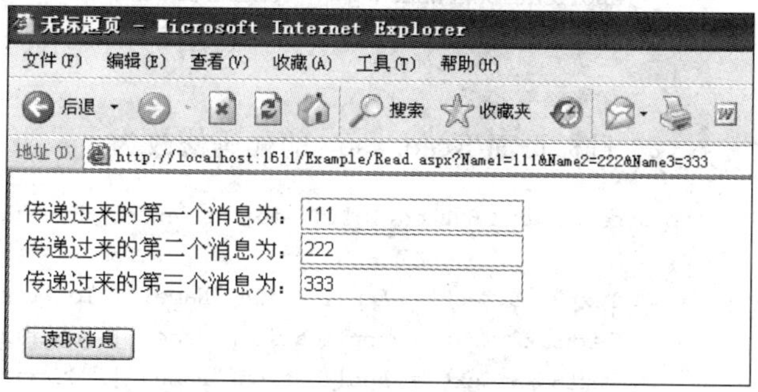

图 10.40 读取消息

使用Querystring在页面间传递值是一种非常常见的方法,该方法在ASP中常常用到。

它的优点是:使用简单,对于安全性要求不高时传递数字或文本值非常有效。

它的缺点如下。

- 缺乏安全性。因为它的值暴露在了浏览器的URL地址中。
- 不能传递对象。

10.4.3 Application

Application变量在整个应用程序生命周期中都是有效的,类似于使用全局变量,所以可以在不同页面中对它进行存取。它和Session变量的区别在于,前者是所有的用户共用的全局变量,后者是各个用户独有的全局变量。例如,网站访问的计数器变量一般采用Application变量。多个请求访问时共享这一个变量,均可对它进行操作。该变量可以被整个应用程序的各个页面直接使用。用户登录的账号名一般采用Session变量。多个请求访问时有各自的Session变量,只能对自己的Session变量进行操作。整个应用程序的各个页面直接使用这个变量来获得用户的基本信息。

Application变量的使用方法如下。

(1)在源页面的代码中创建需要传递的名称和值,构造Application变量。如:

Application["Nmae"] = "Value(Or Object)";

(2)在目标页面的代码中使用Application变量取出传递的值。如:

Result = Application["Nmae"]

下面举一个例子说明Application的应用。将10.4.2节例子中的源页面、目标页面的代码修改为以下代码。

(1)源页面Default.aspx的代码修改为:

```
protected void Button1_Click(object sender, EventArgs e)
{
    Application["Name1"] = TextBox1.Text;
```

```
        Application["Name2"] = TextBox2.Text;
        Application["Name3"] = TextBox3.Text;
        Response.Redirect("Read.aspx");
}
```

(2) 目标页面 Read.aspx 的代码修改为：

```
protected void Button1_Click(object sender, EventArgs e)
{
    TextBox1.Text = Application["Name1"].ToString();
    TextBox2.Text = Application["Name2"].ToString();
    TextBox3.Text = Application["Name3"].ToString();
}
```

执行结果同 10.4.2 节。

该方法的优点如下。

- 使用简单，消耗较少的服务器资源。
- 不仅能传递简单数据，还能传递对象。
- 数据量大小是不受限制的。

该方法的缺点是：作为全局变量容易被误操作。

10.4.4 Session

Session 变量和 Application 变量非常类似，它们的区别也已经在上面关于 Application 变量的介绍中提到了。它的使用方法如下。

(1) 在源页面的代码中创建需要传递的名称和值来构造 Session 变量。如：

```
Session["Nmae"] = "Value(Or Object)";
```

(2) 在目标页面的代码中使用 Session 变量取出传递的值。如：

```
Result = Session["Nmae"]
```

具体使用实例与 Application 变量类似，只要将 Application 替换为 Session 即可。

该方法的优点如下。

- 使用简单，不仅能传递简单数据类型，还能传递对象。
- 数据量大小是不受限制的。

该方法的缺点是：在 Session 变量中存储大量的数据会消耗较多的服务器资源。

10.5 Web 应用程序案例

下面给出关于建立用户登录页面的一个应用案例。在页面上输入用户名和密码，单击"登录"按钮。如果用户名或密码为空，则弹出提示对话框，要求用户输入完整信息。否则，查询数据库中是否有该用户。如果用户名和密码均正确，则进入网站主页，否则提示用户输入错误信息。实例步骤如下。

① 新建一个 ASP.NET 网站。

② 在 SQL Server 2008 中建立一个 student 数据库,在库中建立一个 denglu 数据表,表中有"用户类型"、"用户名"和"用户密码"3 个字段,并在表中输入 3 条记录,结果如图 10.41 所示。

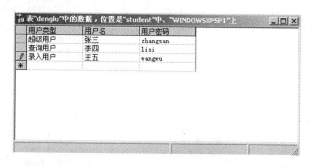

图 10.41　denglu 表格

③ 打开 SQL Server 2008 中的企业管理器,在登录中创建一个 stu 用户,密码为 123456,访问数据库选择 student。

④ 在 Default.aspx 页面的设计视图状态下,拖放 3 个 Label 控件、1 个 DropDownList 控件、2 个 TextBox 控件和 1 个 Button 控件。其中,3 个 Label 控件的 Text 属性分别设置为"用户类型"、"用户名"和"用户密码"。textBox2 控件的 TextMode 属性设置为 Password。Button 控件的 Text 属性设置为"登录"。页面布局如图 10.42 所示。

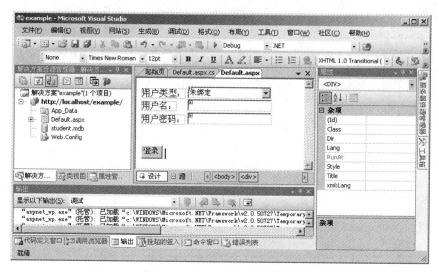

图 10.42　登录案例布局

⑤ 选中设计视图里的 DropDownList 控件,找到 Items 属性,单击"浏览"按钮,弹出"ListItem 集合编辑器"对话框。单击"添加"按钮,在 Text 属性中输入"超级用户"。采取同样的操作,再添加 3 项:"查询用户"、"录入用户"和"修改用户",结果如图 10.43 所示。

⑥ 单击"确定"按钮,返回页面设计视图状态。双击"登录"按钮,添加如下代码。

```
protected void Button1_Click(object sender, EventArgs e)
{
```

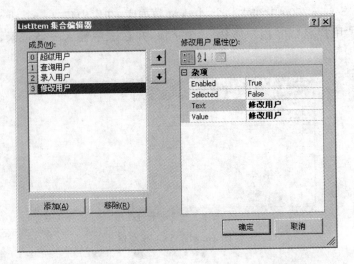

图 10.43 ListItem 集合编辑器

```
if (TextBox1.Text == "" || TextBox2.Text == "")
{
    Response.Write("<script>alert('用户名和密码均不能为空!')</script>");
}
else
{
    SqlConnection conn = new SqlConnection("server = localhost;user id = stud;pwd = 123456;database = student");
    string sql = "select * from denglu where 用户类型 = '" + DropDownList1.SelectedItem.Value + "' and 用户名 = '" + TextBox1.Text + "' and 用户密码 = '" + TextBox2.Text + "'";
    SqlDataAdapter da = new SqlDataAdapter(sql, conn);
    DataSet ds = new DataSet();
    int irow = da.Fill(ds,"table1");
    if (irow != 0)
    {
        Response.Redirect("default2.aspx");
    }
    else
    {
        Response.Write("<script>alert('用户名或密码有错,请重新输入!')</script>");
    }
    conn.Close();
}
```

⑦ 在 Default2.aspx 的设计视图中输入"欢迎进入我的网站!"。

⑧ 在 Default.aspx 页面中,单击"启动调试"按钮,运行结果如图 10.44 所示。

⑨ 选择"超级用户"用户类型,在"用户名"文本框中输入"张三",在"用户密码"文本框中输入"zhangsan",单击"登录"按钮,即可进入网站主页。如图 10.45 所示。

图 10.44 登录案例运行结果

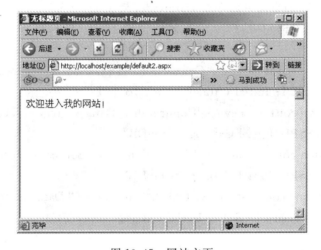

图 10.45 网站主页

习题 10

1. 在对 SQL Server 数据库操作时应选用（   ）。
A. SQL Server . NET Framework 数据提供程序
B. OLE DB . NET Framework 数据提供程序
C. ODBC . NET Framework 数据提供程序
D. Oracle . NET Framework 数据提供程序

2. 下列关于 ASP. NET 中的代码隐藏文件的描述正确的是（   ）。
A. Web 窗体页的程序的逻辑由代码组成。这些代码的创建用于与窗体交互。编程逻辑位于与用户界面不同的文件中。该文件称作代码隐藏文件。如果用 C♯ 创建，该文件将具有. ascx. cs 扩展名

B. 项目中所有 Web 窗体页的代码隐藏文件都被编译成.exe 文件

C. 项目中所有的 Web 窗体页的代码隐藏文件都被编译成项目动态链接库(.dll)文件

D. 以上都不正确

3. 在 ASP.NET 框架中,服务器控件是为配合 Web 表单工作而专门设计的。服务器控件有两种类型,它们是(　　)。

　　A. HTML 控件和 Web 控件

　　B. HTML 控件和 XML 控件

　　C. XML 控件和 Web 控件

　　D. HTML 控件和 IIS 控件

4. 在 ADO.NET 中,对于 Command 对象的 ExecuteNonQuery()方法和 ExecuteReader()方法,下面叙述错误的是(　　)。

　　A. insert、update、delete 等操作的 SQL 语句主要用 ExecuteNonQuery()方法来执行

　　B. ExecuteNonQuery()方法返回执行 SQL 语句所影响的行数

　　C. Select 操作的 SQL 语句只能由 ExecuteReader()方法来执行

　　D. ExecuteReader()方法返回一个 DataReder 对象

5. 下列 ASP.NET 语句中,(　　)正确地创建了一个与 SQL Server 2005 数据库的连接。

　　A. SqlConnection con1 = new Connection("Data Source = localhost; Integrated Security = SSPI; Initial Catalog = myDB")

　　B. SqlConnection con1 = new SqlConnection("Data Source = localhost; Integrated Security = SSPI; Initial Catalog = myDB")

　　C. SqlConnection con1 = new SqlConnection(Data Source = localhost; Integrated Security = SSPI; Initial Catalog = myDB)

　　D. SqlConnection con1 = new OleDbConnection("Data Source = localhost; Integrated Security = SSPI; Initial Catalog = myDB")

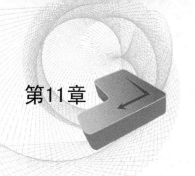

第11章

chapter 11

实　　验

实验 1　熟悉 Visual Studio 2013 编程环境

1. 实验目的及要求

（1）熟悉 Visual Studio 2013 的开发环境及过程。
（2）掌握控制台应用程序的开发。
（3）掌握 Windows 应用程序的开发。

2. 实验内容

（1）创建一个控制台应用程序项目，输出显示"Hello!"。
（2）创建一个 Windows 应用程序项目，弹出显示"Hello!"的窗体。

3. 实验步骤

1）控制台应用程序项目设计过程

（1）启动 Visual Studio 2013。具体过程为：选择"开始"→"程序"→Visual Studio 2013→Visual Studio 2013 命令。

（2）创建控制台应用程序。具体过程为：选择"文件"→"新建"→"项目"→Visual C#→"控制台应用程序"→"输入 Hello"→"确定"命令。结果如图 11.1 所示。

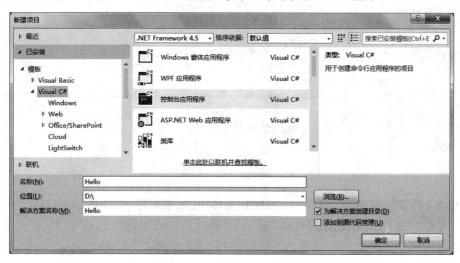

图 11.1　创建控制台应用程序

(3) 输入程序。只需在 Main 函数中输入以下代码即可。

```
Console.WriteLine("Hello!");
Console.ReadLine();
```

(4) 运行程序。按 F5 键,或单击"菜单"按钮,选择"调试"→"启动调试"命令。结果如图 11.2 所示。

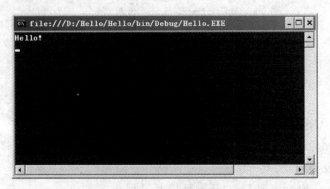

图 11.2　控制台程序执行结果

2) 创建 Windows 应用程序项目

(1) 启动 Visual Studio 2013。具体过程为:选择"开始"→"程序"→Visual Studio 2013→Visual Studio 2013 命令。

(2) 创建 Windows 应用程序。具体过程如图 11.3 所示。

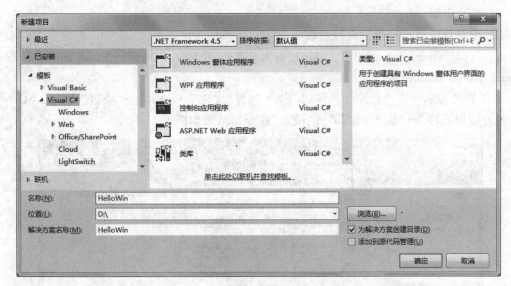

图 11.3　创建 Windows 窗体程序

(3) 从工具箱中拖动一个 Button 控件到窗体内,结果如图 11.4 所示。

(4) 双击按钮,在光标处添加代码"MessageBox.Show("Hello!");"。

(5) 运行程序。按 F5 键,或单击"菜单"按钮,选择"调试"→"启动调试"命令。结果如图 11.5 所示。

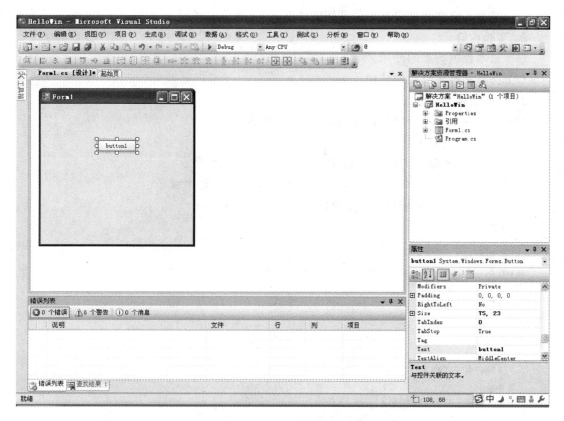

图 11.4　界面设计

（6）单击 button1 按钮，执行结果如图 11.6 所示。

图 11.5　运行结果

图 11.6　执行结果

实验 2　控制台程序编程

1. 实验目的及要求

（1）掌握 C#的基本数据类型和各种运算符表达式的用法。
（2）理解 C#控制台程序的基本结构。
（3）学会使用循环结构程序设计编写程序。

(4) 掌握数组在程序设计中的使用方法。

2. 实验内容

(1) 基本数据类型的使用。

(2) 选择和循环结构的使用。

3. 实验步骤

(1) 编写一个控制台应用程序,要求完成下列功能。

- 接收一个整数 n。
- 如果接收的值 n 为正数,则输出 $1\sim n$ 之间的全部整数。
- 如果接收的值为 0 或负值,则用 break 或者 return 退出程序。
- 转到第一步继续接收下一个整数。

参考代码如下。

```
using System;
using System.Collections.Generic;
using System.Text;
using System.Collections;

namespace test
{
    class Program
    {
        static void Main()
        {
            while (true)
            {
                Console.Write("请输入一个整数(0 或负值结束): ");
                string str = Console.ReadLine();
                try
                {
                    int i = Int32.Parse(str);
                    if ( i <= 0 ) break;
                    for ( int j = 1; j <= i; j++) Console.WriteLine(j);
                }
                catch
                {
                    Console.WriteLine("你输入的不是数字或超出整数的表示范围,请重新输入!");
                }
            }
            Console.Read();
        }
    }
}
```

运行结果如图 11.7 所示。

(2) 编写一个控制台应用程序,求 1000 以内的所有"完数"。所谓"完数",是指一个数恰好等于它的所有因子之和。例如,6 是完数,因为 6=1+2+3。

参考代码如下。

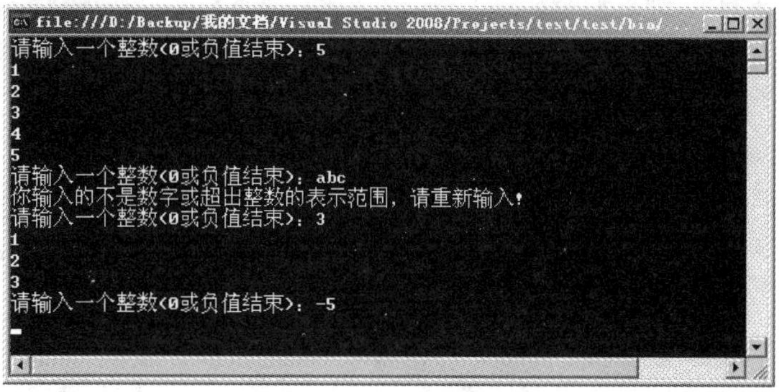

图 11.7　范围的确定

```
using System;
using System.Collections.Generic;
using System.Text;
using System.Collections;

namespace test
{
    class Program
    {
        static void Main(string[] args)
        {
            for (int i = 2; i <= 1000; i++)
            {
                int s = 1;
                string str = "1";
                for (int j = 2; j <= (int)Math.Sqrt(i); j++)
                {
                    if (j * (i / j) == i)
                    {
                        if (j != i / j)
                        {
                            s += j + i / j;
                            str += string.Format(" + {0} + {1}", j, i / j);
                        }
                        else
                        {
                            s += j;
                            str += string.Format(" + {0}", j);
                        }
                    }
                }
                if (s == i) Console.WriteLine("{0} = {1}", i, str);
            }
            Console.ReadLine();
        }
    }
}
```

运行结果如图 11.8 所示。

图 11.8 完数实验结果

实验 3 面向对象程序设计

1. 实验目的及要求
(1) 理解类的定义、继承等面向对象的基本概念。
(2) 掌握运算符重载的方法。
(3) 掌握委托与事件的使用方法。

2. 实验内容
(1) "++"、"——"等运算符的重载。
(2) 委托的定义和调用。
(3) 使用运算符"＋"和"－"操作委托对象。

3. 实验步骤
(1) 重载运算符的使用。定义 1~2 个最能体现重载特性的类,并对其方法或运算符进行重载,验证及熟悉重载的基本特性,为自定义的类的运算符(＋,－,＊,/及＋＋,－－)实现重载。注意体现对于引用类型的"＋＋"及"－－"运算符的前后置情况的区别。

参考代码如下。

```
using System;
using System.Collections.Generic;
using System.Text;
using System.Collections;
using System.Reflection;

namespace test
{
    class MessageHandler
    {
        private static MethodInfo[] mi =         // 保存方法
            typeof(MessageHandler).GetMethods();
        private ComplexNumber c1 = new ComplexNumber();
        private ComplexNumber c2 = new ComplexNumber();
        public enum CplNum { real, image };      // 复数的实部和虚部
        public struct Digit
        {
            byte value;
```

```csharp
    public Digit(byte value)
    {
        if (value < 0 || value > 9)
            throw new ArgumentException();
        this.value = value;
    }
    public static implicit operator byte(Digit d)
    {
        return d.value;
    }
    public static explicit operator Digit(byte b)
    {
        return new Digit(b);
    }
}
class ComplexNumber
{
    private double real;
    private double image;
    // 构造函数
    public ComplexNumber() { }
    public ComplexNumber(double real, double image)
    {
        this.real = real;
        this.image = image;
    }
    // + 运算重载
    public static ComplexNumber operator + (ComplexNumber op1,
                                    ComplexNumber op2)
    {
        return new ComplexNumber(op1[CplNum.real] + op2[CplNum.real],
                        op1[CplNum.image] + op2[CplNum.image]);
    }
    // ++ 运算重载
    public static ComplexNumber operator ++(ComplexNumber op)
    {
        double real = op[CplNum.real] + 1.0;
        double image = op[CplNum.image] + 1.0;
        return new ComplexNumber(real, image);
    }
    // true/false 运算重载
    // 如果复数为纯虚数,返回 true
    // 否则返回 false
    public static bool operator true(ComplexNumber cn)
    {
        return 0 != cn.image && 0 == cn.real;
    }
    public static bool operator false(ComplexNumber cn)
    {
        return 0 != cn.real;
    }
```

```csharp
            // Indexer
            public double this[CplNum index]
            {
                get
                {
                    // 检测范围
                    if ((index < CplNum.real) || (index > CplNum.image))
                    {
                        throw new IndexOutOfRangeException(
                            "Cannot get element " + index);
                    }
                    if (CplNum.real == index)
                    {
                        return real;
                    }
                    else
                    {
                        return image;
                    }
                }
                set
                {
                    if ((index < CplNum.real) || (index > CplNum.image))
                    {
                        throw new IndexOutOfRangeException(
                            "Cannot set element " + index);
                    }
                    if (CplNum.real == index)
                    {
                        real = value;
                    }
                    else
                    {
                        image = value;
                    }
                }
            }
        }
        public void Message()
        {
            Console.Write("In Message(): ");
            Console.WriteLine("Hello World!");
        }
        public void Message(char ch)
        {
            Console.Write("In Message(Char): ");
            Console.WriteLine(ch);
        }
        public void Message(string msg)
        {
            Console.Write("In Message(System.String): ");
```

```csharp
        Console.WriteLine(msg);
    }
    public void Message(string msg, int val)
    {
        Console.Write("In Message(System.String, Int32): ");
        Console.WriteLine("val = {0}", val);
    }
    public void Message(string msg, params int[] args)
    {
        Console.Write("In Message(System.String, Int32[]): ");
        Console.Write(msg);
        for (int ix = 0; ix < args.Length; ix++)
        {
            Console.Write("{0} ", args[ix].ToString());
        }
        Console.WriteLine();
    }
    public void Message(string msg, params double[] args)
    {
        Console.Write("In Message(System.String, Double[]): ");
        Console.Write(msg);
        for (int ix = 0; ix < args.Length; ix++)
        {
            Console.Write("{0:F1} ", args[ix]);
        }
        Console.WriteLine();
    }
    public void Message(string msg, params object[] args)
    {
        Console.Write("In Message(System.String, System.Object[]): ");
        Console.Write(msg);
        if (args.Length != 0)
        {
            foreach (object o in args)
            {
                Console.Write("{0} ", o.ToString());
            }
        }
        Console.WriteLine();
    }
    public static void Main(string[] args)
    {
        Console.Title = "Lab #5 - Polymorphism    by 88250";
        Console.ForegroundColor = ConsoleColor.DarkRed;
        // 方法重载演示
        Console.WriteLine("Enumerate all Methods named 'Message': ");
        foreach (MethodInfo m in mi)
        {
            if ("Message" == m.Name)
            {
                Console.WriteLine("   Mehtod: {0}", m.GetBaseDefinition());
```

```csharp
            }
        }
        MessageHandler mh = new MessageHandler();
        mh.Message();
        mh.Message('V');
        mh.Message("I'm Daniel");
        double fVal1 = 10.0, fVal2 = 0.0;
        // 匹配所有的方法：Message(string, params double[])
        mh.Message("Lly ", 10.0, fVal1, fVal2, 1024.0);
        mh.Message("Double fib: ", 1.0, 1.0, 2.0, 3.0, 5.0, 8.0, 13.0, 21.0, 34.0);
        int iVal1 = 10, iVal2 = 0;
        mh.Message("mumble", iVal1);
        // 匹配所有的方法：Message(string, params int[])
        mh.Message("88250 ", 10, iVal1, iVal2, 1024);
        mh.Message("Fib: ", 1, 1, 2, 3, 5, 8, 13, 21, 34, 55);
        //匹配方法：Message(string, params Object[])
        mh.Message("DLly ", 88250, "LLY", 84588990, "DL");
        Console.ForegroundColor = ConsoleColor.Blue;
        // 运算与 true/false 重载演示
        mh.c1[CplNum.real] = 1.0;
        mh.c1[CplNum.image] = 2.0;
        mh.c2[CplNum.real] = -1.0;
        mh.c2[CplNum.image] = -3.0;
        Console.WriteLine("C1 = {0} + {1}i", mh.c1[CplNum.real], mh.c1[CplNum.image]);
        Console.WriteLine("C2 = {0} + {1}i", mh.c2[CplNum.real], mh.c2[CplNum.image]);
        ComplexNumber result = new ComplexNumber((mh.c1 + mh.c2)[CplNum.real],
                                      (mh.c1 + mh.c2)[CplNum.image]);
        if (result)
        {
            Console.WriteLine("C1 + C2 = {0}i", result[CplNum.image]);
            Console.WriteLine("The result number is a pure image number!");
        }
        else
        {
            Console.WriteLine("C1 + C2 = {0} + {1}i", result[CplNum.real], result[CplNum.image]);
        }
        ComplexNumber cn1 = result++;
        Console.WriteLine("(C1 + C2)++ = {0} + {1}i", cn1[CplNum.real], cn1[CplNum.image]);
        ComplexNumber cn2 = ++result;
        Console.WriteLine("++(C1 + C2) = {0} + {1}i", cn2[CplNum.real], cn2[CplNum.image]);
        Console.Read();
    }
  }
}
```

运行结果如图11.9所示。

（2）委托的使用。声明一种自定义的委托类型，使用该委托类型，并在程序中调用该委托类型。要求实现的程序必须使用运算符"＋"、"－"操作委托对象，以验证委托类型的"＋"、"－"操作的基本特性。

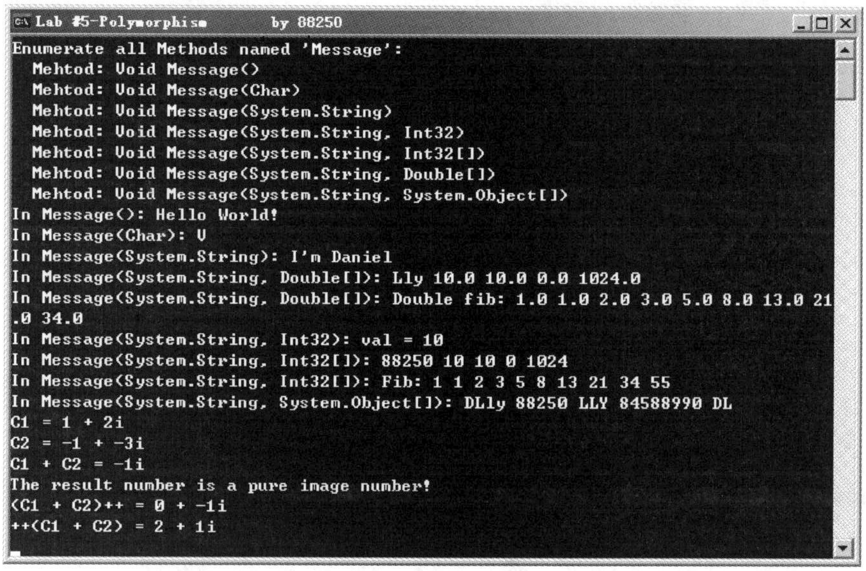

图 11.9 运算符重载

参考代码如下。

```
using System;
using System.Collections.Generic;
using System.Text;
using System.Collections;

namespace test
{
    public delegate void Calculation(decimal val1,
                                     decimal val2,
                                     ref decimal result);
    class MulticastDelegate
    {
        Calculation MyAdd;
        Calculation MySub;
        Calculation MyMul;

        public void Add(decimal add1, decimal add2, ref decimal result)
        {
            result = add1 + add2;
            Console.WriteLine("{0} + {1} = {2}",
                    add1, add2, result);
        }

        public void Sub(decimal sub1, decimal sub2, ref decimal result)
        {
            result = sub1 - sub2;
            Console.WriteLine("{0} - {1} = {2}",
                    sub1, sub2, result);
```

```csharp
        }

        public void Mul(decimal mul1, decimal mul2, ref decimal result)
        {
            result = mul1 * mul2;
            Console.WriteLine("{0} * {1} = {2}",
                    mul1, mul2, result);
        }

        static void Main(string[] args)
        {
            decimal result = 0.0m;
            MulticastDelegate mcd = new MulticastDelegate();

            mcd.MyAdd = new Calculation(mcd.Add);
            mcd.MySub = new Calculation(mcd.Sub);
            mcd.MyMul = new Calculation(mcd.Mul);

            Console.ForegroundColor = ConsoleColor.DarkRed;
            Console.WriteLine("Use Single Delegate: ");
            Console.ForegroundColor = ConsoleColor.DarkGray;
            mcd.MyAdd(5.25m, 3.12m, ref result);
            mcd.MySub(5.25m, 3.12m, ref result);
            mcd.MyMul(5.25m, 3.12m, ref result);

            Console.ForegroundColor = ConsoleColor.DarkRed;
            Console.WriteLine("Use Multicast Delegate: ");
            Console.ForegroundColor = ConsoleColor.DarkGray;
            Calculation MultiCalc = mcd.MyAdd + mcd.MySub + mcd.MyMul;
            MultiCalc(5.25m, 3.12m, ref result);

            Console.ForegroundColor = ConsoleColor.DarkRed;
            Console.WriteLine("Remove the Sub method Delegate: ");
            Console.ForegroundColor = ConsoleColor.DarkGray;
            MultiCalc -= mcd.MySub;
            MultiCalc(5.25m, 3.12m, ref result);

            // restore Delegate Sub method
            MultiCalc += mcd.MySub;

            Console.ForegroundColor = ConsoleColor.DarkRed;
            Console.WriteLine("Delegate contents: ");
            Console.ForegroundColor = ConsoleColor.DarkGray;
            Delegate[] delegateArray = MultiCalc.GetInvocationList();
            foreach (Delegate delgt in delegateArray)
            {
                Console.WriteLine(delgt.Method.GetBaseDefinition());
            }
            Console.ForegroundColor = ConsoleColor.White;
            Console.Read();
```

```
            }
        }
}
```

运行结果如图 11.10 所示。

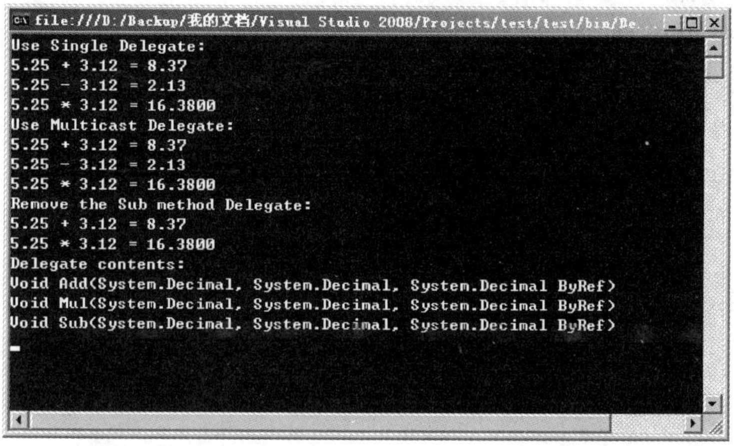

图 11.10 委托

实验 4　C#基本控件

1．实验目的及要求
(1) 了解并掌握常用控件的常用属性。
(2) 了解并掌握控件的基本事件程序书写方法。
(3) 掌握控件基本属性的设置与修改。

2．实验内容
(1) 在窗体上添加控件。
(2) 控件的布局与调整。
(3) 控件属性的设置与修改。

3．实验步骤
(1) 新建 Windows 应用程序。在窗体 Form 上拖放 1 个 TextBox 控件、16 个 Button 控件，其中 Button 控件的 Text 属性分别设置为：0、c、=、+、1、2、3、-、4、5、6、*、7、8、9 和/。整个界面布局如图 11.11 所示。

(2) 在 Form 中右击查看代码，添加如下全局变量。

```
double a = 0;
double b = 0;
bool c = false;
string d;
```

(3) 双击"1"按钮，添加如下事件处理程序。

```
private void button1_Click(object sender, EventArgs e)
```

图 11.11　界面布局

```csharp
{
    if (c == true)
    {
        textBox1.Text = "";
        c = false;
    }
    textBox1.Text += "1";
}
```

(4) 双击"2"按钮,添加如下事件处理程序。

```csharp
private void button2_Click(object sender, EventArgs e)
{
    if (c == true)
    {
        textBox2.Text = "";
        c = false;
    }
    textBox1.Text += "2";
}
```

(5) 双击"3"按钮,添加如下事件处理程序。

```csharp
private void button3_Click(object sender, EventArgs e)
{
    if (c == true)
    {
        textBox3.Text = "";
        c = false;
    }
    textBox1.Text += "3";
}
```

(6) 双击"4"按钮,添加如下事件处理程序。

```csharp
private void button4_Click(object sender, EventArgs e)
{
    if (c == true)
    {
        textBox1.Text = "";
        c = false;
    }
    textBox1.Text += "4";
}
```

(7) 双击"5"按钮,添加如下事件处理程序。

```csharp
private void button5_Click(object sender, EventArgs e)
{
    if (c == true)
    {
        textBox1.Text = "";
        c = false;
```

```
    textBox1.Text += "5";
}
```

(8) 双击"6"按钮,添加如下事件处理程序。

```
private void button6_Click(object sender, EventArgs e)
{
    if (c == true)
    {
        textBox1.Text = "";
        c = false;
    }
    textBox1.Text += "6";
}
```

(9) 双击"7"按钮,添加如下事件处理程序。

```
private void button7_Click(object sender, EventArgs e)
{
    if (c == true)
    {
        textBox1.Text = "";
        c = false;
    }
    textBox1.Text += "7";
}
```

(10) 双击"8"按钮,添加如下事件处理程序。

```
private void button8_Click(object sender, EventArgs e)
{
    if (c == true)
    {
        textBox1.Text = "";
        c = false;
    }
    textBox1.Text += "8";
}
```

(11) 双击"9"按钮,添加如下事件处理程序。

```
private void button9_Click(object sender, EventArgs e)
{
    if (c == true)
    {
        textBox1.Text = "";
        c = false;
    }
    textBox1.Text += "9";
}
```

(12) 双击"0"按钮,添加如下事件处理程序。

```csharp
private void button12_Click(object sender, EventArgs e)
{
    if (c == true)
    {
        textBox1.Text = "";
        c = false;
    }
    textBox1.Text += "0";
    if (d == "/")
    {
        textBox1.Clear();
        MessageBox.Show("除数不能为 0","错误提示",MessageBoxButtons.OK, MessageBoxIcon.Warning);
    }
}
```

(13) 双击"+"按钮,添加如下事件处理程序。

```csharp
private void button13_Click(object sender, EventArgs e)
{
    c = true;
    b = double.Parse(textBox1.Text);
    d = "+";
}
```

(14) 双击"-"按钮,添加如下事件处理程序。

```csharp
private void button16_Click(object sender, EventArgs e)
{
    c = true;
    b = double.Parse(textBox1.Text);
    d = "-";
}
```

(15) 双击"*"按钮,添加如下事件处理程序。

```csharp
private void button15_Click(object sender, EventArgs e)
{
    c = true;
    b = double.Parse(textBox1.Text);
    d = "*";
}
```

(16) 双击"/"按钮,添加如下事件处理程序。

```csharp
private void button14_Click(object sender, EventArgs e)
{
    c = true;
    b = double.Parse(textBox1.Text);
    d = "/";
}
```

(17) 双击"="按钮,添加如下事件处理程序。

```
private void button17_Click(object sender, EventArgs e)
{
    switch (d)
    {
        case "+": a = b + double.Parse(textBox1.Text); break;
        case "-": a = b - double.Parse(textBox1.Text); break;
        case "*": a = b * double.Parse(textBox1.Text); break;
        case "/": a = b / double.Parse(textBox1.Text); break;
    }
    textBox1.Text = a + "";
    c = true;
}
```

(18) 双击"c"按钮,添加如下事件处理程序。

```
private void button18_Click(object sender, EventArgs e)
{
    textBox1.Text = "";
}
```

(19) 单击"启动调试"按钮,得到计算器的运行结果,如图 11.12 所示。

图 11.12　计算结果

实验 5　数据库应用

1．实验目的及要求

(1) 掌握 DataAdapteter 对象的创建和配置方法。
(2) 掌握通过 DataAdapter 对象创建 DataSet 对象的方法。
(3) 掌握将 DataSet 对象绑定到 DataGridView 控件进行数据显示的方法。
(4) 了解数据库应用开发基本技术。

2．实验内容

(1) 创建一个学生信息数据库。
(2) 利用 DataAdapteter 对象和 DataSet 对象创建数据集。
(3) 使用 DataGridView 控件进行数据显示。

3．实验步骤

1) 数据库及数据表的创建

(1) 启动 SQL 管理器。具体过程为:选择"开始"→"程序"→Microsoft SQL Server 2008→Microsoft Server Management Studio 命令,并输入用户名和密码(对于不同机器,其内容不一样)。结果如图 11.13 所示。

(2) 创建学生数据库 StudentDB。具体过程为:右击"数据库",在对话框中输入数据库名称 StudentDB,单击"确定"按钮。结果如图 11.14 所示。

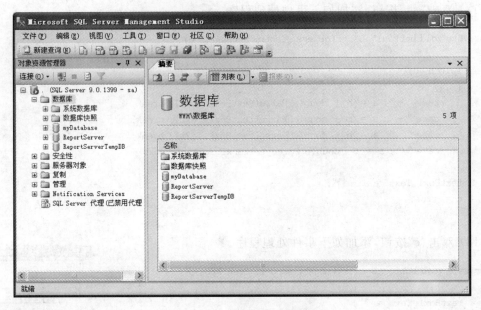

图 11.13 启动 SQL 管理器

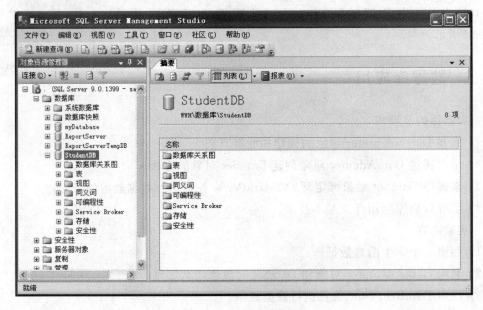

图 11.14 创建数据库

(3) 创建学生信息数据表。具体过程为：展开 StudentDB，右击"表"选项，选择"新建表"命令，进入数据表创建界面，并输入相应的内容。结果如图 11.15 所示。

(4) 单击"保存"按钮，将数据表存为 StudentInform。

(5) 输入学生信息数据。具体过程为：选择"表"选项，右击 StudentInform 选项，打开表，进入数据表界面，并输入相应的内容。结果如图 11.16 所示。

(6) 保存并退出 SQL Server。

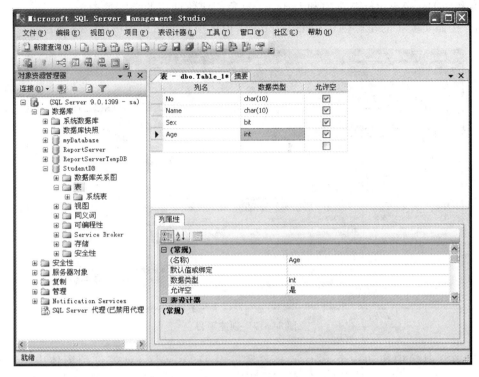

图 11.15 创建数据表

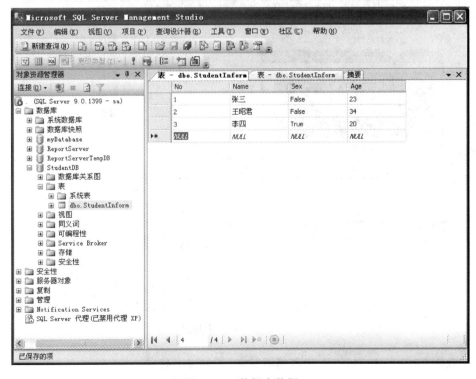

图 11.16 数据表数据

2）利用 DataAdapteter 对象和 DataSet 对象创建数据集的绑定数据

（1）按照实验 1 的步骤创建一个 Windows 窗体项目。结果如图 11.17 所示。

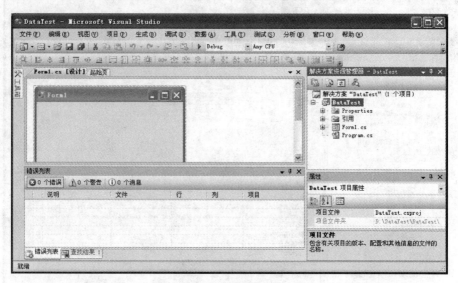

图 11.17　创建项目

（2）在工具箱中拖动一个 Button 控件和一个 DataGridView 控件到窗体中。结果如图 11.18 所示。

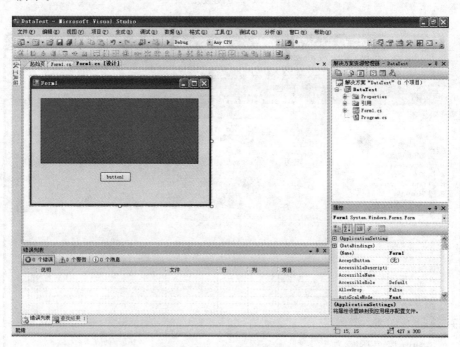

图 11.18　项目界面设计

（3）双击 button1 按钮，进入代码编辑状态，添加以下代码。

```
using System.Data.SqlClient;
```

(4) 添加以下数据处理代码,执行结果如图 11.19 所示。

```csharp
private void button1_Click(object sender, EventArgs e)
{
    //连接数据库
    String strConn = "Data Source = .;Initial Catalog = StudentDB;integrated security = SSPI";
    SqlConnection conn = new SqlConnection(strConn);
    try
    {
        conn.Open();//打开连接
        //SqlCommand cmd = new SqlCommand("Select * From StudentInform", conn);
        String strSql = "Select * From StudentInform";
        SqlDataAdapter da = new SqlDataAdapter(strSql,strConn);
        DataSet ds = new DataSet();
        //填充数据
        da.Fill(ds,"StudentInform");
        //将数据绑定到数据库控件上
        dataGridView1.DataSource = ds.Tables["StudentInform"];
    }
    catch (Exception ex)
    {
        MessageBox.Show(ex.Message);
    }
    finally
    {
        conn.Close();//关闭连接
    }
}
```

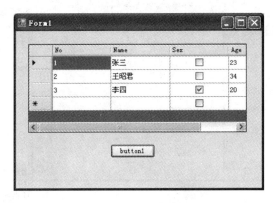

图 11.19 项目执行结果

实验 6 文件操作

1. 实验目的及要求

(1) 掌握文件类 File 的基本使用方法。
(2) 掌握文本文件读写的基本步骤。
(3) 掌握将 DataSet 对象绑定到 DataGridView 控件进行数据显示的方法。

(4) 了解数据库应用开发基本技术。

2．实验内容

建立文件 H:\1.txt。如果该文件存在,则删除;否则将该文件初始化,然后输出文件中的信息。程序运行结果如图 11.20 所示。

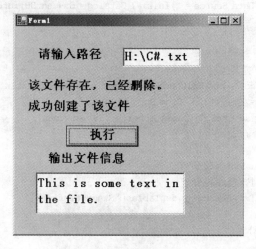

图 11.20 实验结果

3．实验步骤

(1) 按照实验 1 的步骤创建一个 Windows 窗体项目。结果如图 11.21 所示。

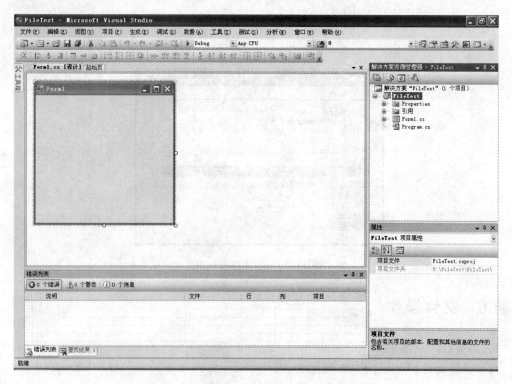

图 11.21 创建项目

(2) 在工具箱中拖动一个 Label 控件、一个 Button 控件和两个 TextBox 控件到窗体中,并分别设置各控件的相应属性。结果如图 11.22 所示。

(3) 双击按钮控件,进入代码编辑状态,添加以下代码。

using System.IO;

(4) 添加以下文件读写有关代码。

```
private void button1_Click(object sender, EventArgs e)
{
    // 判断文件是否存在。如果存在,执行下面的语句
    if (File.Exists(textBox1.Text))
    {
        File.Delete(textBox1.Text);           // 删除文件
        MessageBox.Show("该文件存在,已经删除.");
    }
    // 如果文件不存在,建立新文件
    FileStream fs = File.Create(textBox1.Text, 1024);
    Byte[] info = new UTF8Encoding(true).GetBytes("This is some text in the file.");
    // 在 info 中写入文件
    fs.Write(info, 0, info.Length);
    MessageBox.Show( "成功创建了该文件!");
    // 关闭文件
    fs.Close();
    using (StreamReader os = File.OpenText(textBox1.Text))
    {
        string s = "";
        while ((s = os.ReadLine()) != null)
            textBox2.Text = s;
    }
}
```

图 11.22 界面设计

(5) 调试运行后,执行结果如图 11.23 和图 11.24 所示。

图 11.23 项目执行结果

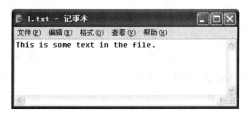

图 11.24 最后的 TXT 文本

实验 7 多线程开发

1. 实验目的及要求

（1）理解线程的基本概念。
（2）理解线程同步的基本方法。
（3）掌握利用 Lock 实现线程同步的方法。

2. 实验内容

假设有 20 张票，由两个线程来实现一个售票程序。每次线程运行时都首先检查是否还有票未售出。如果有，就按照票号从小到大的顺序售出。

3. 实验步骤

（1）按照实验 1 的方法和步骤创建一个控制台程序项目 TreadTest。创建结果如图 11.25 所示。

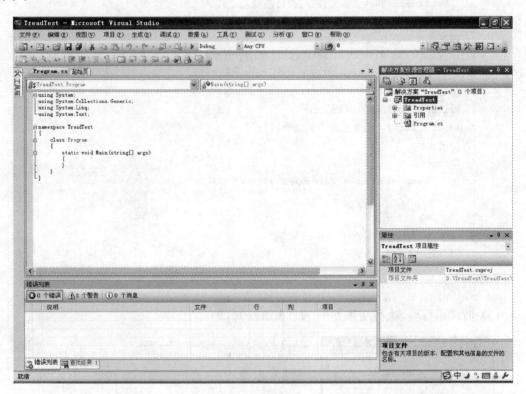

图 11.25 创建项目

（2）添加一个新的类 ThreadLock。具体过程为：右击解决方案项目名，依次选择"添加" →"类"选项，在对话框中输入类名 ThreadLock，然后在解决方案中双击新建的类 ThreadLock.cs，进入该类的编辑界面。结果如图 11.26 所示。

（3）在 ThreadLock 类中添加如下代码。

```
using System.Threading;
```

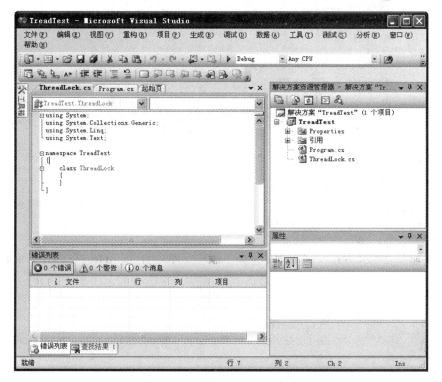

图 11.26　添加 ThreadLock 类

（4）整个程序的代码如下。

```
using System;
using System.Collections.Generic;
using System.Text;
using System.Threading;
namespace MonitorLockMutex
{
    public class ThreadLock
    {
        private Thread threadOne;
        private Thread threadTwo;
        private List<string> ticketList;
        private object objLock = new object();
        static void Main(string[] args)
        {
            ThreadLock p = new ThreadLock();
            p.Start();
            Console.ReadLine();
        }
        public ThreadLock()
        {
            threadOne = new Thread(new ThreadStart(Run));
            threadOne.Name = "Thread_1";
            threadTwo = new Thread(new ThreadStart(Run));
            threadTwo.Name = "Thread_2";
```

```
        }
        public void Start()
        {
            ticketList = new List<string>(20);
            for (int i = 1; i <= 20; i++)
            {
                //实现3位的票号,如果不足3位数,则以0补足3位
                ticketList.Add(i.ToString().PadLeft(3, '0'));
            }
            threadOne.Start();
            threadTwo.Start();
        }
        private void Run()
        {
            //加锁
            lock (objLock)
            {
                while (ticketList.Count > 0)//①
                {
                    string ticketNo = ticketList[0];//②
                    Console.WriteLine("{0}:售出一张票,票号: {1}", Thread.CurrentThread.Name, ticketNo);
                    //删除一个元素
                    ticketList.RemoveAt(0);//③
                    Thread.Sleep(1000);
                }
            }
        }
    }
```

加锁前执行的结果如图 11.27 所示(注意,不同时间其执行的结果不一样)。

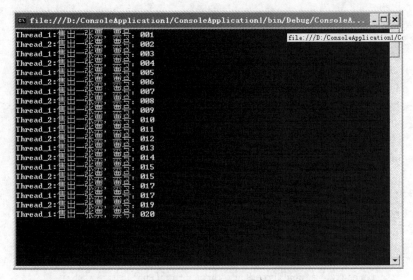

图 11.27　加锁前的结果

加锁后执行的结果如图 11.28 所示。

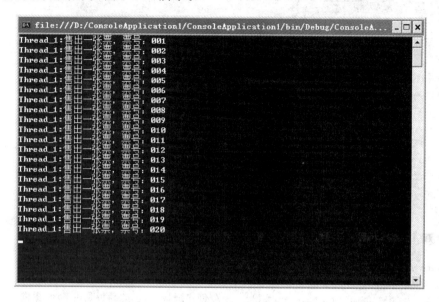

图 11.28　加锁后的结果

实验 8　C♯图形编程

1. 实验目的及要求

（1）了解并掌握 GDI＋图形绘图类。

（2）了解并掌握绘图要用到的主要工具。

（3）掌握利用 GDI＋在空白窗体中画基本图形的方法。

2. 实验内容

（1）利用 C♯编程实现绘制矩形图形的功能。

（2）利用 C♯编程实现直线不同线型的绘制功能。

（3）利用 C♯编程实现 Brush 绘制图形的功能。

（4）利用 C♯编程实现坐标变换图形的功能。

3. 实验步骤

首先准备一个画板。

创建一个画板主要有以下 3 种方式。

- 在窗体或控件的 Paint 事件中直接引用 Graphics 对象。
- 利用窗体或某个控件的 CreateGraphics 方法创建。
- 从继承自图像的任何对象创建 Graphics 对象。

本次实验以第二种方式为例说明设计过程。

（1）新建一个 Windows 应用程序，在窗体上拖放 4 个 Button 控件，其 Text 属性分别设置为"画矩形"、"线型绘图"、"Brush 使用"和"坐标变换"。布局如图 11.29 所示。

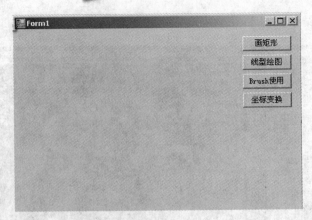

图 11.29 布局

(2) 双击"画矩形"按钮,添加如下代码。

```
private void button1_Click(object sender, EventArgs e)
{
    Graphics g = this.CreateGraphics();      //创建画板,这里的画板是由 Form 提供的
    Pen p = new Pen(Color.Blue, 2);          //定义了一个颜色为蓝色,宽度为 2 的画笔
    g.DrawLine(p, 10, 10, 100, 100);         //在画板上画直线,起始坐标为(10,10),终点坐标为
                                             //(100,100)
    g.DrawRectangle(p, 10, 10, 100, 100);    //在画板上画矩形,起始坐标为(10,10),宽为 100,高
                                             //为 100
    g.DrawEllipse(p, 10, 10, 100, 100);      //在画板上画椭圆,起始坐标为(10,10),外接矩形的
                                             //宽为 100
}
```

这样就可以在窗口上绘制一个矩形、一个圆和一条直线,结果如图 11.30 所示。

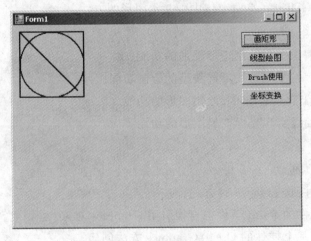

图 11.30 图形绘制

(3) 双击"线型绘图"按钮,添加如下代码。

```
private void button2_Click(object sender, EventArgs e)
{
```

```
        Pen p = new Pen(Color.Blue, 5);        //设置笔的粗细为 5,颜色为蓝色
        Graphics g = this.CreateGraphics();
        //画虚线
        p.DashStyle = DashStyle.Dot;            //定义虚线的样式为点
        g.DrawLine(p, 10, 10, 200, 10);
        //自定义虚线
        p.DashPattern = new float[] { 2, 1 };   //设置短划线和空白部分的数组
        g.DrawLine(p, 10, 20, 200, 20);
        //画箭头,只对不封闭曲线有用
        p.DashStyle = DashStyle.Solid;          //恢复实线
        p.EndCap = LineCap.ArrowAnchor;         //定义线尾的样式为箭头
        g.DrawLine(p, 10, 30, 200, 30);
        g.Dispose();
        p.Dispose();
    }
```

Pen 的属性主要有：Color(颜色)、DashCap(短划线终点形状)、DashStyle(虚线样式)、EndCap(线尾形状)、StartCap(线头形状)和 Width(粗细)等。

可以用 Pen 来画虚线、带箭头的直线等。运行结果如图 11.31 所示。

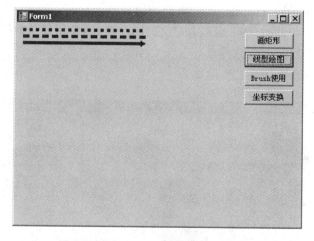

图 11.31　线型绘制

(4) 双击"Brush 使用"按钮,添加如下代码。

```
private void button3_Click(object sender, EventArgs e)
{
    Graphics g = this.CreateGraphics();
    //定义矩形,参数为起点横、纵坐标以及其长和宽
    Rectangle rect = new Rectangle(10, 10, 50, 50);
    //单色填充
    SolidBrush b1 = new SolidBrush(Color.Blue);    //定义单色画刷
    g.FillRectangle(b1, rect);                     //填充这个矩形
    //字符串
    g.DrawString("字符串", new Font("宋体", 10), b1, new PointF(90, 10));
    //用图片填充
    TextureBrush b2 = new TextureBrush(Image.FromFile(@"C:\Documents and Settings\All
```

```
Users\Documents\My Pictures\示例图片\Sunset.jpg"));
    rect.Location = new Point(10, 70);        //更改这个矩形的起点坐标
    rect.Width = 200;                          //更改这个矩形的宽
    rect.Height = 200;                         //更改这个矩形的高
    g.FillRectangle(b2, rect);
    //用渐变色填充
    rect.Location = new Point(10, 290);
    LinearGradientBrush b3 = new LinearGradientBrush(rect, Color.Yellow, Color.Black,
LinearGradientMode.Horizontal);
    g.FillRectangle(b3, rect);
}
```

可以用画刷填充各种图形形状,如矩形、椭圆、扇形、多边形和封闭路径等。主要有以下几种不同类型的画刷。

- SolidBrush：画刷最简单的形式,用纯色绘制。
- HatchBrush：类似于 SolidBrush,但是可以利用该类从大量预设的图案中选择绘制时要使用的图案,而不是纯色。
- TextureBrush：使用纹理(如图像)绘制。
- LinearGradientBrush：使用渐变混合的两种颜色绘制。
- PathGradientBrush：基于编程者定义的唯一路径,使用复杂的混合色渐变绘制。

这里只是简单介绍其中的几种。

运行结果如图 11.32 所示。

图 11.32　Brush 使用

（5）双击"坐标变换"按钮，添加如下代码。

```
private void button4_Click(object sender, EventArgs e)
{
    Graphics g = this.CreateGraphics();
    //单色填充
    //SolidBrush b1 = new SolidBrush(Color.Blue);//定义单色画刷
    Pen p = new Pen(Color.Blue, 1);
    //转变坐标轴角度
    for (int i = 0; i < 90; i++)
    {
        g.RotateTransform(i);//每旋转1°就画一条线
        g.DrawLine(p, 0, 0, 100, 0);
        g.ResetTransform();//恢复坐标轴坐标
    }
    //平移坐标轴
    g.TranslateTransform(100, 100);
    g.DrawLine(p, 0, 0, 100, 0);
    g.ResetTransform();
    //先平移到指定坐标,然后进行角度旋转
    g.TranslateTransform(100, 200);
    for (int i = 0; i < 8; i++)
    {
        g.RotateTransform(45);
        g.DrawLine(p, 0, 0, 100, 0);
    }
        g.Dispose();
}
```

在窗体中的坐标轴和读者平时接触的平面直角坐标轴不同，窗体中的纵坐标轴方向相反：窗体的左上角为原点(0,0)，横坐标从左到右增加，纵坐标从上到下增加，具体情况如图11.33所示。

接下来，通过旋转坐标轴的方向来画出不同角度的图案，或通过更改坐标原点的位置来平衡坐标轴的位置。运行结果如图11.34所示。

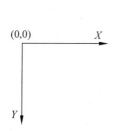

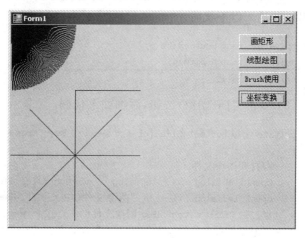

图11.33　窗体坐标方向　　　　　　　　　　图11.34　坐标变换

实验9 C#图像编程

1. 实验目的及要求
(1) 了解 GDI+图像编程。
(2) 了解并掌握 C#制作以动画的方式显示图像的方法。

2. 实验内容
(1) 利用 C#编程实现图像文件选择并打开功能。
(2) 利用 C#编程实现图像翻转显示动画功能。
(3) 利用 C#编程实现图像对接显示动画功能。
(4) 利用 C#编程实现图像扩散显示动画功能。
(5) 利用 C#编程实现图像分块显示动画功能。

3. 实验步骤
(1) 新建一个 Windows 应用程序,在窗体上拖放 5 个 Button 控件,其 Text 属性分别设置为"打开图像"、"图像翻转"、"图像对接"、"图像扩散"和"图像分块"。再在 Form 窗体上拖放一个 PictureBox 控件。布局如图 11.35 所示。

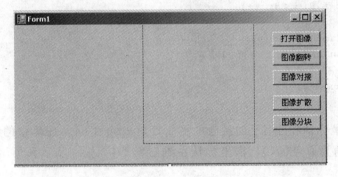

图 11.35 布局

(2) 在 Form 窗体中单击鼠标右键,选择"查看代码",在代码文件中的 Form1 类中第一段起始处输入以下代码。

```
private Bitmap SourceBitmap;
private Bitmap MyBitmap;
//用作全局变量
```

(3) 双击"打开图像"按钮,添加如下代码。

```
private void button1_Click(object sender, EventArgs e)
{
    //打开图像文件
    OpenFileDialog openFileDialog = new OpenFileDialog();
    openFileDialog.Filter = "图像文件(JPeg, Gif, Bmp, etc.)|*.jpg;*.jpeg;*.gif;*.bmp;*.tif;*.tiff;*.png|JPeg 图像文件(*.jpg;*.jpeg)|*.jpg;*.jpeg|GIF 图像文件(*.gif)|*.gif|BMP 图像文件(*.bmp)|*.bmp|Tiff 图像文件(*.tif;*.tiff)|*.tif;*.tiff|Png 图像文件(*.png)|*.png|所有文件(*.*)|*.*";
```

```
    if (openFileDialog.ShowDialog() == DialogResult.OK)
    {
        //得到原始大小的图像
        SourceBitmap = new Bitmap(openFileDialog.FileName);
        //得到缩放后的图像
        MyBitmap = new Bitmap(SourceBitmap, this.pictureBox1.Width, this.pictureBox1.Height);
        this.pictureBox1.Image = MyBitmap;
    }
}
```

该代码用于打开图像。运行程序后,会弹出一个"打开"对话框,如图 11.36 所示。

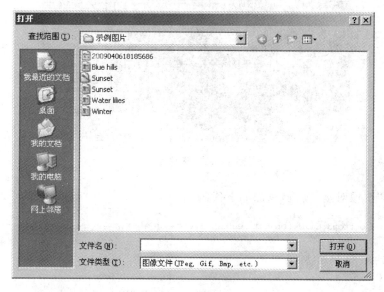

图 11.36 "打开"对话框

(4) 双击"图像翻转"按钮,添加如下代码。

```
private void button2_Click(object sender, EventArgs e)
{
    try
    {
        int width = this.MyBitmap.Width; //图像宽度
        int height = this.MyBitmap.Height; //图像高度
        Graphics g = this.CreateGraphics();
        g.Clear(Color.Gray);
        for (int i = - width / 2; i <= width / 2; i++)
        {
            g.Clear(Color.Gray);
            int j = Convert.ToInt32(i * (Convert.ToSingle(height) / Convert.ToSingle(width)));
            Rectangle DestRect = new Rectangle(0, height / 2 - j, width, 2 * j);
            Rectangle SrcRect = new Rectangle(0, 0, MyBitmap.Width, MyBitmap.Height);
            g.DrawImage(MyBitmap, DestRect, SrcRect, GraphicsUnit.Pixel);
            System.Threading.Thread.Sleep(10);
        }
    }
```

```
        catch (Exception ex)
        {
            MessageBox.Show(ex.Message, "信息提示");
        }
    }
```

图像翻转原理是：计算图像位置和高度后，以高度的一半为轴，对换上、下半边的图像。运行结果如图 11.37 所示（注意，本实验是一动画，运行时是动态变化的。图中的结果是运行后的最终结果，与下面各步骤的运行过程类似）。

图 11.37　图像翻转

(5) 双击"图像对接"按钮，添加如下代码。

```
private void button3_Click(object sender, EventArgs e)
{
    try
    {
        int width = this.pictureBox1.Width;  //图像宽度
        int height = this.pictureBox1.Height; //图像高度
        Graphics g = this.CreateGraphics();
        g.Clear(Color.Gray);
        Bitmap bitmap = new Bitmap(width, height);
        int x = 0;
        while (x <= height / 2)
        {
            for (int i = 0; i <= width - 1; i++)
            {
                bitmap.SetPixel(i, x, MyBitmap.GetPixel(i, x));
            }
            for (int i = 0; i <= width - 1; i++)
            {
                bitmap.SetPixel(i, height - x - 1, MyBitmap.GetPixel(i, height - x - 1));
            }
            x++;
            this.Refresh();
            g.DrawImage (bitmap,0,0);
            System.Threading.Thread.Sleep(10);
```

            }
        }
        catch (Exception ex)
        {
            MessageBox.Show(ex.Message, "信息提示");
        }
    }

以上下对接的方式显示图像的原理：首先将图像分为上、下两部分，然后分别显示。运行结果如图 11.38 所示。

图 11.38　图像对接

（6）双击"图像扩散"按钮，添加如下代码。

```
private void button4_Click(object sender, EventArgs e)
{
    try
    {
        int width = this.MyBitmap.Width; //图像宽度
        int height = this.MyBitmap.Height; //图像高度
        //取得 Graphics 对象
        Graphics g = this.CreateGraphics();
        g.Clear(Color.Gray); //初始为全灰色
        for (int i = 0; i <= width / 2; i++)
        {
            int j = Convert.ToInt32 (i * (Convert.ToSingle(height) / Convert.ToSingle(width)));
            Rectangle DestRect = new Rectangle(width / 2 - i, height/2 - j, 2 * i, 2 * j);
            Rectangle SrcRect = new Rectangle(0, 0, MyBitmap.Width, MyBitmap.Height);
            g.DrawImage(MyBitmap, DestRect, SrcRect, GraphicsUnit.Pixel);
            System.Threading.Thread.Sleep(10);
        }
    }
    catch (Exception ex)
    {
        MessageBox.Show(ex.Message, "信息提示");
    }
}
```

以四周扩散的方式显示图像的原理：首先设置图像显示的位置，然后按高度和宽度的比例循环输出，直到高度和宽度为原始大小为止。运行结果如图 11.39 所示。

图 11.39　图像扩散

(7) 双击"图像分块"按钮，添加如下代码。

```csharp
private void button5_Click(object sender, EventArgs e)
{
    Graphics g = this.CreateGraphics();
    g.Clear(Color.White);
    int width = MyBitmap.Width;
    int height = MyBitmap.Height;
    //定义将图片切分成 4 个部分
    RectangleF[] block = {
        new RectangleF(0,0,width/2,height/2),
        new RectangleF(width/2,0,width/2,height/2),
        new RectangleF(0,height/2,width/2,height/2),
        new RectangleF(width/2,height/2,width/2,height/2)};
    //分别复制图片的 4 个部分
    Bitmap[] MyBitmapBlack = {
        MyBitmap.Clone(block[0],System.Drawing.Imaging.PixelFormat.DontCare),
        MyBitmap.Clone(block[1],System.Drawing.Imaging.PixelFormat.DontCare),
        MyBitmap.Clone(block[2],System.Drawing.Imaging.PixelFormat.DontCare),
        MyBitmap.Clone(block[3],System.Drawing.Imaging.PixelFormat.DontCare)
    };
    //绘制图片的 4 个部分,各部分绘制时间间隔为 0.5s
    g.DrawImage(MyBitmapBlack[0], 0, 0);
    System.Threading.Thread.Sleep(1000);
    g.DrawImage(MyBitmapBlack[1], width / 2, 0);
    System.Threading.Thread.Sleep(1000);
    g.DrawImage(MyBitmapBlack[3], width / 2, height / 2);
    System.Threading.Thread.Sleep(1000);
    g.DrawImage(MyBitmapBlack[2], 0, height / 2);
}
```

以分块效果显示图像的原理：首先将图像分为几块，再使用 Bitmap 类的 Clone 方法从原图指定的块中复制图像，最后将这些块依次显示出来便可。运行结果如图 11.40 所示。

图 11.40　图像分块

实验 10　Web 应用程序开发

1. 实验目的及要求
（1）了解并掌握 Windows XP 服务器上 IIS（Internet 服务管理器）的安装与配置方法。
（2）了解并掌握虚拟目录的设置方法。
（3）掌握 ASP.NET 的开发环境。

2. 实验内容
（1）了解并掌握 IIS（Internet Information Services，互联网信息服务）的安装与配置。
（2）编写一个简单的 ASP.NET 网页程序，实现在浏览器 IE 中输出"这是我的第一个 asp.net 网页程序！"。

3. 实验步骤
为了发布网站，首先必须在服务器上安装与配置 IIS。对于不同的操作系统，操作步骤不一样。本实验指导以 Windows XP 操作系统下的 IIS 5.0 进行操作说明。

1）安装 IIS
选择"开始"→"控制面板"→"添加删除程序"→"添加/删除 Windows 组件"→"Windows 组件向导"命令，则出现图 11.41 所示的对话框。

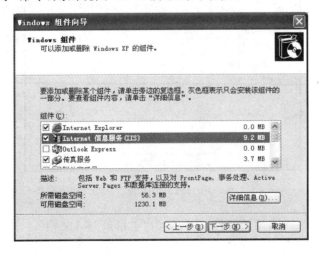

图 11.41　选择 IIS

若没有选取 IIS 信息服务(IIS),则单击"下一步"按钮,按屏幕提示安装。

2) 检验安装

在 IE 浏览器的地址栏输入 http://localhost 或 http://127.0.0.1,观察其结果。

3) 配置 IIS 5.0

(1) 选择"开始"→"控制面板"→"管理工具"→"Internet 服务管理器"命令,则出现图 11.42 所示的对话框。

图 11.42　IIS 管理器

(2) 右击"默认网站"按钮,在弹出的菜单中,单击"属性"按钮,则屏幕显示如图 11.43 所示。

图 11.43　IIS 设置

可根据需要修改默认网站的属性,一般多为"主目录"和"文档"。

"主目录"选项卡中主要包括网站在本地机器中的实际路径以及相关权限,"文档"选项卡则用于设置网站启用的默认文档。

要从主目录以外的其他目录中进行发布，就必须创建虚拟目录。虚拟目录不包含在主目录中，但在显示在客户浏览器中的效果就如同位于主目录中一样。虚拟目录有一个别名，供 Web 浏览器访问此目录。别名通常比目录的路径名短，以便于用户输入。使用别名会更安全，因为用户不知道文件是否真的存在于服务器上，所以便无法使用这些信息来修改文件。

本实验以对实际路径(如 d:\aspnettemp)创建虚拟目录来说明其操作过程。

(1) 在硬盘上创建一个实际目录 d:\aspnettemp。

(2) 为 d:\aspnettemp 创建虚拟目录。

在"Internet 信息服务"窗口中，右击"默认网站"按钮，选择"新建"→"虚拟目录"命令，弹出图 11.44 所示的虚拟目录创建向导。

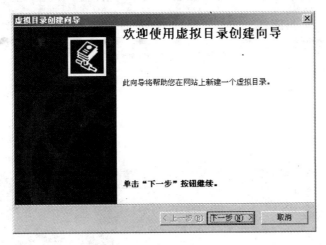

图 11.44　虚拟目录创建向导

(3) 单击"下一步"按钮，设置虚拟目录别名为 aspnet，再单击"下一步"按钮，选择"浏览"命令，选择实际目录路径 d:\aspnettemp，依次单击"确定"、"下一步"、"完成"按钮，得到图 11.45 所示的虚拟目录 aspnet。

图 11.45　创建虚拟目录

设置好虚拟目录后,就可以运行虚拟目录下的文件了。这里假设实际目录下有文件 1.aspx,则访问该文件的过程如下。

(1)打开浏览器,在地址栏中输入"http://localhost/aspnet",回车即可显示网页 1.aspx 的内容。

(2)在虚拟目录中的"文档"选项卡中添加一个启用默认文档 1.aspx,则访问该文件时,只需要在浏览器的地址栏中输入"http://localhost/aspnet"即可。

最后,编写并运行一个简单的 ASP.NET 网页程序,来对上述内容进程测试。步骤如下。

(1)启动 Microsoft Visual Studio 2013,然后选择"新建"→"网站"选项,得到图 11.46 所示的界面。

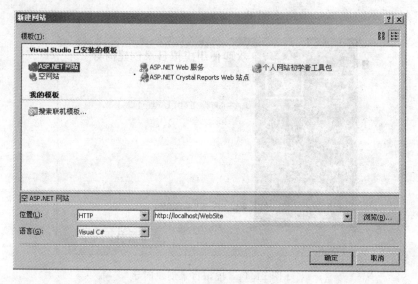

图 11.46　创建 ASP 网站

(2)单击"浏览"按钮,在弹出的对话框中,选择"本地 IIS"选项,再选择 aspnet 选项,得到图 11.47 所示的界面。

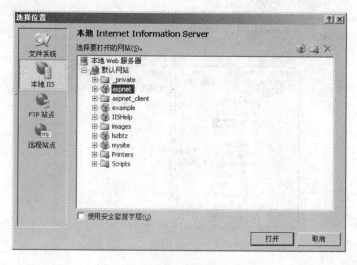

图 11.47　虚拟目录

(3) 单击"打开"→"确定"按钮,在弹出的菜单中选择设计视图,运行结果如图 11.48 所示。

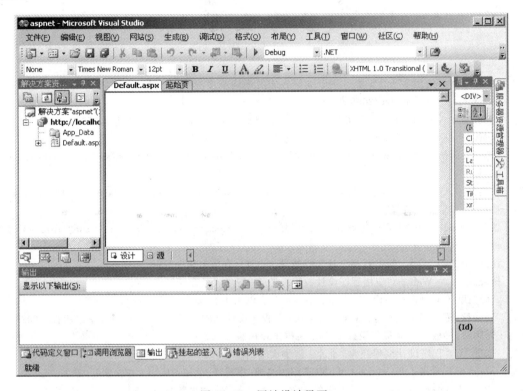

图 11.48　网站设计界面

(4) 在设计视图中输入"这是我的第一个 asp.net 网站",单击"启动调试"按钮。运行结果如图 11.49 所示。

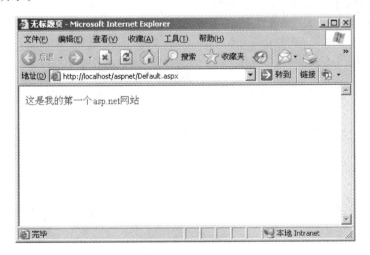

图 11.49　调试结果

参 考 文 献

[1] 佚名.C♯中使用 Monitor 类、Lock 和 Mutex 类来同步多线程的执行.http://www.cnblogs.com/guozhiming2003/archive/2008/09/16/1291953.html.
[2] 罗剑.基于 Visual C♯.NET 实现文件操作.电脑知识与技术,2006,8:139-140,176.
[3] 阿贤.C♯进程操作.http://shenymce.blog.51cto.com/337979/222550.
[4] 綦宝声.山东劳动职业技术学院《C♯程序设计》网站.http://www2.sdlvtc.cn/xinxijpkc/kechengshezhi.html.
[5] 佚名.C♯.NET 中文件的一些操作.http://www.cnblogs.com/airwolf2004/articles/313417.html.
[6] 杜英国.实验六文件操作.http://jsj.scetc.net/vbnet/ArticleView.aspx?id=73.
[7] 佚名.Visual C♯.NET 程序设计精品课程.http://vcsharp.zjwchc.com/index1.asp?title=教学资源&BID=5.
[8] 江红,余青松.C♯.NET 程序设计实验指导.北京:清华大学出版社,2010.
[9] 杨晓光.C♯ Web 2.0 应用程序设计教程.北京:清华大学出版社,2010.
[10] 李继武.C♯语言程序设计.北京:中国水利水电出版社,2010.
[11] 王华秋,董世都,刘洁,等.Visual C♯.NET 程序设计基础教程.北京:清华大学出版社,2009.
[12] 郑阿奇,梁敬东.C♯程序设计.北京:机械工业出版社,2007.
[13] 张立.C♯程序设计编程经典.北京:清华大学出版社,2009.
[14] Mainani B,Still J 著.Visual C♯.NET 编程经典.康博译.北京:清华大学出版社,2002.
[15] Glenn JohnSon.ADO.NET 2.0 高级编程.北京:清华大学出版社,2006.
[16] 杨帆.ASP.NET 技术与应用.北京:高等教育出版社,2004.
[17] Jason Price.C♯数据库编程从入门到精通.北京:电子工业出版社,2003.
[18] 王燕.面向对象的理论与 C♯实践.北京:清华大学出版社,1997.
[19] 周之燕.现代软件工程.北京:科学出版社,2000.
[20] 陈维兴,林小茶.C++面向对象程序设计教程.北京:清华大学出版社,2000.
[21] 罗兵,刘艺,孟武生.C♯程序设计大学教程.北京:机械工业出版社,2007.
[22] 马骏,侯彦娥,等.C♯网络应用编程.北京:人民邮电出版社,2010.